設例農地民法解説

弁護士 宮﨑直己 著

大成出版社

はしがき

　実務において農地法を正しく運用するためには、第一に、農地法、農地法施行令および農地法施行規則の定める条文の意味を的確に理解することが必要となります。その際、第二に、法律解釈の基礎ともいうべき民法に関する初歩的な知識が求められます。

　今回、本書は、これまで法律を専門的に学んだことがない方々を対象として、農地法の解釈に必要と考えられる民法の基礎知識を提供することを目的として作成されました。その目的を達成するため、各設例に対する解説を行うに当たっては、関係する条文および参考となる判例をそのつど掲げるようにしました。

　条文を掲げたことによって、手元に六法全書がない場合であっても、読者は条文上の根拠を素早く確認することができます。また、判決文を詳しく示したことによって、読者は、なぜそのような判決を裁判所が下したかの理由を知ることができます。

　なお、本書は、今年成立した改正民法についても必要な限度で解説を加えました。一方、改正民法施行日前に締結された契約については、原則として現行民法の適用があります。以上のことから、本書を読むことにより、現行民法および改正民法の双方の観点に立って、各論点についての理解を深めることが可能となると考えます。

　本書を作成するに当たっては、これまでと同様、大成出版社の山本真部長に尽力いただきました。著者としては、氏に対し心から御礼申し上げたいと思います。

　平成29年8月

弁護士　宮﨑直己

凡　例

1　法令の表記

　根拠法令（カッコ内）については、農地法・農地法施行令・農地法施行規則を、それぞれ「法」・「令」・「規」とし、民法を「民」としたほかは、次の略称で表記した。

《法令の略称》（50音順）

　　家事事件手続法　　　　→家事
　　行政事件訴訟法　　　　→行訴
　　人事訴訟法　　　　　　→人訴
　　農業経営基盤強化促進法　→基盤
　　不動産登記法　　　　　→不登
　　民事執行法　　　　　　→民執
　　民事執行規則　　　　　→民執規
　　民事調停法　　　　　　→民調

2　判例の表記

　判例の表記は、以下の例によった。

　最高裁判所平成20年9月10日判決、最高裁判所民事判例集62巻8号2029頁　→最判平20・9・10民集62巻8号2029頁

《判例集・雑誌の略称》

　　最高裁判所民事判例集　→民集
　　下級裁判所民事裁判例集　→下民
　　家庭裁判月報　　　　　→家月
　　判例時報　　　　　　　→判時
　　判例タイムズ　　　　　→判タ

3　参考文献略語表

参考文献の略語は、次のとおりである。

石田穰	「物権法　民法大系(2)」	→石田
内田貴	「民法Ⅰ〔第4版〕総則・物権総論」	→内田
近江幸治	「民法講義Ⅳ　債権総論〔第3版補訂〕」	→近江
大塚正之	「臨床実務家のための家族法コンメンタール〔民法相続編〕」	→大塚
大村敦志	「新基本民法3　担保編」	→大村
笠井修ほか	「債権各論Ⅰ　契約・事務管理・不当利得」	→笠井
片岡武ほか	「新版　家庭裁判所における遺産分割・遺留分の実務」	→片岡
鎌田薫ほか	「民事法Ⅲ　債権各論〔第2版〕」	→鎌田
我妻榮ほか	「コンメンタール民法〔第3版〕」	→我妻
潮見佳男	「相続法〔第5版〕」	→潮見
滝沢孝臣	「最新裁判実務大系4　不動産関係訴訟」	→裁判大系4
田中豊	「和解交渉と条項作成の実務」	→田中
田村洋三ほか	「補訂　実務　相続関係訴訟」	→田村
二宮周平	「新法学ライブラリ9　家族法〔第4版〕」	→二宮
能見善久ほか	「論点体系　判例民法2　物権〔第2版〕」	→判例物権
能見善久ほか	「論点体系　判例民法5　契約Ⅰ〔第2版〕」	→判例契約
能見善久ほか	「論点体系　判例民法8　不法行為Ⅱ〔第2版〕」	→判例不法行為Ⅱ
能見善久ほか	「論点体系　判例民法10　相続〔第2版〕」	→判例相続

野村豊弘	「民法Ⅱ　物権〔第2版〕」	→野村
星野雅紀	「改訂増補〔二版〕和解・調停モデル文例集」	→星野
前田陽一ほか	「民法Ⅵ　親族・相続〔第4版〕」	→前田
安永正昭	「講義　物権・担保物権法〔第2版〕」	→安永
山野目章夫	「不動産登記法概論」	→山野目
山本敬三	「民法講義Ⅳ‐1契約」	→山本
第1東京弁護士会	「改正債権法の逐条解説」	→逐条解説
法曹会	「最高裁判所判例解説　民事篇昭和〇〇年度」	→判解昭〇〇年
法曹会	「最高裁判所判例解説　民事篇平成〇〇年度」	→判解平〇〇年
法曹親和会	「改正民法（債権法）の要点解説」	→要点解説
全国農業会議所	「農地法の解説〔改訂二版〕」	→解説

4　その他

†　参照条文（††は改正民法条文）

＊　参照判例

☆　参照通知

目　次

はしがき
凡例

第1章　許可の対象となる権利

第1節　総論
Q1　3条許可の対象となる権利 …………………………………… 3
「農地法3条許可の対象となる権利としては、どのようなものがありますか？また、農地法にいう農地とはどのようなものを指しますか？」

Q1-2　3条許可を要する行為と要しない行為 ………………… 6
「農地法3条許可を要する行為としては、どのようなものがありますか？また、これを要しない行為としては、どのようなものがありますか？」

Q2　採草放牧地の取扱い ……………………………………… 8
「採草放牧地について、これらの権利を設定または移転しようとする場合も、農地と同様の取扱いとなっていますか？」

Q3　3条許可と5条許可の違い ……………………………… 9
「① 農地法3条と5条の違いは何ですか？
② 農地法5条と4条の違いは何ですか？」

Q4　3条許可と区分地上権の設定・移転 ………………… 11
「3条許可を得るためには、必ず耕作目的が必要となりますか？」

Q5　農地法と民法の関係 ……………………………………… 12
「農地法と民法の関係は、どのように理解すればよいでしょうか？」

目次　**1**

Q5－2　農地法と行政法の関係……………………………16
　「農地法と行政法の関係は、どのように理解すればよいでしょうか？」

第2節　物権……………………………………………18

Q6　所有権とは……………………………………18
　「農地の所有権を他人に譲渡する場合、農地法3条の許可を受ける必要があるとされています。所有権とは何ですか？」

Q6－2　農地の売買契約から生ずる売主の義務…………20
　「①　AとBは、A所有農地を農業者Bに対して300万円で売却する契約を締結しました。この段階で、売買契約の当事者である売主Aにはどのような義務が発生していますか？
　②　仮に売主Aと買主Bの双方による3条許可申請に対し農業委員会が3条許可を出したが、Bにおいて未だ所有権移転登記を済ませていない時期に、Aが、C農協から融資を受けるため、Bに無断でC農協との間で抵当権設定契約を結び、かつ、抵当権設定登記をした場合、Aにはどのような責任が発生しますか？

Q6－3　売主の瑕疵担保責任………………………28
　「①　農地所有適格法人である㈱B総合農場の代表者Cは、知人から紹介を受けたAから、『所有する優良農地を売ってもよい。』との提案を受けました。折からCは、法人の経営規模を拡大する方針を立てていたこともあり、Aの申出を了解し、平均価格を超える1000万円で当該農地を買い受ける旨の契約を締結し、農業委員会の3条許可も受け、その後、Aから㈱B総合農場への農地の引渡しも完了しました。ところが、それから数年後に、Cは、近隣住民たちの『㈱B総合農場は、とんでもない農地を高額で購入したそうだ。』との噂を耳にし、心配になって農地を深く掘り下げてみたところ、地表から2メートルの深さの位置に、産廃ゴミが大量に埋

まっていることを発見しました。Cは、これではとてもこの農地で農業などできないと判断し、Aに対し抗議すると、Aは、『そのようなことは自分も全く知らなかったから、自分には法的責任はない。不服があるなら、裁判でも何でもやってくれ。』と開き直り、示談交渉にも応じない態度を示しています。果たして、㈱B総合農場を救済する方法はありますか？

②　㈱B総合農場が、Aを被告として訴訟を提起しようとした場合、何か期限のようなものはありますか？」

Q6－4　売買目的農地の非農地化……………………………38
「売買目的農地が、売買契約後に非農地化した場合、当該土地の所有権は誰に帰属しますか？」

Q6－5　農地の二重譲渡……………………………44
「①　Aは、Bとの間で農地を売買する契約を結び、Bとともに農業委員会に対し所有権譲渡についての3条許可申請を行いました。その1か月後、Aは、より高い価格で当該農地を買ってくれる提案をしたCとの間でも売買契約を結び、同様に農業委員会に対し3条許可申請を行いました。買主であるBとCは、いずれも耕作適格者です。農業委員会としては、どう対処すればよいでしょうか？

②　仮に先にA・B間の申請に対する3条許可が出て、その1か月後にA・C間の申請に対する3条許可も出たが、しかし、所有権移転登記を先に具備したのはCであった場合は、B・Cのうち、いずれの権利が他方に優先しますか？」

Q6－6　契約解除と所有権移転登記の関係………………………48
「①　Aは、Bに対し農地を売却し、農地法3条許可も受け、その後、買主Bは、さらにその農地をC（転得者）に転売し、同様に3条許可を得て、最終的に、Cは所有権移転登記を備えました。その後、Aは、Bの代金不払いを理由にA・B間の売買契約を解除しました。この場合、Cの権利に

何か影響がありますか？
　② 仮にAがBとの売買契約を解除した後に、Bが農地の所有権をCに譲渡し、Cが先に移転登記を具備したときは、どうでしょうか？」

Q6-7　不動産の付合……………………………………52
「① Aの所有する畑の上に、隣人のBがAに無断でスイカの種を蒔いたため、半年後に地上にスイカが立派に育ちました。そのスイカの所有権は誰にありますか？
　② 仮に、Bが畑について賃借権を有していた場合はどうなりますか？」

Q6-8　所有権に基づく妨害排除請求……………………55
「① Aの所有する田の地表に、隣人Bの所有する石塀が地震によって倒壊し、Aは耕作に支障を来しています。果たして、AはBに対し、倒壊した石塀の除去を請求することができますか？Bの主張は、石塀が倒壊したのは地震が原因であり、自分には法的責任はないという言い分です。
　② Bの依頼で大工Cは石塀を作ったが、施工に際し手抜きがあり、そのため石塀が倒壊した場合はどうですか？」

Q7　農地の贈与……………………………………………58
「① Aは、自分が高齢者となったため、農業経営を後継者に委ねようと思い立ち、家族会議の席上、長男Bに対して自分が所有する農地の全部をBに生前贈与すると口頭で約束し、さらに農地をBに引き渡したので、Bは耕作を開始しました。ところが、その後ささいなことでAとBは親子喧嘩をして、機嫌を損ねたAは約束を撤回すると発言しました。果たして、Aの主張は認められるでしょうか？
　② 仮にAとBが3条許可申請書に連署した上、農業委員会に提出していた場合はどうでしょうか？」

Q7-2　農地の負担付贈与……………………………………63
「Aは、長年にわたって農業を経営してきましたが、老齢の

身となったので、農業経営の全てを子Bに引き継ぐことを思い立ち、A・Bの双方申請による農地所有権移転のための3条許可を受けました。その際、AとBは、Aが農地を無償でBに譲渡する代わりに、Aの老後の面倒は全てBがみるという約束をし、念書化しました。同許可後、Aは、しばらくの間は子Bの家族と同居して面倒をみてもらっていましたが、数年後に両者の関係が悪化し、ついに、Bは、Aを家から追い出そうとしています。怒ったAは、親不孝者のBに対し、以前贈与した農地を返して欲しいと請求しました。果たして、認められるでしょうか？」

Q8　囲繞地通行権……………………………………………67

「①　Aは、自分が所有する農地で農業を営んでいますが、その農地は、Bの所有する宅地によって四方を囲まれているため、従来、Bの好意の下、公道からB所有の宅地内に耕運機を通行させて、現場で農作業を実施してきました。ところが、ささいなことでA・Bは対立し、感情を害したBは、従来Aが通っていた通路部分にブロック塀を設置して通行を妨害しました。そのため、Aは、自分の農地に耕運機を移動させることが不可能となり、耕作に支障が生じて、大変困っています。AはBに対し、耕運機の通行を妨害しないよう請求できるでしょうか？

②　仮に第三者であるCが、Aから上記農地の所有権を取得した場合、CはBに対し、同様に権利を主張することができますか？」

Q9　通行地役権の時効取得……………………………………71

「①　Aは、長年にわたってBの所有する農地の一部を事実上通行することによって、自分の所有する農地において耕作を継続してきました。A所有の農地は、袋地ではありませんが、Bの所有農地を通行することが便宜であるために、長年にわたって通行してきたものです。ただし、過去にA・B間

で通行権に関する取決めは特にしていません。AはBに対し、通行権を主張できますか？

② 仮に通行地役権ではなく、農地の地下に排水管を通す引水地役権であったとしたらどうでしょうか？」

Q9-2　未登記通行地役権の効力……………………………………75

「① Aが所有する農地とBが所有する農地の間には、これらの土地を結ぶ細長い通路があります。その通路は、Bが所有する土地の中にあり、かつてBが、特に期間を定めることなく、Aのために通行地役権を設定し、Aはその通路を長年にわたって利用してきたものです。その後、Bは、上記通路を含む土地全体を近隣に住むCに譲渡し、Cが新所有者となりました。ところが、Cは、Aが通行地役権の設定登記を済ましていないことに気付き、ある日突然、通路上にコンクリートブロックを置いてAの通行を妨害する行為に出ました。果たして、AはCに対し、その妨害を止めるよう請求できるでしょうか？

② また、AはCに対し、通行地役権の設定登記をするよう求めることができるでしょうか？」

Q10　地上権とは……………………………………………………81

「農地について、他人に対し地上権を設定し、または移転する場合、農地法3条の許可を受ける必要があるとされています。地上権とは何ですか？」

Q10-2　区分地上権とは………………………………………………85

「農地について、他人に対し区分地上権を設定し、または移転する場合、農地法3条の許可を受ける必要があるとされています。区分地上権とは何ですか？」

Q11　永小作権とは…………………………………………………87

「農地について、他人に対し永小作権を設定し、または移転する場合、農地法3条の許可を受ける必要があるとされています。永小作権とは何ですか？」

Q12　質権とは……………………………………………89
　「農地について、他人に対し質権を設定し、または移転する場合、農地法3条の許可を受ける必要があるとされています。質権とは何ですか？」

Q12－2　不動産質権の設定と不動産引渡しの関係………92
　「Aは、Bに対し農業資金を融資するに当たり、担保としてB所有の農地に質権を設定する契約をBとの間で締結し、また、3条許可も受けました。しかし、Bは従前どおりの耕作を行っており、外部からみる限り、農地の占有状況に変化が生じたという事実は全くうかがえません。この場合、質権設定契約は有効といえますか？」

Q12－3　不動産質権の効力発生後における目的農地の返還……94
　「上記の事例で、Aは、Bから目的農地の現実の引渡しを受けて、自ら耕作を開始しました。また、不動産質権の設定登記も行いました。しかし、1年後に、Aは、Bに目的農地を返して、Bに耕作させるようになりました。この場合、質権設定契約は効力を失うといえますか？」

Q13　抵当権とは……………………………………………96
　「①　農地に抵当権を設定する場合、農地法3条の許可を受ける必要はないとされています。抵当権とは何ですか？
　②　A所有の農地にBが適法に賃借権を有し、現実に耕作もしていたところ、新たにAがCから融資を受け、債権者であるCのために当該農地に抵当権を設定して登記も済ませ、その後に農地が競売され、Dが買受人となった場合、Bの権利はどうなりますか？」

Q13－2　農地の競売手続………………………………………99
　「上記の事例で、Dは競売にかけられた農地を買い受けることができたとのことですが、Dはどのような手続を経て買受人になることができたのでしょうか？その際、農地法の許可はいらないのでしょうか？」

第3節　債権

Q14　使用貸借による権利とは……………………………………104

「農地について、他人に対し使用貸借による権利を設定し、または移転する場合、農地法3条の許可を受ける必要があるとされています。使用貸借による権利の特徴は何ですか？また、農地の借主の権利義務の内容についてはどのように理解すればよいでしょうか？」

Q14-2　使用貸借の終了………………………………………………111

「①　AとBは、A所有の農地をBが無償で借りて耕作を行うという合意をし、農地法3条許可と農地の引渡しも済みました。貸借期間は5年でした。その後、期間の満了時期が近づき、Aから、『貸借の期間が満了するので、農地を返して欲しい』という通知がBに来ました。Bは、期間が満了したときは、無条件で農地をAに返還する義務がありますか？

②　仮に、契約の時点で50歳であったBが、『自分が高齢者になる頃まで耕作したいものだ。』と希望し、特に貸借期間を定めないまま、今日までに20年が経過したが、なおBは現在も耕作を継続し、農地を返還する意思がない場合はどうなりますか？」

Q14-3　借主の死亡と使用貸借の存続……………………………118

「①　Aは、同じ町に住むBがサラリーマンを辞めて新規就農を希望したことから、A・B間でA所有農地をBが無償で借り受ける約束を行い、農地法3条許可も受けました。貸借期間は10年と定めました。ところが、3年後に借主Bが急死したことから、AはBの相続人Cに対し、農地の返還を求めています。Cは、これに応じなければなりませんか？

②　仮に相続人Cが農地の返還に応じる意向を示している場合、Cは、Bが生前に、借り受けた農地上に設置した簡易農機具倉庫を撤去する義務を負いますか？」

Q15　賃借権とは………………………………………………………123

「農地について、他人に対し賃借権を設定し、または移転する場合、農地法3条の許可を受ける必要があるとされています。賃借権とは何ですか？」

Q15-2　賃借権の無断譲渡（その1）……………………127

「①　賃貸人Aから、A所有農地について賃借権の設定を受けた賃借人Bは、たまたま酒席でAと口論し、それが原因となって、Aに無断で自分の賃借権を他人Cに譲渡する契約を結び、その後、3条許可のないままCに耕作をさせました。それを知ったAは、Cに対し、耕作を止めるよう要求しましたが、Cは、『Bさんから権利を譲り受けたものであり、自分には何ら問題はない。』と開き直っています。Aにはどのような対抗策があるでしょうか？

②　また、この状態で、B・C間にはどのような権利義務が生じていますか？」

Q15-3　賃借権の無断譲渡（その2）……………………133

「賃貸人Aから、長年にわたってA所有農地を借りているBは、自分が高齢者となって耕作が十分できなくなったため、新規就農を強く希望している親戚の甥Cに自分の農業後継者になって欲しいと考えました。そこで、Bは賃借権を甥Cに譲渡しようと考え、B・C双方は、農業委員会に3条許可申請を行って許可を受け、その後Cが耕作を開始しました。ところが、Aは、自分に相談なく無断で賃借権の譲渡が行われ、また、3条許可も出されたことを知り、その対抗策として、D県知事に対し、農地法18条による契約解除の許可申請を行いました。しかし、D県知事は、当該事実関係の下では、未だBについて信義に反する行為があったとまでは認められないという理由で、不許可処分を下しました。今後、Aとしてはどうすればよいでしょうか？」

Q15-4　賃借農地の転貸……………………139

「①　かつて賃貸人Aと賃借人Bの間でA所有農地に関する

目次　**9**

賃貸借契約が締結され、農業委員会の3条許可も受けました。これまでBは、自分と自分の長男Cの2人で農業を経営してきましたが、上記賃借農地については長男Cに転貸をしようと思い立ち、Aの同意を得た上で農業委員会に許可申請をしたところ、例外的に許可を受けることができました。この場合、A・B・Cの三者間の法律関係はどうなりますか？

② その後、賃借人Bが賃料の支払を怠ったため、賃貸人Aは、農地法18条の許可を受けた上で、賃貸借契約を解除しました。では、賃借人Bと転借人Cの間の転貸借契約は、いつ終了しますか？」

Q15-5　賃貸農地の所有権譲渡………………………………… 143

「① 賃貸人Aは、賃借人Bに対してA所有農地を賃貸し、農業委員会の3条許可も受けていました。ところが、Aは生活費を調達する必要に迫られ、農地の所有権を他人に譲渡して現金を得たいと考え、隣人Cとの間で賃貸農地の売買契約を結び、このたび3条許可を受けることもできました。新たに農地の所有者となったCは、所有権移転登記を済ませないうちに、Bに対し賃料を請求することができるでしょうか？

② Cは、農地法3条許可を受けた後に、Bに対し自分に賃料を支払うよう請求しましたが、その後、Bは3年間にわたって支払を拒否しているため、Bとの賃貸借契約を解除しようと考え、D県知事に対し農地法18条の許可申請をしました。D県知事の判断は、どのようなものになると予想できますか？」

Q15-6　土地所有権と賃借権の混同……………………………… 149

「AとBは親子です。子Bは、親Aとの間で同人の所有する農地を賃借する契約を結び、農業委員会の3条許可も受けました。その後、子Bは賃借している農地で農業を営んでいましたが、親AはC銀行から1000万円を借り入れ、C銀行のために抵当権の設定登記をしました。その後、親Aは事故で急

死し、子Bが相続しました。すると、C銀行は、『Bは、Aの債務を相続で承継した。ところが、期限が来ても借金は全く返済されていない。当行としては、担保となっている農地を競売手続にかけたいと考えているから、1週間以内に農地を明け渡して貰いたい。』と通告してきました。C銀行の要求は正当なものといえるでしょうか？」

Q15−7　賃貸人の負担する許可申請手続協力義務（その１）……152
「賃貸人Aと賃借人Bは、期間10年の農地賃貸借契約を結びました。ところが、BがAに対し、農業委員会の3条許可を得るための許可申請手続に協力するよう求めても、Aは頑として応じようとしません。果たして、Bは、民事訴訟手続を通じて許可申請手続への協力を求めることができるでしょうか？」

Q15−8　賃貸人の負担する許可申請手続協力義務（その２）……159
「①　賃貸人Aと賃借人Bは、期間5年の農地賃貸借契約を結びました。しかし、A・Bは、賃借権設定のための農業委員会の3条許可申請手続をとりませんでした。その後、契約時から5年6か月が経過した時点で、BはAに対し、3条許可申請手続に協力するよう求めてきました。果たして、Aはこれに応じる必要があるでしょうか？

②　仮に5年の期間が経過した後に、なお3年間にわたって、事実上の賃貸借契約の状態が継続していたところ、突然Bが同様の要求をしてきたときはどうでしょうか？」

Q15−9　期間の定めのない賃貸借の解約申入れ……165
「①　数十年も以前に、AとBは、期間10年の農地賃貸借契約を結び、農地法3条許可も受けました。賃借人Bは、10年の期間が経過した後も、賃貸人A所有の農地を耕作してきました。ところが、最近になってAの方から、『農地の返還を直ちに求めます。』という通知が来ました。しかし、Bとしてはこのまま耕作を継続したいと考えています。現在のA・

B間の法律関係および今後の見通しについて教えてください。
　②　仮にAが、都道府県知事の許可を受けた上で、上記のような申入れをしてきたときはどうでしょうか？」

Q15−10　賃借権の時効取得……………………………………168
「賃貸人Aと賃借人Bは、期間10年の農地賃貸借契約を結び、すぐさまBは耕作を開始しました。しかし、賃借権設定のための農業委員会の3条許可申請手続は行いませんでした。AとBとの間には、上記の10年間の期間が経過した後も、長年にわたって、BがAに対し賃料を支払い、Bは平穏に耕作を継続するという関係が継続しました。ところが、Aが死亡して相続人となったCから、Bに対し、『農地をすぐに返して欲しい。』という書面が来ました。果たして、Bはその要求に応じなければなりませんか？」

Q16　その他の使用収益を目的とする権利……………………171
「農地について、他人に対し使用収益を目的とする権利を設定し、または移転する場合、農地法3条の許可を受ける必要があるとされています。その他の使用収益を目的とする権利とは何ですか？」

第2章　許可の要否

第1節　許可を要する行為……………………………………179
Q17　共有物の分割……………………………………………179
「①　共有農地を分割する場合、農地法の許可を受ける必要があるとされています。共有物の分割とは何ですか？
　②　共有物の分割に関する農地法の許可を受けるに当たり、誰と誰が許可申請を行えばよいですか？」

Q17−2　共有者による共有農地の無断利用………………184

「都市近郊にある農地の所有者Aが死亡し、相続人B・C・Dが当該農地を相続しました。いずれも非農家である3名は、すみやかに遺産分割の協議に入り、各々3分の1の共有持分を取得する旨の遺産分割協議書を作成し、相続登記も完了しました。ところが、相続開始から10年後に、共有者のDは、一方的に相続農地の全部について耕作を開始しました。Dから何も相談を受けていないBとCは、Dの耕作を止めさせることを合意し、Dに対し耕作を中止するよう通告しましたが、Dはこれを無視して平然と耕作を継続しています。今後、B・Cとしてはどうすればよいでしょうか？」

Q17-3　共有農地の転用……………………………………190
「①　前問において、B・Cは、上記農地が比較的市街地に近い位置にあることから、農地を転用して賃貸住宅を建設すれば大きな収入を見込めると考え、Dに対し建設計画を伝えましたが、Dはお金に執着心がなく、計画に反対しています。果たして、B・Cは、2人だけで適法に転用ができるでしょうか？

②　仮に農地の共有者であるB・Cが、農地転用許可を受けることなく、また、Dの同意を得ることなく、宅地の造成工事を開始した場合、Dはそれを止めさせ、原状回復するよう請求することはできますか？

③　B・Cは、Dが、農地を転用して賃貸住宅を建設するという計画に反対するため、共有農地を、B・C共有農地と、Dの単独所有農地の二つに分割して、その後、B・Cが共有する農地の上に共同で賃貸住宅を建てたいと考えています。しかし、Dは共有物の分割に同意しません。B・Cの転用事業計画は、果たして実現可能でしょうか？」

Q18　譲渡担保の設定……………………………………196
「農地を譲渡担保として他人に移転する場合、農地法3条の許可を受ける必要があるとされています。譲渡担保とは何で

すか？」

Q19　買戻し……………………………………………………198
　「農地を買い戻す場合、農地法3条の許可を受ける必要があるとされています。買戻しとは何ですか？」

Q20　契約の合意解除とは……………………………………200
　「①　買主にいったん譲渡された農地の所有権を、元の売主に戻すため売買契約を合意解除する場合、農地法3条の許可を受ける必要があるとされています。契約の合意解除とは何ですか？
　②　農地の賃貸借契約書に、『賃借人が賃借した農地を適正に利用していないときは、賃貸人は賃貸借契約を解除することができる。』と記載されている場合、当該記載の法的性格をどう理解すればよいでしょうか？」

第2節　許可を要しない行為……………………………………209

Q21　農事調停とは……………………………………………209
　「農事調停によって、農地について所有権を移転し、または所有権以外の権利を設定し、または移転する場合は、農地法3条の許可を受ける必要がないとされています。農事調停とは何ですか？」

Q21－2　農事調停による農地賃借権の設定………………213
　「農地の賃貸人Aと賃借人Bは、農業委員会の3条許可を受けることなく、10年も前から、事実上の賃貸借契約関係を継続してきました。このたび、賃借人Bから賃貸人Aに対し、農地の賃借権が自分にあることを確認して欲しいとの農事調停申立がありました。一方、Aとしては、長年にわたって継続してきたBとの良好な人間関係を壊す意思はないとの意見を述べています。この場合、どのような調停条項となるでしょうか？」

Q22　時効とは…………………………………………………217

「時効によって、農地に対する所有権などの権利を取得する場合は、農地法3条の許可を受ける必要がないとされています。時効とは何ですか？」

Q23 共有持分の放棄とは………………………………………221
「共有持分の放棄の場合は、農地法3条の許可を受ける必要がないとされています。共有持分の放棄とは何ですか？」

Q24 債務不履行による契約の解除とは……………………………222
「買主に対しいったん譲渡された農地の所有権を、元の売主に戻すため債務不履行によって売買契約を解除する場合は、農地法3条の許可を受ける必要がないとされています。債務不履行による契約の解除とは何ですか？」

Q24－2 契約解除の効果……………………………………226
「売主A、買主Bの間で、A所有農地の売買契約が締結され、その後、農業委員会の3条許可を経て、Bへの所有権移転登記も済んだが、Bが代金300万円を期限までに支払わないため、Aは売買契約を解除しようと考えています。解除の手順および効果について教えてください。」

Q24－3 手付の交付と損害賠償請求の可否…………………230
「農地の売主Aと買主Bは、A所有の農地を500万円で売買する契約書を作成し、同日、BはAに対し、手付金として50万円を交付しました。この売買契約書には、特約として、『1項　当事者は次のとおり定める。2項　買主の義務不履行の場合、売主は手付金を返還しない。3項　売主の義務不履行の場合、売主は手付金の倍額を支払う。4項　上記以外に特別の損害を被った当事者の一方は、相手方に対し違約金または損害賠償の支払を求めることができる。』と書かれていました。そして、AとBは、農業委員会に対し、3条許可申請書を提出しました。

その後、Aは、目的農地をCに譲渡する契約を結び、A・C双方申請による3条許可を受けた後に、AからCへの所有

権移転登記を完了しました。そこで、BはAに対し、特約3項に従って、手付金の倍額（100万円）の支払を求めました。また、農地の時価は、Aの履行不能時つまりCへの所有権移転登記が具備された時には、800万円に値上がりしていました。果たして、Bは、特約4項に従って、増額分の300万円についても損害賠償請求することができるでしょうか？」

Q25　詐害行為取消しとは……………………………………235
「詐害行為取消しの場合は、農地法3条の許可を受ける必要がないとされています。詐害行為取消しとは何ですか？」

Q26　真正な登記名義の回復とは………………………………237
「真正な登記名義の回復の場合は、農地法3条の許可を受ける必要がないとされています。真正な登記名義の回復とは何ですか？」

Q27　財産分与に関する裁判または調停とは…………………239
「財産分与に関する裁判または調停によって、農地について所有権を移転し、または所有権以外の権利を設定し、または移転する場合は、農地法3条の許可を受ける必要がないとされています。財産分与に関する裁判または調停とは何ですか？」

Q27－2　財産分与の審判………………………………………242
「農業者であるAとその妻のBは、長年にわたって家族経営による農業を協力して営んできました。ところが、夫Aによる不倫が発覚し、このたびAとBは協議離婚をしました。しかし、財産分与に関する協議は難航し、元妻のBは、家庭裁判所に対し、財産分与の審判の申立てを行い、その結果、元夫Aは、元妻Bに対し、現金1000万円および元夫Aの所有する農地のうち、半分に当たる農地について、所有権を元妻Bに移転せよとの審判が下りました。この場合、農業委員会の許可は不要となりますか？仮に家庭裁判所に対する財産分与の申立てをすることなく、双方の協議によって財産分与の話

がまとまっていたときはどうでしょうか？」

Q28　相続とは……………………………………………244
「相続によって、農地に対する所有権などの権利を移転する場合は、農地法3条の許可を受ける必要がないとされています。相続とは何ですか？」

Q28－2　相続の承認と放棄……………………………248
「①　村で長年にわたって農業を営んできたAが8月1日に死亡しました。Aは生前、経営規模拡大を追求した結果、2000万円の負債を抱えました。しかし、積極的な遺産としては、無価値の古家1棟と農地80アール（評価額800万円）があるだけです。相続人は、妻B、子である長男Cと次男Dの合計3人です。子Dだけは、独身のまま遠く離れた都会で自活していますが、父親Aが残した借金が心配です。Dが借金を負わない方法はありますか？

②　仮に被相続人Aが生前に借金があることを家族に全く告げておらず、また、家族も父親に借金があるなどとは全く知らなかったため、相続人全員が相続放棄などの手続を一切とっていなかったところ、その年の12月になってから、E農協が、突然、Bに対し1000万円、CとDに対し各500万円の弁済を求めてきた場合、B・C・Dは、その時点で相続放棄の手続をとることができるでしょうか？」

Q29　相続分の譲渡とは…………………………………254
「①　共同相続人間における相続分の譲渡によって、農地に対する所有権などの権利を移転する場合は、農地法3条の許可を受ける必要がないとされています。相続分の譲渡とは何ですか？

②　仮に共同相続人の中の一部の者が、遺産分割手続の前に、特定の農地甲について相続を原因とする共有登記を行った上で、自分の共有持分を第三者に譲渡しようとした場合、農地法3条の許可を受ける必要はありますか？仮に許可を受

けた第三者から、他の共同相続人に対し農地甲の共有物分割を請求しようとした場合、遺産分割手続によりますか、それとも通常の共有物分割手続になりますか？」

Q30　相続財産の分与に関する裁判とは……………………261
「相続財産の分与に関する裁判によって、農地に対する所有権などの権利を移転する場合は、農地法3条の許可を受ける必要がないとされています。相続財産の分与に関する裁判とは何ですか？」

Q30－2　特別縁故者に対する相続財産の分与……………266
「①　村で農業を営んでいたAが死亡しました。Aは、他人Bと持分が平等の農地1ヘクタールを所有（共有）し、Bの同意を得て農地全体を耕作していました。Aには内縁の妻Cがおり、Cは20年近くにわたってAと同居し、Aの農業を手伝ってきました。Aには誰も相続人はいません。Cは、特別縁故者として相続財産の分与を受けることができるでしょうか？

②　家事審判の結果、農地の共有持分は、Cが特別縁故者として取得することが確定しました。ただ、その時点でA名義の宅地1筆が残っています。これは誰が取得することになりますか？」

Q31　遺産分割とは………………………………………270
「遺産分割によって、農地に対する所有権などの権利を移転する場合は、農地法3条の許可を受ける必要がないとされています。遺産分割とは何ですか？」

Q31－2　遺産分割の方法…………………………………274
「①　専業農家であった私の父親Aが亡くなりました。相続人は、私B、母親Cおよび妹Dの3人です。3人とも特別受益や寄与分の問題はありません。遺産の主なものは、農地3筆（各筆200万円の合計600万円）と住宅1棟とそれが建っている宅地1筆（住宅と宅地の時価合計200万円）です。預金

は普通預金が400万円あります。ほかに目ぼしい遺産はありません。現在、3人で遺産分割協議を行っていますが、私Bとしては、農地の3筆さえ取得できれば、あとの財産は要りません。しかし、妹Dは、法定相続分どおり公平に分けて欲しいと主張しています。また、母Cは、自分が住んでいる住宅とその宅地さえ確保できればよい、また、事を円満に解決したいと願っています。私の希望は実現可能でしょうか？

② 仮に私Bだけが農地3筆を相続するという遺産分割協議がまとまった場合、私名義への移転登記はどのようにすればよいのでしょうか？また、この場合、農地法3条許可は必要でしょうか？」

Q31－3　寄与分と特別受益……………………………………282

「① 農家であった私の父親Aが亡くなりました。相続人は、私B、母親Cおよび妹Dの3人です。遺産総額は、3000万円です。現在、遺産分割の話合いをしています。母親Cは、長年にわたって亡くなった父親Aの農業を手伝ってきた事実があるため、遺産分割に当たってはその点を十分に評価して欲しいと希望しています。また、妹Dは、2年前に結婚した際に、父親から300万円の挙式費用を負担してもらったことがあり、私Bとしてはこの点を考慮すべきと考えます。今後どのように遺産分割をすれば、皆にとって公平な結果となりますか？

② 仮に母親Cについて2割の寄与分を認めることができ、また、妹Dについて300万円の特別受益が認められたとした場合、相続人各自の具体的相続分はいくらになりますか？」

Q32　包括遺贈とは……………………………………………287

「包括遺贈によって、農地に対する所有権などの権利を移転する場合は、農地法3条の許可を受ける必要がないとされています。包括遺贈とは何ですか？」

Q32−2　包括遺贈による所有権移転登記……………………291
　「被相続人Aは、遺言書に、『自分の遺産の3分の1を友人Bに遺贈する。』と記載して死亡しました。死亡したAには、妻Cと子Dがいます。Aが亡くなってから半年後に遺産分割協議が行われ、その結果、Bは、遺産のうち農地甲を受け取るという合意がまとまりました。この場合、Bは、単独で移転登記をすることができるでしょうか？」

Q33　「相続させる」旨の遺言の解釈（その1）………………293
　「①　Aには、3人の子（B・C・D）がいます。妻は既に亡くなっています。Aは遺言書を作成し、子の1人であるDに対し全部の農地を引き継がせたいと考え、「全ての農地をDに相続させる。」と書いた遺言書を作成しました。「相続させる」旨の遺言とは何ですか？仮にAが亡くなった場合、Dは自分1人で農地の所有権移転登記をすることができますか？また、所有権の移転に関し農地法3条許可は必要ですか？
　②　この遺言書に、遺言執行者としてEが指定されている場合はどうですか？」

Q33−2　「相続させる」旨の遺言の解釈（その2）…………298
　「前問の事例で、仮にDに子Fがいた場合に、Dが亡くなってから、次に遺言者Aが亡くなった場合、FはA作成の遺言書に基づいて農地の権利を取得することができますか？」

Q34　特定遺贈とは……………………………………………301
　「相続人に対する特定遺贈によって、農地に対する所有権などの権利を移転する場合は、農地法3条の許可を受ける必要がないとされています。特定遺贈とは何ですか？非相続人に対する特定遺贈については、農地法3条の許可を受ける必要がありますか？」

Q34−2　特定遺贈と死因贈与の異同………………………304
　「特定遺贈と死因贈与は、よく似ているといわれますが、ど

のような点が異なりますか？また、死因贈与をした場合に、
農地法3条の許可を受ける必要がありますか？」

事項索引……………………………………………………………307
判例年次索引………………………………………………………311

参考資料
　・農地法（抄）（昭和27年7月15日法律第229号）……………333

第1章

許可の対象となる権利

第1節　総論

Q1　3条許可の対象となる権利

「農地法3条許可の対象となる権利としては、どのようなものがありますか？また、農地法にいう農地とはどのようなものを指しますか？」

解説

(1)　農地法は、農地について権利を設定し、または移転する場合に許可を受けることを求めています。農地法3条許可を要する行為には、農地について所有権を移転し、または地上権、永小作権、質権、使用貸借による権利、賃借権もしくはその他の使用収益を目的とする権利

物権　┌ 所有権（Q6～）
　　　├ 地上権（Q10～）
　　　├ 永小作権（Q11）
　　　└ 質権（Q12～）

債権　┌ 使用貸借による権利（Q14～）
　　　├ 賃借権（Q15～）
　　　└ その他の使用収益を目的とする権利（Q16）

を設定し、または移転しようとする場合があります（法3条1項）。
(2) 許可を要する権利を具体的にいうと、①所有権、②地上権、③永小作権、④質権、⑤使用貸借による権利、⑥賃借権、⑦その他の使用収益を目的とする権利ということになります。これらのうち、前の四つの権利は物権であり、後の三つの権利は債権となります。
(3) 農地法にいう**農地**とは、耕作の目的に供される土地をいいます（法2条1項）。農地の定義については、別途、国の通知がその内容をやや詳しく示しています（平成12年6月1日　12構改B404号「農地法関係事務に係る処理基準」。以下「**処理基準**」といいます。）。☆

このように、農地法は、土地の客観的な状態を基準にして農地と非農地を区別しており、登記簿上の地目によっては影響されません。このような立場を**現況主義**と呼ぶことがあります。

　　　† **法2条1項**「この法律で『農地』とは、耕作の目的に供される土地をいい、『採草放牧地』とは、農地以外の土地で、主として耕作又は養畜の事業のための採草又は家畜の放牧の目的に供されるものをいう。」

　　　† **法3条1項**「農地又は採草放牧地について所有権を移転し、又は地上権、永小作権、質権、使用貸借による権利、賃借権若しくはその他の使用及び収益を目的とする権利を設定し、若しくは移転する場合には、政令で定めるところにより、当事者が農業委員会の許可を受けなければならない。ただし、次の各号のいずれかに該当する場合及び第5条第1項本文に規定する場合は、この限りでない。」

　　　☆ **処理基準**　同基準「第1 全般的事項(1)農地等の定義」の箇所で、以下のとおり定められている。「『農地』とは、耕作の目的に供される土地をいう。この場合、『耕作』とは土地に労費を加え肥培管理を行って作物を栽培することをいい、『耕作の目的に供される土地』には、現に耕作されている土地のほか、現在は耕作されていなくても耕作しようとすればいつでも耕作できるよう

な、すなわち、客観的に見てその現状が耕作の目的に供されるものと認められる土地（休耕地、不耕作地等）も含まれる。『採草放牧地』とは、農地以外の土地で耕作又は養畜のための採草又は家畜の放牧の目的に主として供されている土地をいう。」としている。

Q1-2 3条許可を要する行為と要しない行為

「農地法3条許可を要する行為としては、どのようなものがありますか？また、これを要しない行為としては、どのようなものがありますか？」

解説

(1) 前問で、農地法3条許可の対象となる権利について表示しました。

次に問題となるのは、当事者間で発生した一定の行為や事実などのうち、具体的にどのようなものが農地法3条許可を要し、または同許可を要しないものとされるかという点です。

さらに、後者（許可を要しないもの）については、農地法上の明文によって特に同許可を要しないとされているものと（法3条1項各号）、明文は置かれていないが、法律解釈によって同許可を要しないと判断されるものに分けることができます。

(2) この点については、本書の第2章「許可の要否」において詳しく解説しますが、ここでは、その概要を示しておきます。

Q1-2　3条許可を要する行為と要しない行為

1　3条許可（または転用許可）を要するもの
　ア　共有農地の分割（Q17）
　イ　共有農地の転用（Q17-3）
　ウ　農地に対する譲渡担保の設定（Q18）
　エ　農地の買戻し（Q19）
　オ　農地に関する契約の合意解除（Q20）
　カ　農地の非相続人に対する特定遺贈（Q34）
　キ　農地の死因贈与（Q34-2）
2　3条許可（または転用許可）を要しないもの
　ア　農事調停（Q21）
　イ　農地の取得時効（Q22）
　ウ　共有農地の持分放棄（Q23）
　エ　農地に関する契約の債務不履行による解除（Q24）
　オ　農地に関する詐害行為の取消し（Q25）
　カ　農地に関する真正な登記名義の回復（Q26）
　キ　農地に関する財産分与の裁判・調停（Q27）
　ク　農地の相続（Q28）
　ケ　農地に関する共同相続人間における相続分の譲渡（Q29）
　コ　農地に関する相続財産の分与に関する裁判（Q30）
　サ　農地の遺産分割（Q31）
　シ　農地の包括遺贈（Q32）
　ス　農地に関する「相続させる」旨の遺言（Q33）
　セ　農地の相続人に対する特定遺贈（Q34）

Q2 採草放牧地の取扱い

「採草放牧地について、これらの権利を設定または移転しようとする場合も、農地と同様の取扱いとなっていますか？」

解説

(1) **採草放牧地**とは、農地以外の土地で、主として耕作または養畜の事業のための採草または家畜の放牧の目的に供されるものをいいます（法2条1項）。採草放牧地の定義についても、前問で述べたとおり、別途、処理基準がその内容を示しています（→処理基準については、Q1を参照）。

(2) 農地法上、採草放牧地についても、原則的に農地と同じ規制が及びます。ただし、採草放牧地の転用については（法4条・5条）、農地とは異なる定めが置かれています。

すなわち、採草放牧地には4条転用（自己転用）の規制がなく、また、5条転用についても採草放牧地を農地以外のものに転用する場合に限って規制が及びます（したがって、採草放牧地を農地に転用することは、農地法上の規制対象となりません。）。

(3) このように農地法は、採草放牧地についても一定の規制を及ぼしていますが、採草放牧地の事案が問題となる実例は現実には極めて少ないと見込まれることから、本書では、特に必要性が認められる場合を除き、以後、採草放牧地に関する説明は全て省略します。

Q3　3条許可と5条許可の違い

「① 農地法3条と5条の違いは何ですか？
② 農地法5条と4条の違いは何ですか？」

解説

小問1

(1) 農地法3条の場合、原則として、農地について耕作（農業）目的で権利を設定し、または権利を移転する際に許可が必要となります。許可は、効力発生要件となります。他方、同5条の場合は、農地を農地以外のものにするため（転用目的）、権利を設定し、または権利を移転する場合に許可が必要となります。この場合も、効力発生要件となります。これらの許可は補充行為であるといえます（→補充行為については、Q5-2を参照）。

(2) 3条と5条の違いは、転用目的の有無によって生じますから、その点を除けば、3条と5条とは、その構造が類似しているといえます。

小問2

農地法5条も4条も、農地を転用しようとする場合に、その適用があります。両者の違いですが、5条許可の方は、転用と同時に権利の設定・移転を行う場合に必要となります。

他方、4条許可の方は、単に転用行為を適法なものとするために受けることが義務付けられます。

† **法4条1項本文**「農地を農地以外のものにする者は、都道府県知事（農地又は採草放牧地の農業上の効率的かつ総合的な利用の確保に関する施策の実施状況を考慮して農林水産大臣が指定する市町村（以下「指定市町村」という。）の区域内にあっては、指定市町村の長。以下「都道府県知事等」という。）の許可を受けなければならない。」

† **法5条1項本文**「農地を農地以外のものにするため又は採草放牧地を採草放牧地以外のもの（農地を除く。次項及び第4項において同じ。）にするため、これらの土地について第3条第1項本文に掲げる権利を設定し、又は移転する場合には、当事者が都道府県知事等の許可を受けなければならない。」

Q4　3条許可と区分地上権の設定・移転

「3条許可を得るためには、必ず耕作目的が必要となりますか？」

解説

(1)　3条許可を受けるためには、原則として、同条2項各号に定められた要件（耕作者適格要件または農業者適格要件）の全部を満たすことが必要です。

　しかし、耕作者適格要件を具備しない場合であっても、権利取得に当たって3条許可を得ることが可能な場合があります。それは、農地について権利の設定・移転をしようとする場合は、転用目的がある場合を除き、全て3条許可の問題とされるためです（解説・39頁）。

(2)　農地法3条2項ただし書には、原則に対する若干の例外が規定されています。例えば、農地の地下または空中に**区分地上権**を設定しようとする場合、権利取得者において、必ずしも耕作者適格要件を満たしている必要はありません（→区分地上権については、Q10−2を参照）。

　例えば、非農家である事業者Aが、他人Bの所有する農地の地下部分にトンネルを造成しようと計画し、仮に地下にトンネルを造成することができたとしても、その場合、その上層部にある農地は転用されたことにはなりませんから、5条許可の問題は生じません。しかし、事業者Aとしては、法的権原（権利）を有する形で適法に地中にトンネルを造成する必要があるため、農地の所有者Bとの間で区分地上権の設定契約を締結し、その際に3条許可を受けておくことになります。

Q5 農地法と民法の関係

「農地法と民法の関係は、どのように理解すればよいでしょうか？」

解説

(1) 結論を先に述べますと、民法は、一般法としての性格を有するのに対し、農地法は、**特別法**という関係に立ちます。

民法は、私人間の法律関係（権利義務関係）を規律する最も基本的かつ重要な法律ということができます。したがって、通常の法律関係については、原則として、民法を基準にして私人間の権利義務関係を判断すれば足りるということになります。

例えば、宅地の売買については、民法555条から578条までに売買に関する条文が置かれていますから、具体的な紛争が発生した場合は、関連する民法の条文解釈に従って、当事者間の権利義務関係を適法に判断すればよいということになります。

(2) ところが、売買契約であっても、売買対象となる土地が農地である場合、全体の契約関係に対し民法の規定が適用されることはいうまでもありませんが、農地法が、民法と異なる定めを特に置いているときは、特別法である農地法が、民法よりも優先的に適用されることになります。これを**特別法優位の原則**（特別法優先の原則）といいます。

例えば、民法177条は、不動産の**物権変動の対抗要件**として登記をすることを求めています（→物権変動の対抗要件については、Q6－5を参照）。そのことから、農地の所有者Aと賃借人Bが、農地の賃貸借契約を締結したような場合、賃借人Bは、本来であれば、賃借権設

定登記を済ませておく必要があります。仮に登記を済ませておかないと、新たに当該農地を買った買主（第三者）Cが出現したような場合、BはCに対し、自分が正当な賃借権者であることを対抗することができなくなるはずです。

　しかし、民法の特別法である農地法は、農地の**引渡し**があったときは、賃借人は、これをもって当該農地について物権を取得した第三者に対抗することができると定めています（法16条1項）。つまり、特別法である農地法によって、一般法である民法の原則が修正されていることが分かります。

(3)　このように、農地をめぐる法律関係を正確に把握するためには、農地法の条文について正しい理解を心掛ける必要がありますが、それに加え、民法の条文についても正しい解釈を行う必要があります。

　換言すると、農地関係においても、民法に規定された基本的な法律用語については、それを正しく解釈し、かつ、用いる必要があります。

　例えば、民法には**条件**という用語があります。これには二つの種類があり、一定の事実が発生した場合に法律行為の効力が発生するものと、その反対に、一定の事実が発生した場合に法律行為の効力が失われるものがあります。前者を**停止条件**といい、後者を**解除条件**といいます（民127条1項・2項）。

　ここでは、後者の解除条件について述べます。解除条件については、民法127条2項に規定があり、「解除条件付法律行為は、解除条件が成就した時からその効力を失う。」と定められています。

　この条文の解釈について、通説は、「たとえば、落第したら給与をやめるという学資給与契約は、落第という条件の成就があれば契約の効力を解除（解消）するから、『解除条件』であり、条件の成就すなわち落第の時から効力を失う。」と解釈します（我妻・275頁）。

解除条件が付された学資給与契約である限り、落第という客観的事実さえ発生すれば、特に学資給与者側からの意思表示（給与を打ち切る旨の通知）を待つことなく、当然に学資給与契約の効力は失われます。

(4) このように、農地をめぐる法律関係を説明するに当たり、仮に「解除条件」という法律用語を使用するときは、民法学で確立された法律解釈を前提としなければなりません。

ところが、農地法3条3項の適用を受けて同条1項許可を受けた賃貸借について、これを「解除条件付き賃貸借」と呼ぶ立場をしばしば見受けます。この立場は、賃貸借契約の当事者間で、農地法3条1項許可を受けるに当たり、同条3項の適用を受ける意図をもって、「農地を適正に利用していないと認められる場合に賃貸借を解除する旨の条件」を契約書に明記することによって、当該契約は解除条件付き賃貸借に該当することになる、と考える立場といえます。

しかし、この立場は、賃貸借契約締結後に、賃借人が賃借している農地を適正に利用していない事実が発生したとしても、当該事実が発生したことのみで、当然に賃貸借契約が解除され、あるいは失効するとは考えません。

賃貸借契約関係を解除ないし失効させるためには、まず、賃貸人から農業委員会に対し所定の届出を行い（法18条1項4号）、続いて、賃貸人が、賃貸借契約を解除する旨の意思表示を賃借人に対して行う必要性を認めています（民540条1項）。このような手順を踏んで、初めて賃貸借契約が解除ないし失効するとします。

そうすると、このようなものについてまで、「解除条件付き賃貸借」と呼ぶことは、民法の条文解釈を無視した不適切なものと考えざるを得ません。このような場合は、せいぜい、「解除する旨の条件が付いた賃貸借」または「いわゆる解除条件付き賃貸借」などと呼ぶのが相

当であると考えます。

† **法18条1項4号**「第3条第3項の規定の適用を受けて同条第1項の許可を受けて設定された賃借権に係る賃貸借の解除が、賃借人がその農地又は採草放牧地を適正に利用していないと認められる場合において、農林水産省令で定めるところによりあらかじめ農業委員会に届け出て行われる場合」

† **民127条1項**「停止条件付法律行為は、停止条件が成就した時からその効力を生ずる。」

† **同条2項**「解除条件付法律行為は、解除条件が成就した時からその効力を失う。」

† **民540条1項**「契約又は法律の規定により当事者の一方が解除権を有するときは、その解除は、相手方に対する意思表示によってする。」

第1章　許可の対象となる権利／第1節　総論

Q5-2　農地法と行政法の関係

「農地法と行政法の関係は、どのように理解すればよいでしょうか？」

解説

(1)　本書は、もっぱら農地法の解釈と関連する民法の解釈について解説を試みようとするものであり、行政法については、原則的に言及しません。

しかし、農地法は、民法の特別法であると同時に、行政法としての性格も有していますので、ここで若干のものについて述べます。

(2)　前記のとおり、農地について権利を設定し、または権利を移動しようとした場合、農地法によって許可を得る必要があります。ここで、なぜ許可を受ける必要があるのか、という点が問題となります。

例えば、農地の所有者Aと、その農地を買い受けようと希望するBが農地売買契約を締結したとしても、それのみでは、売買契約の効力は発生しません（所有権移転の効力は発生しません。）。なぜなら、農地法3条7項は、「第1項の許可を受けないでした行為は、その効力を生じない。」と定め、また、同法5条3項も、「第3条第5項及び第7項並びに前条第2項から第5項までの規定は、第1項の場合に準用する。」と定めているためです。

16

これに関連して、最高裁判例は、農地法3条許可の性質について、当事者間の法律行為を補充してその法律上の効力を完成させるものである（**補充行為**）との見解を示しています（最判昭38・11・12民集17巻11号1545頁）。＊

(3) 農地法3条または5条の許可を民法の側からみた場合、農地法3条または5条の許可は、法律行為（契約）の**効力要件**であると考えることができます。

　　† **法3条7項**「第1項の許可を受けないでした行為は、その効力を生じない。」

　　† **法5条3項**「第3条第5項及び第7項並びに前条第2項から第5項までの規定は、第1項の場合に準用する。［以下省略］」

　　＊**判例**（最判昭38・11・12民集17巻11号1545頁）「農地法第3条に定める農地の権利移動に関する県知事の許可の性質は、当事者の法律行為（たとえば売買）を補充してその法律上の効力（たとえば売買による所有権移転）を完成させるものにすぎず、講学上のいわゆる補充行為の性質を有すると解されるところ、かりに、本件のように、売主と転買人との間に売買にもとづく所有権の移転につき県知事の許可がされたとしても、売主と転買人との間に権利移転に関する合意が成立していない以上、右県知事の許可があっても所有権移転の効力を生ずることはない。したがって、このような効力を生じえないことを目的とする県知事に対する許可申請手続をする旨の合意も、また、おのずから無効と解さざるをえない。」

第2節　物　権

Q6　所有権とは

「農地の所有権を他人に譲渡する場合、農地法3条の許可を受ける必要があるとされています。所有権とは何ですか？」

解説

(1)　民法は、①物の使用収益を目的とする**用益物権**、②物の交換価値の把握を目的とする**担保物権**、③物に対する事実上の支配を保護することを目的とする**占有権**の三つを物権として認めています（判例物権・111頁）。また、**物権法定主義**といって、物権は、民法その他の法律に定めたもの以外は、当事者間の合意で創設することができないとされています（内田・351頁）。

そして、**物権**の本質については、一定の物を直接に支配して利益を受ける排他的権利であると解するのが通説です。ここでいう「排他性」とは、同一の目的物の上に、ひとたび1個の物権が成立すると、これと同じ内容の物権は成立し得ないという意味です。

(2)　物権のうち、代表的なものは**所有権**です。所有権は、物に対する使用・収益・処分を内容とする全面的な支配権です（民206条）。

例えば、農地の所有者は、自ら所有する農地を自由に耕作し、そこから得られる生産物を自由に収穫することができます。また、農地法

の許可を受けた上で、所有する農地の一部を他人に譲渡することもできます。あるいは、同様に許可を受けた上で、他人に対し、賃借権などの土地（農地）に対する使用収益権を設定することもできます。

(3) 所有権のうち、**土地所有権**については、法令の制限内においてその土地の上下に及ぶとされています（民207条）。ここで「土地の上下に及ぶ」とは、文字通り、土地の地表、地上および地下に対し、所有権の効力が及ぶということです。これらの範囲に含まれる土砂、岩石、地下水なども土地の構成部分として、土地所有者の所有権に属します。

ただ注意すべき点は、土地所有権は、土地の上下の方向に無限に及ぶというものではなく、土地所有権の行使によって利益が存する限度で、上部空間および地下にも及ぶという意味です（石田・304頁）。したがって、例えば、ある農地の上空5000メートルの付近を飛行機が無断で通過しても、当該農地所有権の妨害に当たる行為とは解されません。

　　† **民206条**「所有者は、法令の制限内において、自由にその所有物の使用、収益及び処分をする権利を有する。」

　　† **民207条**「土地の所有権は、法令の制限内において、その土地の上下に及ぶ。」

Q6-2 農地の売買契約から生ずる売主の義務

「① AとBは、A所有農地を農業者Bに対して300万円で売却する契約を締結しました。この段階で、売買契約の当事者である売主Aにはどのような義務が発生していますか？

② 仮に売主Aと買主Bの双方による3条許可申請に対し農業委員会が3条許可を出したが、Bにおいて未だ所有権移転登記を済ませていない時期に、Aが、C農協から融資を受けるため、Bに無断でC農協との間で抵当権設定契約を結び、かつ、抵当権設定登記をした場合、Aにはどのような責任が発生しますか？」

解説

小問1

(1) 民法555条から578条にかけて、**売買契約**に関する規定が置かれています。これらのうちで、最も基本的な条文は555条といえますが、同条は、「売買は、当事者の一方がある財産権を相手方に移転することを約し、相手方がこれに対してその代金を支払うことを約することによって、その効力を生ずる。」と定めます。

したがって、売買契約が成立するためには、売主が一定の財産権を買主に移転し、その対価として、買主が売主に対し代金を支払うことを合意することが必要です。

売買契約の場合、当事者間において意思表示が合致することのみで契約が成立しますから、売買契約は**諾成契約**（反対概念は要物契約です。）ということになります。また、売主の義務と買主の義務は、相

互に対価関係に立ちますから、**双務契約**（反対概念は片務契約です。）でもあります。

(2) ただし、設例のような農地の売買においては、農地所有権の取得目的が耕作（農業）目的であれば農地法3条の、また、転用目的であれば同法5条の適用が原則的にあります。

したがって、許可前の段階においては、売買契約自体は成立したと解されますが、売買契約から生ずる法律効果は未だ発生していないと解されます（山本・212頁）。

(3) 設例において、A・B双方が売買契約を締結することによって、売主Aは、財産権である農地の所有権を買主Bに移転する義務を負います（財産権移転義務）。この点についてやや細かくみれば、農地は有体物である不動産ですから、Aは、その占有をBに移転する義務（引渡し義務）を負うと解されるほか、対抗要件を具備させる義務（所有権移転登記に協力する義務）も負うと解する立場が一般的です（笠井・153頁）。

さらに、設例のように、売買目的物が農地の場合は、売主Aは、買主Bから農地法の定める許可申請手続への協力を求められた場合には、これに応じる義務も負うと解されます（**許可申請手続協力義務**）。

この点について、最高裁は、農地の売主は、特段の事情のない限り、買主のために農業委員会に対し、許可申請手続を行うべき契約上の義務を負うという立場をとっています（最判昭43・4・4判時521号47頁）。＊

この最高裁判例によれば、農地の売主Aは、買主Bに対し、許可申請手続に協力する義務を負うことになりますが、これを買主Bの側からみたときは、同人は、売主Aに対し、許可申請協力請求権を有するという関係になります（最判昭50・4・11民集29巻4号417頁。→許可申請協力請求権の消滅時効については、Q15－8を参照）。

小問2

(1) 設例で、A・Bは、農業委員会に対し3条許可申請を行い、その結果、3条許可が下りています。このことから、Aは、少なくとも3条許可申請の手続には協力したと評価できます。

しかし、Aは、その後、C農協との間で、Bに無断で抵当権設定契約を結び、Cのために抵当権設定登記も済ませました。この点は、以下述べるとおり問題が生じます。

A ──▶ B（農地の譲受人）
　 ╲▶ C農協（抵当権者）

(2) なぜなら、AがBに対して負担する財産権移転義務を完全に履行したと認めるためには、Aは、3条許可申請手続に協力するだけでなく、Bへの農地所有権移転登記に協力する必要もあると解されるからです（我妻・1065頁）。

この点について、最高裁も、農地の売主は、買主に対し農地法所定の許可申請手続に協力しなければならない義務を負い、仮に許可があったときは所有権移転登記手続を行うべき義務を負うとしています（最判昭49・9・26民集28巻6号1213頁）。＊＊

(3) その根拠は、民法177条が、不動産に関する物権の得喪および変更は、登記をしないと第三者に対抗することができないと定めているためです（→物権変動の対抗要件については、Q6-5を参照。）。

つまり、Bが農業委員会の3条許可を得ることができれば、農地の所有権は、同人の下に有効に移転したと評価できます。しかし、当該農地について、所有権移転登記手続が未了のままでは、設例のように、第三者であるC農協が物権（抵当権）を取得して、先にその登記

を備えてしまった場合に、仮に将来、当該農地が競売にかけられて第三者が買受人となると、Bは当該第三者に対し、自分が農地の所有権者であることを対抗できなくなります（→競売については、Q13−2を参照）。

　これでは、AがBに対して負担する財産権移転義務が完全に果たされたと評価することはできません。つまり、同義務には、所有権移転登記手続に協力する義務も含まれると解されます（なお、改正民法560条は、売主は、買主に対し、登記、登録その他の売買の目的である権利の移転についての対抗要件を備えさせる義務を負うことを明記しています。）。

(4)　設例において、売主Aは、自らが負担する財産権移転義務に違反して、Bに無断でC農協との間で抵当権設定契約を結び、かつ、登記も行いました。Aのこれらの行為は、**債務不履行**に該当する行為と評価され（民415条）、Bは、Aとの売買契約を解除することができるほか（民543条または541条。ただし、改正民法では、542条1項1号または同項5号の適用があると考えられますから、Bは催告をすることなく、契約を解除することができると解されます。）、仮に損害が発生すれば、Aに対し損害賠償請求をすることもできると解されます（民415条。→契約解除については、Q24を参照）。

　　　　† **民96条3項**「前2項の規定による詐欺による意思表示の取消しは、善意の第三者に対抗することができない。」
　　　　† **民415条**「債務者がその債務の本旨に従った履行をしないときは、債権者は、これによって生じた損害の賠償を請求することができる。債務者の責めに帰すべき事由によって履行をすることができなくなったときも、同様とする。」
　　　　†† **改正民415条1項**「債務者がその債務の本旨に従った履行をしないとき又は債務の履行が不能であるときは、債権者は、これによって生じた損害の賠償を請求することができる。ただし、

その債務の不履行が契約その他の債務の発生原因及び取引上の社会通念に照らして債務者の責めに帰することができない事由によるものであるときは、この限りでない。」

†† 同条2項「前項の規定により損害賠償の請求をすることができる場合において、債権者は、次に掲げるときは、債務の履行に代わる損害賠償の請求をすることができる。
① 債務の履行が不能であるとき。
② 債務者がその債務の履行を拒絶する意思を明確に表示したとき。
③ 債務が契約によって生じたものである場合において、その契約が解除され、又は債務の不履行による契約の解除権が発生したとき。」

† 民541条「当事者の一方がその債務を履行しない場合において、相手方が相当の期間を定めてその履行の催告をし、その期間内に履行がないときは、相手方は、契約の解除をすることができる。」

†† 改正民541条「当事者の一方がその債務を履行しない場合において、相手方が相当の期間を定めてその履行の催告をし、その期間内に履行がないときは、相手方は、契約の解除をすることができる。ただし、その期間を経過した時における債務の不履行がその契約及び取引上の社会通念に照らして軽微であるときは、この限りでない。」

† 民543条「履行の全部又は一部が不能となったときは、債権者は、契約の解除をすることができる。ただし、その債務の不履行が債務者の責めに帰することができない事由によるものであるときは、この限りでない。」

†† 改正民542条1項「次に掲げる場合には、債権者は、前条の催告をすることなく、直ちに契約の解除をすることができる。
① 債務の全部の履行が不能であるとき。
② 債務者がその債務の全部の履行を拒絶する意思を明確に表示

したとき。
③　債務の一部の履行が不能である場合又は債務者がその債務の一部の履行を拒絶する意思を明確に表示した場合において、残存する部分のみでは契約をした目的を達することができないとき。
④　契約の性質又は当事者の意思表示により、特定の日時又は一定の期間内に履行をしなければ契約をした目的を達することができない場合において、債務者が履行をしないでその時期を経過したとき。
⑤　前各号に掲げる場合のほか、債務者がその債務の履行をせず、債権者が前条の催告をしても契約をした目的を達するのに足りる履行がされる見込みがないことが明らかであるとき。」

††　**同条2項**「次に掲げる場合には、債権者は、前条の催告をすることなく、直ちに契約の一部の解除をすることができる。
①　債務の一部の履行が不能であるとき。
②　債務者がその債務の一部の履行を拒絶する意思を明確に表示したとき。」

†　**民555条**「売買は、当事者の一方がある財産権を相手方に移転することを約し、相手方がこれに対してその代金を支払うことを約することによって、その効力を生ずる。」

††　**改正民560条**「売主は、買主に対し、登記、登録その他の売買の目的である権利の移転についての対抗要件を備えさせる義務を負う。」

＊**判例**（最判昭43・4・4判時521号47頁）「本件売買契約の成立に関する原審の事実認定が是認さるべきことは、さきに説示したとおりである。ところで、農地の売買は知事の許可がないかぎり所有権移転の効力を生じないけれども、該契約はなんらの効力をも有しないものではなく、特段の事情のないかぎり、売主は知事に対し所定の許可申請手続をなすべき義務を負担し、もしその許可があったときは買主のため所有権移転登記手続をなすべき義務を負担するに至るものと解するのが相当である［中略］。

＊＊**判例**（最判昭49・9・26民集28巻6号1213頁）「民法96条1項、3項は、詐欺による意思表示をした者に対し、その意思表示の取消権を与えることによって詐欺被害者の救済をはかるとともに、他方その取消の効果を「善意の第三者」との関係において制限することにより、当該意思表示の有効なことを信頼して新たに利害関係を有するに至った者の地位を保護しようとする趣旨の規定であるから、右の第三者の範囲は、同条のかような立法趣旨に照らして合理的に画定されるべきであって、必ずしも、所有権その他の物権の転得者で、かつ、これにつき対抗要件を備えた者に限定しなければならない理由は、見出し難い。

ところで、本件農地については、知事の許可がないかぎり所有権移転の効力を生じないが、さりとて本件売買契約はなんらの効力を有しないものではなく、特段の事情のないかぎり、売主である被上告人は、買主であるEのため、知事に対し所定の許可申請手続をなすべき義務を負い、もしその許可があったときには所有権移転登記手続をなすべき義務を負うに至るのであり、これに対応して、買主は売主に対し、かような条件付の権利を取得し、かつ、この権利を所有権移転請求権保全の仮登記によって保全できると解すべきことは、当裁判所の判例の趣旨とするところである。［中略］そうして、本件売渡担保契約により、被控訴会社は、Eが本件農地について取得した右の権利を譲り受け、仮登記移転の附記登記を経由したというのであり、これにつき被上告人が承諾を与えた事実が確定されていない以上は、被控訴会社が被上告人に対し、直接、本件農地の買主としての権利主張をすることは許されないにしても［中略］、本件売渡担保契約は当事者間においては有効と解しうるのであって、これにより、被控訴会社は、もし本件売買契約について農地法5条の許可がありEが本件農地の所有権を取得した場合には、その所有権を正当に転得することのできる地位を得たものということができる。

そうすると、被控訴会社は、以上の意味において、本件売買契

Q6-2 農地の売買契約から生ずる売主の義務

約から発生した法律関係について新たに利害関係を有するに至った者というべきであって、民法96条3項の第三者にあたると解するのが相当である。」

Q6-3 売主の瑕疵担保責任

「①　農地所有適格法人である㈱B総合農場の代表者Cは、知人から紹介を受けたAから、『所有する優良農地を売ってもよい。』との提案を受けました。折からCは、法人の経営規模を拡大する方針を立てていたこともあり、Aの申出を了解し、平均価格を超える1000万円で当該農地を買い受ける旨の契約を締結し、農業委員会の3条許可も受け、その後、Aから㈱B総合農場への農地の引渡しも完了しました。ところが、それから数年後に、Cは、近隣住民たちの『㈱B総合農場は、とんでもない農地を高額で購入したそうだ。』との噂を耳にし、心配になって農地を深く掘り下げてみたところ、地表から2メートルの深さの位置に、産廃ゴミが大量に埋まっていることを発見しました。Cは、これではとてもこの農地で農業などできないと判断し、Aに対し抗議すると、Aは、『そのようなことは自分も全く知らなかったから、自分には法的責任はない。不服があるなら、裁判でも何でもやってくれ。』と開き直り、示談交渉にも応じない態度を示しています。果たして、㈱B総合農場を救済する方法はありますか？
　②　㈱B総合農場が、Aを被告として訴訟を提起しようとした場合、何か期限のようなものはありますか？」

解説

小問1

(1)　㈱B総合農場としては、売主であるAに対し、**瑕疵担保責任**を追

及することが考えられます（民570条）。瑕疵担保責任とは、売買目的物に隠れた瑕疵があった場合、売主に発生する責任をいいます。ただし、売主に対し瑕疵担保責任を追及できるのは、買主が善意（ここで、「善意」とは隠れた瑕疵があることを知らないことを指します。）の場合に限られます（通説）。

　なぜなら、買主において、契約の時点で目的物に隠れた瑕疵があることを知っていた場合は、瑕疵のあることを前提に代金額を決定しているはずだからです（なお、目的物に隠れた瑕疵があることを知っていた場合は、「悪意」となります。）。瑕疵があることを承知していた者に保護を与える必要はないということです（判例契約・187頁）。

```
           A ─────▶  ㈱B総合農場
      売買目的農地
      地中の産廃ゴミ＝隠れた瑕疵
```

　なお、買主が善意であったのか、あるいは悪意であったのかの点を、売主または買主のうち、いずれの側で主張立証すべきかという問題がありますが、多数説は、売主の方で、買主が契約時において悪意であったことを主張立証すべきであるとしています（我妻・1080頁、山本・256頁）。

　ただ、設例の場合、買主である㈱B総合農場の代表者Cは、地中に産廃ゴミがあったことは全く知らなかったため、善意であったことは疑いなく、本設例ではこの点が問題となる余地はありません。

(2)　そこで、売主の瑕疵担保責任を定めた民法570条が本設例に適用されるためには、第1に、産廃ゴミが地中に埋まっていること自体が民法570条のいう「瑕疵」に当たると評価される必要があり、第2に、仮に瑕疵に当たるとしても、それが「隠れた瑕疵」に該当する必要が

あります。

(3)　まず、地中に産廃ゴミが大量に埋まっている農地は、売買目的物が通常有すべき品質・性質を欠くものと考えることができますから、当該農地には**瑕疵**があると判断されます（なお、瑕疵の存在は、買主である㈱B総合農場の方で主張立証する必要があります。判例契約・202頁）。

　次に、**隠れた瑕疵**といえるか否かの判断基準について、戦前の判例は、瑕疵の存在について、買主に対し、その善意・無過失を要求します（大判大正13・6・23民集3巻339頁）。つまり、通常人が買主となった場合に、普通の注意力を払っても、なお瑕疵を発見することができないことを主張立証する必要があると解します（山本・284頁）。

　設例において、産廃ゴミが埋まっていたのは、地中2メートルの深さであったことから、売買契約の時点で、買主である㈱B総合農場の代表者Cが、取引上一般的に要求される程度の注意力を払っても、当該ゴミを発見することは極めて困難であったと考えられます。よって、Cは善意・無過失であったということができ、目的物である農地に隠れた瑕疵が存在したと考えることができます。

(4)　瑕疵担保責任をめぐる最近の下級審判例をみると、例えば、東京地裁は、マンション用地として売買された土地について、土地の中に埋設基礎等の障害物が存在する場合、土地に隠れた瑕疵があるとしています（東京地判平10・11・26判時1682号60頁）。＊

　また、名古屋地裁は、市から購入した土地に陶器の破片やクズが埋められていることは、土地売買目的物の隠れた瑕疵に当たるとしました（名古屋地判平17・8・26判時1928号98頁）。＊＊

　さらに、東京地裁は、土地の売買契約において、地中に建築資材等の廃棄物が埋まっていることは、隠れた瑕疵に当たるとしました（東京地判平19・7・23判時1995号91頁）。＊＊＊

(5) 以上のように、売主Aについて瑕疵担保責任が発生すると考えた場合、㈱B総合農場としては、具体的にどのような要求をAに対して行うことができるでしょうか。

　民法によれば、瑕疵担保責任の内容は、①損害賠償の請求および契約解除、または②損害賠償の請求のみの二つです。①の場合は、契約解除まで認められますが、契約の解除まで行うためには、目的物に隠れた瑕疵があるため、買主が契約をした目的を達することができないことが要件となります。

　そして、ここでいう契約をした目的を達することができない、の意味については諸説あり、瑕疵を修補できない場合または修補が困難な場合をいうとする説（山本・292頁）、瑕疵修補の可否であり、それは社会通念に照らして判断されることから、物理的な修補不能のみならず過分の費用・時間を要する場合も含まれるとする説（判例契約・205頁）、重大な契約違反を表現したものとする説（笠井・184頁）などがあります。

(6) 設例において、仮に農地の土壌改良工事（産廃ゴミの撤去および優良土による埋戻し）が困難と判定される場合は、㈱B総合農場は、Aとの契約を解除することができると解されます。また、㈱B総合農場に損害が生じているときは、Aに対し、別途損害賠償請求を行うことも可能と解されます。

　一方、農地の土壌改良工事が、社会通念に照らして可能であると判断されるときは、契約の解除は認められず、その代わり、土壌改良工事に要する費用をAに請求することができると解されます。具体的には、㈱B総合農場が、Aを被告とする民事訴訟において、土壌改良工事の費用を見積もって、その見積書を証拠として裁判所に出すことにより、裁判所は、当該証拠を基に適切に金額を認定することになると考えます。

【改正民法による変更点】

(1) 改正民法は、「瑕疵」という用語を用いることをやめ、「種類、品質又は数量に関して契約の内容に適合しない」という文言に改めました（改正民562条）。また、「隠れた」という要件や買主の善意の要件も削除しています。そして、改正民法は、**契約不適合による責任**（従来の瑕疵担保責任）を債務不履行責任（契約責任）として捉えています（逐条解説・270頁）。

(2) 引き渡された目的物に、上記の「契約不適合」が認められる場合、買主は、売主に対し、追完請求権（改正民562条）、代金減額請求権（改正民563条）、損害賠償請求権および解除権の行使などを行うことができます（改正民564条）。

(3) 設例の地中に大量の産廃ゴミが埋まっている農地は、品質において契約の内容に適合しない目的物であると判断されますから、㈱B総合農場としては、Aに対し、追完請求（土壌改良工事）または代金減額請求を行うか、あるいは契約解除および損害賠償請求を行うことになる可能性が高いと解します。なお、代金減額請求と契約解除は、択一的な関係に立つと解されます（逐条解説・275頁）。

小問2

(1) ㈱B総合農場が、Aの法的責任を追及するために民事訴訟を提起しようとする場合に問題となるのは、瑕疵担保による損害賠償請求権の存続期間です。この点について、民法は**除斥期間**を定めています（民570条・566条3項。なお、除斥期間とは、権利の存続期間を限定するものであり、その期間を経過した後の権利行使を排除するものです。）。

(2) 民法570条・566条3項の定める除斥期間によって、買主である㈱B総合農場は、事実を知った時から、1年以内に権利を行使する必要があります。権利行使の方法について、最高裁は「売主の担保責任を

問う意思を裁判外で明確に告げることをもって足り」るとしています（最判平4・10・20民集46巻7号1129頁）。ここで、1年以内という比較的短い期間が定められているのは、法律関係を早期に安定させるためと考えられます（通説）。

したがって、設例において、㈱B総合農場が、農地の引渡しを受けた後、地下2メートル付近に大量の産廃ゴミが埋められていることを発見した時から1年が経過していない場合は、Aに対しその法的責任を追及することが可能です。

他方、発見時から既に1年以上の期間が経過しているときは、原則として法的責任の追及は難しいということになります。なぜなら、仮に㈱B総合農場が提訴したとしても、裁判の審理において、被告であるAの側から、「既に1年の除斥期間が経過しているから、㈱B総合農場の損害賠償請求権は消滅しており、原告の請求は棄却されるべきである。」という反論が出され、その言い分が裁判所によって認容される可能性が高いといえるからです。

(3)　ここで、仮に㈱B総合農場が、農地の引渡しを受けて10年以上経過した後に、初めて隠れた瑕疵を発見したとき、果たして㈱B総合農場は、Aに対して瑕疵担保責任を追及することができるか、という問題があります。換言すると、買主が目的物の引渡しを受けた後に、隠れた瑕疵を発見しない限り、瑕疵担保責任はいつまでも存続するのかという問題です。

この点について、最高裁の判例は、近時、瑕疵担保による損害賠償請求権には消滅時効の規定の適用があるという判断を示しました（最判平13・11・27民集55巻6号1311頁）。＊＊＊＊

つまり、瑕疵担保による損害賠償請求権についても民法167条1項の適用があり、引渡しを受けてから10年で消滅時効にかかるという立場を示しました。

【改正民法による変更点】

(1) 改正民法では、売主が買主に対し、契約の内容に適合しない目的物を引き渡したときは、買主がその不適合を知った時から1年以内にその旨を通知しないと、買主は、当該不適合を理由に、前記の追完請求権などの権利を行使することができないとされました（改正民566条）。

(2) ㈱B総合農場としては、知った時から1年以内に、Aに対し契約不適合の事実を通知する必要があります（現行民法のように、担保責任を追及する旨の通知まで行う必要はありません。）。

　いったん、不適合の事実の通知をしておけば、一般の消滅時効の規定によって請求権が消滅しない限り、上記の権利は存続すると解されます（要点解説・126頁）。

　　†　**民167条1項**「債権は、10年間行使しないときは、消滅する。」

　　†　**民566条1項**「売買の目的物が地上権、永小作権、地役権、留置権又は質権の目的である場合において、買主がこれを知らず、かつ、そのために契約をした目的を達することができないときは、買主は、契約の解除をすることができる。この場合において、契約の解除をすることができないときは、損害賠償の請求のみをすることができる。」

　　†　**同条2項**「前項の規定は、売買の目的である不動産のために存すると称した地役権が存しなかった場合及びその不動産について登記をした賃貸借があった場合について準用する。」

　　†　**同条3項**「前2項の場合において、契約の解除又は損害賠償の請求は、買主が事実を知った時から1年以内にしなければならない。」

　　††　**改正民566条**「売主が種類又は品質に関して契約の内容に適合しない目的物を買主に引き渡した場合において、買主がその不適合を知った時から1年以内にその旨を売主に通知しないとき

は、買主は、その不適合を理由として、履行の追完の請求、代金の減額の請求、損害賠償の請求及び契約の解除をすることができない。ただし、売主が引渡しの時にその不適合を知り、又は重大な過失によって知らなかったときは、この限りでない。」

† **民570条**「売買の目的物に隠れた瑕疵があったときは、第566条の規定を準用する。ただし、強制競売の場合は、この限りでない。」

＊**判例**（東京地判平10・11・26判時1682号60頁）「2(1) 前記1認定の経緯に照らせば、本件各契約締結に際し、被告F及びKにおいて、原告が本件各土地上に中高層マンションを建築する予定であることを知悉していたとの事実を認めることができる。そして、[証拠略]によれば、原告は、本件各契約締結に先立ち、マンション建築計画に対する影響の有無等を調査するため、Tらを通じて、被告Fから資料図面等を借用して本件建物の基礎杭の位置等を確認したこと、ところが、本件各契約締結後、実際に本件建物の解体工事を進めるに従って、右図面等には一切記載されていない、多数のＰＣ杭及び二重コンクリートの耐圧盤等の本件地中障害物が発見されたこと、本件各土地上に中高層マンションを建築しようとすれば、基礎工事を行うために本件地中障害物を撤去する必要があるところ、右除去には通常の中高層マンション建築に要する費用とは別に金3000万円以上の費用がかかることの各事実を認めることができる。

これらの諸事実に鑑みれば、本件地中障害物が存在する本件各土地は、中高層マンションが建築される予定の土地として通常有すべき性状を備えていないものというべきであるから、本件地中障害物の存在は、本件各契約の目的物たる本件各土地の瑕疵に当たるといわざるを得ない。

(2) 本件地中障害物の存在が容易に認識しうる状態になかったことは、被告らにおいて明らかに争わない。

3 したがって、本件地中障害物の存在は、本件各土地の『隠れ

たる瑕疵』に該当する。」

＊＊判例（名古屋地判平17・8・26判時1928号98頁）「前記認定のように本件売買契約当時において本件廃棄物の存在はアスファルト等に隠されて容易にこれを認識できなかったことが認められる。

　そして、本件廃棄物の性質はコンクリート塊、陶器片、製陶窯の一部又は本体、煙道と思われる煉瓦造り構造物等であり、これは産業廃棄物に当たるものであること、建物の基礎部分に当たり確認できた範囲においても、平均で深さ1.184メートル付近まで本件廃棄物が存在したこと、それが地中に占める割合においても3分の1を超えるものであったことからすれば、本件廃棄物の存在が目的物の隠れた瑕疵に当たると認めるのが相当である。」

＊＊＊判例（東京地判平19・7・23判時1995号91頁）「原告らは、被告から本件土地を買い受けたものであるところ、前記1の認定事実（以下「認定事実」という。）(4)イ、ウのとおり、本件土地の地中には本件廃棄物が存在することが認められる（そして、後記(3)の争点(3)についての判断のとおり、本件廃棄物は本件土地の地中に広範かつ大量に存在するものと認められる。）。そうすると、本件土地は、本件廃棄物の存在によりその使途が限定され、通常の土地取引の対象とすることも困難となることが明らかであり、土地としての通常有すべき一般的性質を備えないものというべきであるから、本件廃棄物の存在は本件土地の瑕疵に当たるものと認めるのが相当である。[中略] また、認定事実(4)ウによれば、本件廃棄物が存在している位置は、盛土部分を除去した後の地表面から表層部分のおおむね0.4メートルより下に存在するものであることからすれば、特段の事情が認められない限り、地表面から直ちに本件廃棄物の存在を知ることは困難であり、原告太郎が代表者を務める甲野組が本件土地を資材置場として使用していたとしても、そのことから、直ちに原告太郎が本件廃棄物の存在を知っていたものと推認することはできない。そして、他に、

原告らが本件契約前から本件廃棄物の存在を知っていたことを認めるに足りる特段の事情があることは、証拠上、認められない。」
＊＊＊＊**判例**（最判平13・11・27民集55巻6号1311頁）「買主の売主に対する瑕疵担保による損害賠償請求権は、売買契約に基づき法律上生ずる金銭支払請求権であって、これが民法167条1項にいう『債権』に当たることは明らかである。この損害賠償請求権については、買主が事実を知った日から1年という除斥期間の定めがあるが（同法570条、566条3項）、これは法律関係の早期安定のために買主が権利を行使すべき期間を特に限定したものであるから、この除斥期間の定めがあることをもって、瑕疵担保による損害賠償請求権につき同法167条1項の適用が排除されると解することはできない。さらに、買主が売買の目的物の引渡しを受けた後であれば、遅くとも通常の消滅時効期間の満了までの間に瑕疵を発見して損害賠償請求権を行使することを買主に期待しても不合理でないと解されるのに対し、瑕疵担保による損害賠償請求権に消滅時効の規定の適用がないとすると、買主が瑕疵に気付かない限り、買主の権利が永久に存続することになるが、これは売主に過大な負担を課するものであって、適当といえない。

したがって、瑕疵担保による損害賠償請求権には消滅時効の規定の適用があり、この消滅時効は、買主が売買の目的物の引渡しを受けた時から進行すると解するのが相当である。」

第1章　許可の対象となる権利／第2節　物権

> ## Q6-4　売買目的農地の非農地化
>
> 「売買目的農地が、売買契約後に非農地化した場合、当該土地の所有権は誰に帰属しますか？」

解説

(1)　先に結論をいいますと、売買契約後に目的農地が非農地化したときは、その時点で、買主が当該土地の所有権を取得することになると解されます。

　農地法は、農地を売買の目的物とする場合、所有権の譲受人に耕作目的があるときは農地法3条の、また、転用目的があるときは同法5条の許可を得ることを定めています（→農地法3条と5条の関係については、Q3を参照）。

　その許可の性質について、最高裁の判例は、当事者間の法律行為を補充し、その効力を完成させる行為であるとしています（→補充行為については、Q5-2を参照）。

(2)　前記のとおり、農地法は現況主義をとっていますから、ある土地が、現時点では農地であると認定できたとしても、その後の状況の変化によっては、非農地化したと認定されることもあり得るということです（→現況主義については、Q1を参照）。

　問題は、売買契約の時点では目的土地が農地性を有していたとしても、その後、当該土地をめぐる状況に変化が生じ、当該土地が非農地化したときに、その事実が、売買契約の当事者の権利義務に対し、どのような影響を及ぼすかという点です。とりわけ、許可を受ける前の時点で、農地の非農地化が発生した場合に問題となります。

　　　　　　　　　　　　　　　　Ｑ６－４　売買目的農地の非農地化

　例えば、売主Ａ、買主Ｂの農地売買契約において、目的土地が農地であれば、農地法３条または５条の許可を受けるまでは、売買契約の効力つまり所有権移転の効果が発生しません。
　ところが、売買契約後に目的土地が非農地化したときは、その時点で、当該土地は農地法の許可の対象から外されたものとなります。つまり、当該土地の所有権は、許可を受けることなく、売主から買主に有効に移転することになります。

(3)　この点について、多くの最高裁判例も同様の立場をとっています（最判昭42・10・27民集21巻8号2171頁、最判昭44・10・31民集23巻10号1932頁、最判昭52・2・17民集31巻1号29頁）。＊、＊＊、＊＊＊
　これらの判例のうち、昭和52年2月17日の最高裁判決は、売買契約の実質的買主である被上告人Ｘが、同人の支配する上告人Ｙ会社名義で農地法5条許可を受けた上、Ｘにおいて農地上に建物を建てて無断転用行為を行ったという事例です。
　この事例の場合、売主とＸの間には売買契約が存在したとしても、5条許可は、売主とＹ会社の間に出されているため、売主から実質的買主であるＸに対し、農地の所有権が有効に移転するということはありません。しかし、Ｘが農地上に建物を建てることを通じ農地の無断転用行為を行い、また、当該建物をＹ会社の営業所に使用したという事実関係から、本件売買契約は、5条許可がなくても、売主とＸとの間で効力を生じたとしたものです（判解昭和52年11頁）。

第1章　許可の対象となる権利／第2節　物権

　同事件において、上告人であるＹ会社は、問題となった土地は、5条許可を受けたＹ会社の所有と認めるべきであると主張しましたが、最高裁はこれを認めず、被上告人Ｘの勝訴が確定しました。

　なお付言しますと、本書の立場は、無断転用行為によって農地が客観的に非農地化したときは、現況主義に従って、売買契約は有効となるという見解をとります（客観主義）。したがって、仮に無断転用によって農地法違反の事実が発生したとしても、これに対しては、行政庁による**原状回復命令**（法51条1項）や**刑事罰による規制**（法64条以下）をもってその是正を図るべきであると考えます。

　†　**法51条1項**「都道府県知事等は、政令で定めるところにより、次の各号のいずれかに該当する者（以下この条において「違反転用者等」という。）に対して、土地の農業上の利用の確保及び他の公益並びに関係人の利益を衡量して特に必要があると認めるときは、その必要の限度において、第4条若しくは第5条の規定によってした許可を取り消し、その条件を変更し、若しくは新たに条件を付し、又は工事その他の行為の停止を命じ、若しくは相当の期限を定めて原状回復その他違反を是正するため必要な措置（以下この条において「現状回復等の措置」という。）を講ずべきことを命ずることができる。［以下省略］」

　†　**法64条**「次の各号のいずれかに該当する者は、3年以下の懲役又は300万円以下の罰金に処する。
①　第3条第1項、第4条第1項、第5条第1項又は第18条第1項の規定に違反した者
②　偽りその他不正の手段により、第3条第1項、第4条第1項、第5条第1項又は第18条第1項の許可を受けた者
③　第51条第1項の規定による都道府県知事等の命令に違反した者」

　＊**判例**（最判昭42・10・27民集21巻8号2171頁）「上告人が本件売買後に本件土地に土盛りをし、地上には建物が建築され、その

ため本件土地が恒久的に宅地となっていることは原審が適法に確定したところである。そうとすれば、本件土地は農地の売買契約の締結後に買主の責に帰すべからざる事情により農地でなくなり、もはや農地法5条の知事の許可の対象から外されたものというべきであり、本件売買契約の趣旨からは、このような事情のもとにおいては、知事の許可なしに売買は完全に効力を生ずるものと解するを相当と（する）」

＊＊判例（最判昭44・10・31民集23巻10号1932頁）「本件土地は、地目および現況ともに元来原野であって、昭和18年頃は未開墾の湿地帯であったものが、終戦直前ころ排水工事が施された結果、昭和27、8年ころからはその約半分に相当する部分が野菜畑として耕作されてきたもので、その後も昭和34年11月ころまではその残余の部分は湿地のため荒地のまま放置されていたというのであり、昭和25年12月には本件土地を含む附近一帯は都市計画区域に指定され、本件売買契約当時本件土地の西側附近には既に幹線道路が南北に通じ、該道路沿いに繁華街が形成され、右都市計画区域内は次第に宅地化し、本件土地周辺も大部分が宅地用として分譲され、本件土地もその一環として上告人から被上告人に売り渡されたものであるというのである。そして、当事者双方は、本件売買契約にあたり、本件土地が農地であることを前提としていたとはいえ、上告人は、被上告人がこれを買い受けたうえその地上に居宅を建築してこれを宅地として利用することを了承のうえ、宅地としての取引相場に従ってその売買価格を決定し、その契約締結の翌日には右代金の9割弱を受領して、本件土地を被上告人に引渡し、敷地所有名義人として建築承諾書を交付するなど同人の右地上の住宅建築に協力したというのであり、被上告人は、前記のとおり右引渡後本件土地の北西部分に地盛りをし、敷地として整地したうえ2階建居宅を建築し、翌36年春頃にはその東北部分に庭園を造成し、従来荒地として放置されていた南側にも大量の地盛りをして自家菜園として今日に至っているというのであ

る。

　これら本件土地の客観的状況およびその売買の経緯に関して原審の認定した事実によれば、本件土地は元来原野としての性格を有しており、本件売買契約締結当時、その一部に農地と見られる部分があったにせよ、周辺土地の客観的状況の変化に伴い次第に宅地としての性格を帯びるに至っており、その後の地盛りなどによって、完全に宅地に変じたものということができ、売主たる上告人においても、このような客観的事情を前提としたうえ、これを宅地として被上告人に売り渡し、自らその宅地化の促進をはかったものということができるのであって、このような事情のもとにおいては、本件土地の売買に際しては、農地法3条所定の知事の許可がその効力発生の要件であったとしても、右売買契約は本件土地が宅地に変じたとき、右要件は不要に帰し、知事の許可を経ることなく完全に効力を生ずるに至ったものと解するのが相当である。」

＊＊＊判例（最判昭52・2・17民集31巻1号29頁）「譲受人を上告会社名義とする農地法5条の許可が、右のような事実関係のもとにおいても、被上告人に対してその効力を生ずるものではなく、右許可があってもなお被上告人は本件土地の所有権を取得することができないものと解すべきことは、所論のとおりであるが、上告会社が前記Ⅰから本件土地の所有権を取得すべき実体上の事由があることは原審の認定しないところであるから、上告会社もまた右許可により本件土地の所有権を取得するものではない。そして、被上告人がみずから株式の大部分を所有し経営を事実上支配していた上告会社の名義で同法5条の許可を受け、本件土地上に建物を建築してこれを右許可を受けた名義人である上告会社の営業所に使用し、本件土地がすでに恒久的に宅地化されている等、前示のような事実関係のもとにおいては、右宅地化により、本件売買は、知事の許可を経ることなしに、完全にその効力を生ずるに至ったものと解するのが相当である。それゆえ、被上

Q6-4 売買目的農地の非農地化

告人が本件売買により本件土地の所有権を取得した旨の原審の判断は、結論において正当であり、是認することができる。」

Q6-5 農地の二重譲渡

「① Aは、Bとの間で農地を売買する契約を結び、Bとともに農業委員会に対し所有権譲渡についての3条許可申請を行いました。その1か月後、Aは、より高い価格で当該農地を買ってくれる提案をしたCとの間でも売買契約を結び、同様に農業委員会に対し3条許可申請を行いました。買主であるBとCは、いずれも耕作適格者です。農業委員会としては、どう対処すればよいでしょうか?
② 仮に先にA・B間の申請に対する3条許可が出て、その1か月後にA・C間の申請に対する3条許可も出たが、しかし、所有権移転登記を先に具備したのはCであった場合は、B・Cのうち、いずれの権利が他方に優先しますか?」

解説

小問1

(1) A・B間で農地所有権譲渡契約(売買契約)が締結され、農業委員会に対して3条許可申請が出されましたが、その1か月後には、同一農地について、A・C間で、同じく農地所有権譲渡契約(売買契約)が結ばれ、これに関する3条許可申請も出ています。これは、農地の**二重譲渡**(二重売買)と呼ばれるものです。

農地の二重譲渡が発生した場合、農業委員会としては、2人の譲受人B・Cについて、それぞれ農地法上の耕作者としての適格性があるか否かの判断を行えば足りると考えます。

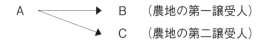

　ここで、A・B間の許可申請の方が、時期的にみて先であるとの理由から、当該許可申請を優先的に審査して3条許可を出し、後に出された他方のA・C間の許可申請については審査を実施しないという取扱いは、相当性を欠くものと考えます。

　それは、第1に、Aには、自分の所有する農地を誰に対し譲渡するかを決める自由があるためです。第2に、農地法は、先に提出された許可申請のみを審査し、後に提出された許可申請については審査しない旨の定めを置いていません。したがって、許可申請の対象農地が仮に同一であったとしても、そのことを理由に、後に申請されたものについて審査を拒むことは相当とは考えられません。

　そして、そのような行為をしたAについて、仮に民法上または刑法上の責任が別途発生することがあったとしても、行政機関である農業委員会としては、その点を考慮する必要性はないと考えます。

　もちろん、A・Bの許可申請に対し、3条許可処分が行われ、その結果として、農地法の観点からみてCの耕作適格者性が失われるに至ったというような特別の事情が認められる場合は、そのことを理由に、Cに対する不許可処分を行うことは可能と考えます。

(2)　この点について、東京高裁は、各売買についてそれぞれ許可をすべきであって、その結果、一つの農地の譲渡について2個の許可が出てもやむを得ないという態度をとっています（東京高判昭50・6・26判時793号51頁）。＊

第1章　許可の対象となる権利／第2節　物権

小問2

(1)　設例では、A・B間およびA・C間の農地の所有権譲渡は、いずれも許可されるに至っていますから、いずれの所有権譲渡も有効であり、BまたはCは、先に移転登記を具備することによって、他方に対抗することができます。

　この点について、民法177条は、「不動産に関する物権の得喪及び変更は、不動産登記法（平成16年法律第123号）その他の登記に関する法律の定めるところに従いその登記をしなければ、第三者に対抗することができない。」と定めます。この条文は、不動産に関する物権変動の**対抗要件**を定めたものであり、重要な条文といえます。

　設例において、B・Cが取得しようとした権利は、物権であるところの所有権ですから、上記のとおり、その変動には民法177条の適用が認められ、登記をしないと、第三者に対し自分の権利を対抗（主張）することができません。

(2)　では、冒頭に掲げた二重譲渡の問題に戻ります。

　二重譲渡で問題となるのは、二重譲渡の2人の譲受人のうち、いずれが他方に優先するかという問題です。設例の場合、B・Cのいずれも農地法3条許可を得ていることから、農地の所有権は、AからBに移転すると同時に、AからCへも移転していると考えられます。

　ここで、いったん農地の所有権をBに譲渡してしまったAが、なぜCに対してもその所有権を譲渡できるのか、という疑問が生じます。この点に関する説明については諸説ありますが、一例として、次のような説明が可能です（野村・55頁）。

　Aが、農地の所有権をBに譲渡すると、Cに対する関係でも、A・B間の所有権譲渡の効力が発生しますが、未登記のBの農地所有権は排他的効力を持たないために、Aは、さらにCに対し当該農地の所有

権を譲渡することができるという考え方です。

　そして、二重譲渡の当事者のうち、いずれが優先するかの点は、先に登記を備えた方が優先するということになります（判例・通説）。設例では、Cが先に移転登記を備えていますから、CがBに優先するという結論になります。

　　＊判例（東京高判昭50・6・26判時793号51頁）「一般に、土地を二重に売買した場合、特段の事情がないかぎり、各売買とも実体法上は有効であるが、先に対抗要件たる登記を取得した方が、いわゆる背信的悪意の場合等を除き、他方に対しその取得した所有権を対抗できる関係に立つ。ところで、農地を二重に売買し、同一売主と異なる買主それぞれとの連名で農地法3条の許可申請が競合的にされた場合でさえ、知事は、農地法上の買受適格等の要件を審査できるのに止まり、2個の売買の実体法上の効力の優劣を決することはできないから、各売主、買主につき農地法上の要件を具備するかぎり、各売買による所有権移転につきそれぞれ許可をすべきであり、その結果一つの農地につき2個の知事の許可がある状態を生じてもやむを得ず、両者間の実体法上の対抗力については、登記の先後など実体法上の判断に従うものというべきである。」

第1章　許可の対象となる権利／第2節　物権

> ## Q6-6　契約解除と所有権移転登記の関係
>
> 「①　Aは、Bに対し農地を売却し、農地法3条許可も受け、その後、買主Bは、さらにその農地をC（転得者）に転売し、同様に3条許可を得て、最終的に、Cは所有権移転登記を備えました。その後、Aは、Bの代金不払いを理由にA・B間の売買契約を解除しました。この場合、Cの権利に何か影響がありますか？
> ②　仮にAがBとの売買契約を解除した後に、Bが農地の所有権をCに譲渡し、Cが先に移転登記を具備したときは、どうでしょうか？」

解説

小問1

(1)　農地の売主Aが契約を解除した場合、農地の所有権は、元の所有者である同人の下に復帰するのが原則です（民545条1項本文。→債務不履行による契約解除については、Q24を参照）。

　しかし、契約解除の時に、既に売買目的農地の所有権が、買主Bの手を離れて第三者Cに移転していた場合には、果たして解除権を行使したAと、転得者であるCの、いずれの権利が優先的に保護されるのかという問題が発生します（判例契約・110頁）。

(2)　これに関し、民法545条1項ただし書は、「第三者の権利を害することはできない。」と明記し、第三者の利益が保護される旨の規定を置きます。ただし、ここで保護される「第三者」とは、対抗要件を備えた者に限られるとするのが最高裁の判例です（最判昭33・6・14民

集12巻9号1449頁)。＊

```
譲渡人      譲受人      転得者（解除前の第三者）
 A  ──────▶  B  ──────▶  C
```

設例のCは、移転登記を具備しているため、Cの権利は保護され、たとえ、Aが解除権を行使したとしても、Cは農地の所有権を保持することが可能となります。

小問2

次に、売主のAが、Bとの間で締結された農地売買契約を解除した後に、買主Bが、新たに3条許可を得て、当該農地の所有権をCに譲渡した場合、AまたはCのいずれの権利が他方に優先するのかという問題が発生します。

この場合は、売主Aと第三者Cの関係は、二重譲渡の場合と同じく、民法177条の対抗問題となると考える立場が有力です（B→A、B→C）。

最高裁の判例も同様の立場であり、契約を解除した売主Aは、先に登記を備えておかないと、第三者Cに対し、農地所有権を対抗（主張）できないとしています（最判昭35・11・29民集14巻13号2869頁）。
＊＊

† **民545条1項**「当事者の一方がその解除権を行使したときは、各当事者は、その相手方を原状に復させる義務を負う。ただし、第三者の権利を害することはできない。」

＊**判例**（最判昭33・6・14民集12巻9号1449頁）「思うに、いわゆる遡及効を有する契約の解除が第三者の権利を害することを得ないものであることは民法545条1項但書の明定するところである。合意解約は右にいう契約の解除ではないが、それが契約の時に遡って効力を有する趣旨であるときは右契約解除の場合と別異に考うべき何らの理由もないから、右合意契約についても第三者の権利を害することを得ないものと解するを相当とする。しかしながら、右いずれの場合においてもその第三者が本件のように不動産の所有権を取得した場合はその所有権について不動産登記の経由されていることを必要とするものであって、もし右登記を経由していないときは第三者として保護するを得ないものと解すべきである。けだし右第三者を民法177条にいわゆる第三者の範囲から除外しこれを特に別異に遇すべき何らの理由もないからである。してみれば、被上告人の主張自体本件不動産の所有権の取得について登記を経ていない被上告人は原判示の合意解約について右にいわゆる権利を害されない第三者として待遇するを得ないものといわざるを得ない（右合意解約の結果上告人Ａ2は本件物権の所有権を被上告人に移転しながら、他方上告人Ａ1にこれを二重に譲渡しその登記を経由したると同様の関係を生ずべきが故に、上告人Ａ1は被上告人に対し右所有権を被上告人に対抗し得べきは当然であり、従って原判示の如く被上告人は上告人Ａ1に対し自己の登記の欠缺を主張するについて正当の利益を有しないものとは論ずるを得ないものである）。」

＊＊**判例**（最判昭35・11・29民集14巻13号2869頁）「不動産を目的とする売買契約に基き買主のため所有権移転登記があった後、右売買契約が解除せられ、不動産の所有権が買主に復帰した場合でも、売主は、その所有権取得の登記を了しなければ、右契約解

Q6-6　契約解除と所有権移転登記の関係

除後において買主から不動産を取得した第三者に対し、所有権の復帰を以って対抗し得ないのであって、その場合、第三者が善意であると否と、右不動産につき予告登記がなされて居たと否とに拘らないことは、大審院屡次判例の趣旨とする所である。[中略]いま遽に以上の判例を改める要を見ない。されば、以上と同趣旨の原判決は正当であって、論旨は、これと異る独自の見解に立って原判決を非難するにすぎない。」

Q6-7 不動産の付合

「① Aの所有する畑の上に、隣人のBがAに無断でスイカの種を蒔いたため、半年後に地上にスイカが立派に育ちました。そのスイカの所有権は誰にありますか？
② 仮に、Bが畑について賃借権を有していた場合はどうなりますか？」

解説

小問1

(1) 先に結論を述べますと、生育したスイカの所有権は、農地の所有者であるAにあると解されます。

このような場合を不動産の**付合**（ふごう）が生じたといいます。付合の意味についてはいろいろな説がありますが、通説によれば、付合とは、物（スイカの種）が不動産（畑）に付着して不動産そのものとなり、これを分離復旧することが事実上不可能となるか、または社会経済上著しく不利益な程度に至ることをいいます（我妻・452頁）。付合が認められると、付合物（スイカの種）は、不動産（A所有の農地）と一体化し、不動産の所有権の目的となります。

(2) 通説に従った場合、種のままの状態ではなく生育後のスイカについては、これを土地から分離することは必ずしも困難とは考えられないことから、この場合、付合は生じないと解釈することも可能です。

しかし、設例のような経緯の下では、隣人Bの権利を過度に保護する必要性は薄いと考えられるため、不動産に物が結合するに至った経

緯も考慮して、個別具体的に検討の上で付合の成否について判断することができるという立場が支持されます（判例物権・291頁）。

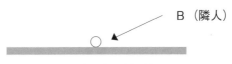

A所有の畑（農地）

その結果、設例の場合は、不動産の付合を肯定することができると解され、スイカの所有権は、農地の所有者であるAに帰属することになります（スイカの原始取得）。この点に関し、判例は、土地に無権原で播種された種苗は、土地に付合するとの立場をとっています（最判昭31・6・19民集10巻6号678頁）。＊

(3) なお、不動産の付合が成立した場合、隣人Bは、Aに対し、民法703条および704条の不当利得の規定に従い、**償金**を請求することができます（民248条）。

設例の場合、BはAに対し、利益の存する限度においてその返還を請求することができると解されます（民703条）。

小問2

次に、仮に隣人Bが正当な**権原**（賃借権）を有していた場合は、民法242条ただし書が適用されます。ここでいう「権原」とは、付合する物（スイカ）の所有権を留保することを正当化する権利を指すと解され（内田Ⅰ・390頁）、Bは、権原つまり賃借権に基づいて、土地に付合した物（スイカ）を収穫することができます。

　　†　**民242条**「不動産の所有者は、その不動産に従として付合した物の所有権を取得する。ただし、権原によってその物を附属させた他人の権利を妨げない。」

　　†　**民248条**「第242条から前条までの規定の適用によって損失を受けた者は、第703条及び第704条の規定に従い、その償金を請求

することができる。」

†　**民703条**「法律上の原因なく他人の財産又は労務によって利益を受け、そのために他人に損失を及ぼした者（以下この章において「受益者」という。）は、その利益の存する限度において、これを返還する義務を負う。」

*****判例**（最判昭31・6・19民集10巻6号678頁）「上告人が本件土地に同年5月中播種しよって同年6月下旬頃には二葉、三葉程度に生育していた甜瓜が上告人の所有であるがためには播種が上告人の権原に基くものでなければならない。しかるに、右のように、上告人は播種当時から右小麦収穫のための外は本件土地を使用収益する権原を有しなかったのであるから、上告人は本件土地に生育した甜瓜苗について民法242条但書により所有権を保留すべきかぎりでなく、同条本文により右の苗は附合によって本件土地所有者たる被上告人Ｂ１の所有に帰したものと認めるべきものである［以下略］。」

Q6-8　所有権に基づく妨害排除請求

Q6-8　所有権に基づく妨害排除請求

「①　Aの所有する田の地表に、隣人Bの所有する石塀が地震によって倒壊し、Aは耕作に支障を来しています。果たして、AはBに対し、倒壊した石塀の除去を請求することができますか？Bの主張は、石塀が倒壊したのは地震が原因であり、自分には法的責任はないという言い分です。
　②　Bの依頼で大工Cは石塀を作ったが、施工に際し手抜きがあり、そのため石塀が倒壊した場合はどうなりますか？」

解説

小問１

(1)　結論を先に述べますと、田の所有者Aは、隣人Bに対し、倒壊した塀の除去を請求することができると解されます。

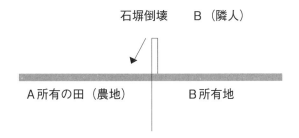

　田（農地）の所有者Aは、所有権に基づく物権的請求権を有しています。**物権的請求権**とは、物権を有する者の円満な権利行使が妨害さ

第1章　許可の対象となる権利／第2節　物権

れた場合に、相手方に対し侵害の排除を請求することができる権利をいいます。

　所有権の場合は、①所有物返還請求権、②所有物妨害排除請求権、③所有物妨害予防請求権の三つに分かれます。

(2)　これらの物権的請求権のうち、②の**所有物妨害排除請求権**とは、所有者が、占有喪失以外の理由で、その所有権の円満な実現を妨げられている場合に、妨害状態を生じさせている者に対し、妨害の除去を請求することができる権利をいいます（我妻・425頁）。

　Aが所有物妨害排除請求権を行使しようとする場合、隣人Bに石塀倒壊の責任があるか否かを問いません。石塀倒壊の原因が、たとえ地震のような不可抗力によるものであったとしても、Bは除去責任を免れません（通説）。

　ただし、ここで費用負担の問題が発生します。AはBに対し、B自身が石塀の除去費用を負担した上で石塀を除去するよう請求できるか否かの点については、異論もあります（判例物権・225頁）。

　B自身に費用を負担させることができるという見解もありますが、一方で、設例のように、不可抗力（地震）による倒壊の場合は、請求者であるAが、除去費用を負担すべきであるという考え方もあります。

(3)　なお、仮に石塀の設置または保存に瑕疵があるときは、民法717条1項の土地工作物の所有者の責任が発生します（**無過失責任**）。

　ここでいう**土地の工作物**とは、土地に接着して人工的な作業を加えて成立するものを指します（判例不法行為Ⅱ・395頁）。具体的には、建物、堤防、コンクリート塀、橋、高圧線、トンネルなどがこれに当たるとされています。

　そして、**設置または保存の瑕疵**とは、その工作物（石塀）が通常備えているべき安全性を欠く状態にあることをいいます（我妻・1395

頁)。換言すると、瑕疵があるとは、通常予想される危険に対し、安全性を備えていないことをいいます（判例不法行為Ⅱ・397頁）。

したがって、設例において、100年に１度あるかないかの極めて強い地震によって石塀が倒壊したと認められるときは、不可抗力による事故であるということになり、工作物の所有者であるＢは、その責任を免れると解されます。

設例において、仮に石塀について設置または保存の瑕疵があったため倒壊したと認められる場合は、所有者であるＢの過失の有無を問うことなく、倒壊した石塀の除去費用は、同人が負担しなければなりません（無過失責任）。

小問2

Ｂが、大工Ｃに石塀の施工を依頼し、大工Ｃが石塀を完成させたが、手抜き工事のために、その石塀に、通常有するべき安全性が欠如していたときは、ＢはＣに対し、自分が被害者に対して支払った損害賠償金を求償することができます。

† **民717条1項**「土地の工作物の設置又は保存に瑕疵があることによって他人に損害を生じたときは、その工作物の占有者は、被害者に対してその損害を賠償する責任を負う。ただし、占有者が損害の発生を防止するのに必要な注意をしたときは、所有者がその損害を賠償しなければならない。」

† **同条2項**「前項の規定は、竹木の植栽又は支持に瑕疵がある場合について準用する。」

† **同条3項**「前2項の場合において、損害の原因について他にその責任を負う者があるときは、占有者又は所有者は、その者に対して求償権を行使することができる。」

Q7 農地の贈与

「① Aは、自分が高齢者となったため、農業経営を後継者に委ねようと思い立ち、家族会議の席上、長男Bに対して自分が所有する農地の全部をBに生前贈与すると口頭で約束し、さらに農地をBに引き渡したので、Bは耕作を開始しました。ところが、その後ささいなことでAとBは親子喧嘩をして、機嫌を損ねたAは約束を撤回すると発言しました。果たして、Aの主張は認められるでしょうか？

② 仮にAとBが3条許可申請書に連署した上、農業委員会に提出していた場合はどうでしょうか？」

解説

小問1

(1) 結論を先に述べますと、Aの主張は認められると考えます。

設例でAは、長男Bに対し、自分の所有する農地の全部を贈与すると約束しました。このような契約を**贈与**といいます（民549条）。

民法の定める贈与とは、当事者の一方（贈与者）が、自己の財産を無償で相手方（受贈者）に与える意思を表示し、相手方がそれを承諾することによって成立します（ただし、改正民法549条は、他人の財産を目的物とする贈与も有効であることを示すため、「ある財産」と改めています。）。このように、贈与契約が効力を生ずるためには、特に書面を作成することを要せず、口頭の約束のみで成立します（諾成契約）。

例えば、AがBに対し、金100万円をBに贈与すると約束し、その

場で、AがBに100万円を交付すれば、100万円の贈与契約は成立すると同時に履行も終了することになります（現実贈与）。

(2)　しかし、民法550条は、**書面によらない贈与**は、各当事者において撤回することができるとしつつ、その例外として、履行が終わったものについては、もはや撤回することができないと定めています（ただし、改正民法550条は、「撤回」という用語を「解除」に改めています。）。ここでいう「撤回」の意味ですが、一種の取消権と解する立場が有力です（我妻・1040頁）。

　民法550条の趣旨とは、贈与者に対して書面の作成を求めることによって、贈与者の意思を明確化するとともに、贈与者の軽率な贈与を防止するという目的があります。反面、履行が終わったものについては、軽率な贈与ではなかったと評価できるため、もはや撤回を認めないとしたものです（笠井・128頁）。

(3)　設例では、Aは、口頭でA所有の全部の農地をBに贈与する旨の口頭の約束をしています。そのため、この場合は、書面による贈与には該当しません。ところが、Aは、贈与の目的となった農地を既にBに引き渡し、Bが現実の耕作を開始しています。

贈与の撤回

　そうすると、果たして、贈与目的農地の引渡しが、民法550条のいう「履行の終了」に当たるといえるのかという点が問題となります。この点を肯定的に考えれば、Aの履行は終わったものとされ、もはや贈与を撤回することはできなくなりますし、これを否定的に解すると、未だ履行は終了していないものとされて、依然として贈与を撤回

することが可能となります。

(4) この点に関する最高裁の判例は、民法550条のただし書の趣旨は、書面によらない贈与であっても、既に効力が発生し、かつ、履行が終了したものについては、撤回を許さないものとしたものであるとの理解の下、停止条件付の贈与について、その停止条件が成就していないときは、仮に引渡しがあっても、なお撤回することができるという見解を示しています（最判昭41・10・7民集20巻8号1597頁）。＊

この判例の立場は、農地の贈与については、農業委員会の3条許可がない限り、贈与の効力は発生しないのであるから、未だ許可がない時点においては、たとえ農地の引渡しがあったとしても、依然として履行は未了というべきであって、撤回を可能とする立場であると理解されます。

小問2

(1) 仮にAとBが、農地の贈与契約に基づく所有権移転行為について、農業委員会に3条許可申請書を提出していた場合はどうでしょうか。

これについても最高裁の判例があります。その判例は、転用事例を扱ったものですが、県知事に対する農地所有権移転許可申請書（法5条1項）に譲渡人の記名捺印があり、許可申請書の中に「贈与」という文言があれば、**書面による贈与**と認めています（最判昭37・4・26民集16巻4号1002頁）。＊＊

(2) したがって、この判例の立場に従う限り、設例において、AとBが連署の上、農業委員会に対し3条許可申請書を提出していれば、当該許可申請書は、民法550条の書面に該当することになり、Aとしては、もはや農地の贈与を撤回することは認められない、ということになります。

† **民549条**「贈与は、当事者の一方が自己の財産を無償で相手方に与える意思を表示し、相手方が受諾をすることによって、その効力を生ずる。」

†† **改正民549条**「贈与は、当事者の一方がある財産を無償で相手方に与える意思を表示し、相手方が受諾をすることによって、その効力を生ずる。」

† **民550条**「書面によらない贈与は、各当事者が撤回することができる。ただし、履行の終わった部分については、この限りでない。」

†† **改正民法550条**「書面によらない贈与は、各当事者が解除をすることができる。ただし、履行の終わった部分については、この限りでない。」

＊**判例**（最判昭41・10・7民集20巻8号1597頁）「民法550条但書の趣旨とするところは、書面によらない贈与契約であっても、すでにその効力が生じ、かつ、その履行が終った場合にあっては、その履行の終った部分については、右贈与契約の取消を許さないとする趣旨である。したがって、贈与契約が停止条件附のものであって、まだ右停止条件が成就していない場合にあっては、たとえ、事前にその引渡があっても、なお、右贈与契約は、取り消すことができるものと解すべきである。されば、農地法3条1項による都道府県知事の許可を停止条件とする書面によらない農地の贈与契約にあっては、右停止条件の成就前であれば、たとえ右農地の引渡があった後であっても、右贈与契約を取り消すことができるものと解するのを相当とする。」

＊＊**判例**（最判昭37・4・26民集16巻4号1002頁）「しかし、甲第5号証には冒頭に譲渡人A譲受人Bと各記載され、各その名下に捺印があり、次にその内容を見るに、『三、権利を移転しようとする事由の詳細』として、本地のうち1畝15歩については昭和24年2月22日農林省告示第143号により転用の承諾を得て現に宅地に使用中であるが、今回正式に譲渡するため測量のところ申請

面積が必要となり止むなく再申請して贈与することにした旨の記載があり、次いで、『四、権利を『移転』しようとする契約の内容』として、無償贈与とする旨の記載あり、これを以て見れば、譲渡人から譲受人に対し本件土地を無償贈与する意思が十分に表示されているから、右は坊間贈与者と受贈者との間に作成或は交換される形式の書面とは異なるけれども、その内容は民法550条にいわゆる書面による贈与と認めて妨げないものと解すべく、所論判例は、事案を異にし本件に適切のものではない。」

Q7-2 農地の負担付贈与

「Aは、長年にわたって農業を経営してきましたが、老齢の身となったので、農業経営の全てを子Bに引き継ぐことを思い立ち、A・Bの双方申請による農地所有権移転のための3条許可を受けました。その際、AとBは、Aが農地を無償でBに譲渡する代わりに、Aの老後の面倒は全てBがみるという約束をし、念書化しました。同許可後、Aは、しばらくの間は子Bの家族と同居して面倒をみてもらっていましたが、数年後に両者の関係が悪化し、ついに、Bは、Aを家から追い出そうとしています。怒ったAは、親不孝者のBに対し、以前贈与した農地を返して欲しいと請求しました。果たして、認められるでしょうか？」

解説

(1) 結論を先に述べますと、Aの請求は認められる可能性が高いと考えます。

設例では、親A・子Bの間で農地の贈与が行われ、農地法3条許可を受けたことから、贈与の対象となった農地の所有権は、全部Bに移転しています。

ところが、当初、A・B間で農地を贈与した際に取り交わした約束をBが履行しようとしません。この場合、果たしてAは、贈与を取り消すことができるか否かという点が問題となります。

ここで、焦点となるのは、A・B間で贈与契約を締結した際に結ばれた念書です。この念書には、Aが農地をBに無償譲渡する代わりに、BはAの老後の面倒をみるという約束が記載されています。

(2) このような約束が付された贈与を、**負担付贈与**といいます（民553条）。負担付贈与とは、受贈者が一定の給付をする債務を負担する贈与です。負担の利益を受けられるのは、贈与者自身であってもよいし、別の第三者であっても構いません。ここでいう「負担」は、受贈者が負う給付義務ですが、贈与者の贈与義務とは対価関係には立たないと解されています（判例契約・133頁）。

```
        贈与者（親）    受贈者（子）
           A  ──────▶  B
        贈与契約の解除
```

(3) 設例では、受贈者である子Bは、贈与者である親Aと対立し、Aを家から追い出そうとしていますから、そのような行為は、「BがAの老後の面倒をみる」という約束に反する**忘恩行為**といえます。

　受贈者による忘恩行為が発生した場合であっても、なお贈与者は受贈者に対し、負担である義務の履行を求めることができると解されます。しかし、義務の不履行が続くのであれば、民法541条または542条の規定に基づいて、贈与契約を解除することができるという結論になります。

(4) 下級審の判例の中にも、養親からその財産の大半の贈与を受けながら、養親に対し忘恩的な態度をとった養子について、贈与の解除を認めて受贈財産の返還を命じた判例もあります（東京高判昭52・7・13判タ360号143頁）。同判例は、負担付贈与における負担の不履行があったと認めました。＊

　　　† **民541条**「当事者の一方がその債務を履行しない場合において、相手方が相当の期間を定めてその履行の催告をし、その期間内に履行がないときは、相手方は、契約の解除をすることができ

る。」

†† **改正民541条**「当事者の一方がその債務を履行しない場合において、相手方が相当の期間を定めてその履行の催告をし、その期間内に履行がないときは、相手方は、契約の解除をすることができる。ただし、その期間を経過した時における債務の不履行がその契約及び取引上の社会通念に照らして軽微であるときは、この限りでない。」

† **民542条**「契約の性質又は当事者の意思表示により、特定の日時又は一定の期間内に履行をしなければ契約をした目的を達することができない場合において、当事者の一方が履行をしないでその時期を経過したときは、相手方は、前条の催告をすることなく、直ちにその契約の解除をすることができる。」

†† **改正民542条1項**「次に掲げる場合には、債権者は、前条の催告をすることなく、直ちに契約の解除をすることができる。
① 債務の全部の履行が不能であるとき。
② 債務者がその債務の全部の履行を拒絶する意思を明確に表示したとき。
③ 債務の一部の履行が不能である場合又は債務者がその債務の一部の履行を拒絶する意思を明確に表示した場合において、残存する部分のみでは契約をした目的を達することができないとき。
④ 契約の性質又は当事者の意思表示により、特定の日時又は一定の期間内に履行をしなければ契約をした目的を達することができない場合において、債務者が履行をしないでその時期を経過したとき。
⑤ 前各号に掲げる場合のほか、債務者がその債務の履行をせず、債権者が前条の催告をしても契約をした目的を達するのに足りる履行がされる見込みがないことが明らかであるとき。」

† **民553条**「負担付贈与については、この節に定めるもののほか、その性質に反しない限り、双務契約に関する規定を準用する。」

＊**判例**（東京高判昭52・7・13判タ360号143頁）「以上認定事実によれば、控訴人は、Y側に格別の責もないのに、本訴が提起された当時において、養子として養親に対しなすべき最低限のYの扶養を放擲し、また子供の時より恩顧を受けたYに対し、情宜を尽すどころか、これを敵対視し、困窮に陥れるに至ったものであり、従って、Yの控訴人に対する前記贈与に付されていた負担すなわちYを扶養して、平穏な老後を保障し、円満な養親子関係を維持して、同人から受けた恩愛に背かない義務の履行を怠っている状態にあり、その原因が控訴人の側の責に帰すべきものであることが認められ、控訴人とYとの間の養親子としての関係も本訴提起当時回復できないほど破綻し、その後の経過からみても、Yが控訴人に対し右義務の履行を催告したとしても、控訴人においてこれを履行する意思のないことは容易に推認される。結局、本件負担付贈与は、控訴人の責に帰すべき義務不履行のため、Yの本件訴状をもってなした解除の意思表示により、失効したものといわなければならない。」

Q8 囲繞地通行権

「① Aは、自分が所有する農地で農業を営んでいますが、その農地は、Bの所有する宅地によって四方を囲まれているため、従来、Bの好意の下、公道からB所有の宅地内に耕運機を通行させて、現場で農作業を実施してきました。ところが、ささいなことでA・Bは対立し、感情を害したBは、従来Aが通っていた通路部分にブロック塀を設置して通行を妨害しました。そのため、Aは、自分の農地に耕運機を移動させることが不可能となり、耕作に支障が生じて、大変困っています。AはBに対し、耕運機の通行を妨害しないよう請求できるでしょうか？

② 仮に第三者であるCが、Aから上記農地の所有権を取得した場合、CはBに対し、同様に権利を主張することができますか？」

解説

小問1

(1) 民法210条は、ある土地が他の土地に囲まれて公道に通じていないときは、袋地所有者（ある土地の所有者）について、他の土地（囲繞地）を通行することを認めています。

ここで、他の土地に囲まれて公道に通じない土地を**袋地**といいます。また、袋地の所有者が、他の土地を通行できる権利を**囲繞地通行権**といいます（民210条1項）。設例の場合、Aは袋地所有者であり、Bが囲繞地の所有者となります。

第1章　許可の対象となる権利／第2節　物権

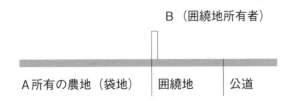

　なお、例えば、A所有の土地と公道の間に水路があって、その水路を通らなければ公道に出ることができないような場合、そのような土地は**準袋地**と呼ばれます（我妻・435頁）。準袋地についても囲繞地通行権が認められます（民210条2項）。

(2)　袋地の所有者Aは、自由にB所有の囲繞地を通行できるわけではありません。通行の場所と方法については、以下のとおり、民法211条1項の定める要件を満たす必要があります。

　まず、通行の場所および方法ですが、囲繞地のために損害が最も少ないものでなければなりません。したがって、例えば、Bの自宅の庭先を通行するというようなものは、Bのプライバシー保護の観点からみて妥当性に疑問があり、損害が最も少ないということはできず、認められません。

　次に、袋地の所有者であるAのために必要なものでなければなりません。例えば、Aが、袋地である農地で農業を営むに当たり、耕運機をBの宅地内において通行させることが、Aの農業経営にとって必要不可欠であると考えられ、また、それが当該農地の通常の利用方法として妥当なものといえるときは、Aには耕運機を通すための通行権が認められると解されます（判例物権・245頁。なお、自動車による通行を前提とする民法210条1項による通行権の成否については、最判平18・3・16民集60巻3号735頁を参照）。＊

(3)　設例の場合、従来、Bの好意の下にAが通行を許されてきたわけですから、Aが当該通路に耕運機を通行させることは、上記の二つの

要件を原則として満たすものと考えられます。結論として、AはBに対し、囲繞地通行権を主張することができると解します。

ただし、このようにAについて囲繞地通行権が認められるとしても、Aは、通行する土地（通行地）の損害に対し、償金を支払わなければなりません（民212条）。

この場合、Aは、通路の開設によって生じた損害については一時に償金を支払う義務を負いますが、そうでない損害については1年ごとに償金を支払えば足ります。

小問2

(1) Aから、袋地の所有権を取得したCは、所有権を取得した旨の登記を具備していなくても、Bに対し、囲繞地通行権を主張することができると解されます（最判昭47・4・14民集26巻3号483頁）。＊＊

(2) これに関連して、囲繞地通行権の本質について、囲繞地通行権は、地役権のように所有権から独立した別個の物権ではなく、袋地所有権の一内容をなすものであって、囲繞地の所有者が、袋地の所有者の立入りを妨害することは、袋地所有権そのものに対する妨害と考えられることから、妨害排除請求権としての機能は、囲繞地通行権の本質をなすものであり、その公益性の強さから、不動産取引の安全保護を目的とする公示制度（民177条。→登記制度については、Q6-5を参照）とは無関係のものであるという指摘があります（判解昭47年・23頁）。

　　† **民210条1項**「他の土地に囲まれて公道に通じない土地の所有者は、公道に至るため、その土地を囲んでいる他の土地を通行することができる。」

　　† **同条2項**「池沼、河川、水路若しくは海を通らなければ公道に至ることができないとき、又は崖があって土地と公道とに著し

い高低差があるときも、前項と同様とする。」

† **民211条1項**「前条の場合には、通行の場所及び方法は、同条の規定による通行権を有する者のために必要であり、かつ、他の土地のために損害が最も少ないものを選ばなければならない。」

† **民212条**「第210条の規定による通行権を有する者は、その通行する他の土地の損害に対して償金を支払わなければならない。ただし、通路の開設のために生じた損害に対するものを除き、1年ごとにその償金を支払うことができる。」

＊**判例**（最判平18・3・16民集60巻3号735頁。判時1966号53頁）「自動車による通行を前提とする210条通行権の成否及びその具体的内容は、他の土地について自動車による通行を認める必要性、周辺の土地の状況、自動車による通行を前提とする210条通行権が認められることにより他の土地の所有者が被る不利益等の諸事情を総合考慮して判断すべきである。」

＊＊**判例**（最判昭47・4・14民集26巻3号483頁）「袋地の所有権を取得した者は、所有権取得登記を経由していなくても、囲繞地の所有者ないしこれにつき利用権を有する者に対して、囲繞地通行権を主張することができると解するのが相当である。なんとなれば、民法209条ないし238条は、いずれも、相隣接する不動産相互間の利用の調整を目的とする規定であって、同法210条において袋地の所有者が囲繞地を通行することができるとされているのも、相隣関係にある所有権共存の一態様として、囲繞地の所有者に一定の範囲の通行受忍義務を課し、袋地の効用を完からしめようとしているためである。このような趣旨に照らすと、袋地の所有者が囲繞地の所有者らに対して囲繞地通行権を主張する場合は、不動産取引の安全保護をはかるための公示制度とは関係がないと解するのが相当であり、したがって、実体上袋地の所有権を取得した者は、対抗要件を具備することなく、囲繞地所有者らに対し囲繞地通行権を主張しうるものというべきである。」

Q9 通行地役権の時効取得

「① Aは、長年にわたってBの所有する農地の一部を事実上通行することによって、自分の所有する農地において耕作を継続してきました。A所有の農地は、袋地ではありませんが、Bの所有農地を通行することが便宜であるために、長年にわたって通行してきたものです。ただし、過去にA・B間で通行権に関する取決めは特にしていません。AはBに対し、通行権を主張できますか？

② 仮に通行地役権ではなく、農地の地下に排水管を通す引水地役権であったとしたらどうでしょうか？」

解説

小問 1

(1) 結論として、Aについて**通行地役権**の時効取得が認められれば、Bに対し、通行権を主張することができると考えます。

地役権とは、設定行為で定めた目的に従って、他人の土地を自己の土地の便益に供する権利を指します（民280条）。ここで、便益を受ける土地を**要役地**といい、逆に便益に供される土地を**承役地**といいます。

地役権は、当事者間の契約または取得時効によって発生します。便益の種類については、特に制限がありません（石田・469頁）。具体的には、通行地役権、ガス管敷設のための地役権、引水地役権、日照地役権、観望地役権などがあります。

ただし、地役権の内容は、民法の相隣関係に関する強行規定に反することはできません（民209条〜238条）。また、承役地の所有者も、地役権者の権利を害しない限度で、自ら承役地を利用することができると解されます（判例物権・417頁）。

(2) **通行地役権**とは、通行を目的とする地役権です。通行地役権の設定方法としては、前記のとおり、①当事者間の契約による場合と、②時効取得による場合が考えられます。

最初に、契約による場合について述べます。設例の場合、AとBは、これまでに通行権に関する取決めをした事実がありませんから、契約によって通行地役権が設定された事実は原則的に認められないことになります。ただし、当事者間で、黙示的に通行地役権の設定がされたと考える余地もないとはいえません。

問題は、どのような場合に、黙示的合意を肯定することができるかという点です。これについて実務的には、単に通行の事実があって隣地所有者（承役地の所有者）がこれを黙認しているだけでは足らず、隣地所有者が通行地役権による法律上の義務を負担することが、客観的にみて合理的であるとする特別の事情が認められることが必要であると解する立場が有力であり（裁判大系4・512頁）、本書もその立場をとります。

しかし、設例においては、上記の特別の事情があったとまでは認められないため、過去に、黙示的合意による通行地役権の設定行為が存在したと解することはできません。

(3) 続いて、時効取得による場合を検討します。通行地役権の時効取

得について、民法283条は明文を置き、「地役権は、継続的に行使され、かつ、外形上認識することができるものに限り、時効によって取得することができる。」としています。このように民法は、継続かつ表現されたものに限定して地役権の時効取得を認めています（→時効については、Q22を参照）。

この点について、最高裁は、「民法283条にいう『継続』の要件をみたすには、承役地たるべき他人所有の土地の上に通路の開設があっただけでは足りないのであって、その開設が要役地所有者によってなされたことを要する」という見解を示しています（最判昭33・2・14民集12巻268頁。なお、要役地の所有者によって通路が開設されたとして通行地役権の時効取得を認めたものとして、最判平6・12・16判時1521号37頁があります。）。＊、＊＊

つまり、設例においては、要役地の所有者であるA自身が、承役地であるB所有地上に自分で通路を開設した事実が認められれば、通行地役権の時効取得が肯定される可能性が高いといえます。

小問2

一般に地役権は、大きくみて、表現地役権と不表現地役権に分かれます。**表現地役権**は、通行地役権や地表の引水地役権などのように、地役権の内容が外部に表現されているものをいいます（石田・474頁）。一方、**不表現地役権**は、地下の引水地役権や不作為の地役権などのように、地役権の内容が外部に表現されていないものをいいます。

設例のように、農地の地下に排水管を通す引水地役権の場合は、ここでいう不表現地役権に該当しますので、これを時効取得することは認められないと解されます（民283条）。

　　　† **民280条**「地役権者は、設定行為で定めた目的に従い、他人の土地を自己の土地の便益に供する権利を有する。ただし、第3

章第1節(所有権の限界)の規定(公の秩序に関するものに限る。)に違反しないものでなければならない。」

† **民283条**「地役権は、継続的に行使され、かつ、外形上認識することができるものに限り、時効によって取得することができる。」

＊**判例**(最判昭33・2・14民集12巻2号268頁)「民法283条にいう『継続』の要件をみたすには、承役地たるべき他人所有の土地の上に通路の開設があっただけでは足りないのであって、その開設が要役地所有者によってなされたことを要することは当裁判所の判例(昭和28年(オ)第1178号同30年12月26日言渡判決、民事判例集9巻2097頁)とするところである(以下略)。」

＊＊**判例**(最判平6・12・16判時1521号37頁)「被上告人らは、西側道路を拡幅するため、上告人所有地の一部を右拡幅用地として提供するよう上告人に働きかける一方、自らも、各自その所有地の一部を同用地として提供するなどの負担をしたものであり、被上告人らのこれら行為の結果として、西側道路の全体が拡幅され、本件土地はその一部として通行の用に供されるようになったというのであるから、本件土地については、要役地の所有者である被上告人らによって通路が開設されたものというべきである。」

Q9-2 未登記通行地役権の効力

「① Aが所有する農地とBが所有する農地の間には、これらの土地を結ぶ細長い通路があります。その通路は、Bが所有する土地の中にあり、かつてBが、特に期間を定めることなく、Aのために通行地役権を設定し、Aはその通路を長年にわたって利用してきたものです。その後、Bは、上記通路を含む土地全体を近隣に住むCに譲渡し、Cが新所有者となりました。ところが、Cは、Aが通行地役権の設定登記を済ましていないことに気付き、ある日突然、通路上にコンクリートブロックを置いてAの通行を妨害する行為に出ました。果たして、AはCに対し、その妨害を止めるよう請求できるでしょうか？

② また、AはCに対し、通行地役権の設定登記をするよう求めることができるでしょうか？」

解説

小問1

(1) 結論的には、AはCに対し、通行妨害を止めるよう請求することができると考えます。

設問の地役権は、もともとA・B間で、AがB所有の通路を通行することをBが認めるという内容のものとして存在していました。したがって、B所有の通路が承役地となり、A所有の農地が便益を受ける要役地となります（→通行地役権については、Q9を参照）。

通行地役権も物権の一種であることから、物権的請求権が認められ

ます（判例物権・420頁。→物権的請求権については、Ｑ６－８を参照）。設例の場合は、承役地の新所有者であるＣが、現に通路上にコンクリートブロックを置いてＡの通行を妨害していますから、Ａに妨害排除請求権が認められるか否かが問題となります。

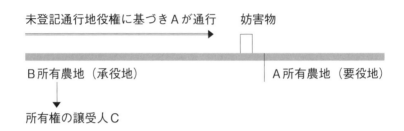

(2) ここで、なぜ通行地役権の設定登記の有無が問題になるかといえば、通行地役権も、物権の一種であることから、民法の一般原則に従って、その設定または移転について登記をしておかないと、これを第三者に対抗することができないと考えられるからです（民177条。→対抗要件については、Ｑ６－５を参照）。

分かりやすくいえば、Ａ・Ｂ間で通行地役権の設定契約をした際に、その旨の登記をしておかないと（未登記通行地役権）、Ａは第三者Ｃに対し、自分が承役地上に通行地役権を持っていることを主張できないことになるということです。

これをＣの側からみると、Ｃ自身は、Ａの通行地役権設定登記が欠けていることを主張できる正当な利益を有する第三者に当たる、ということになります。

(3) しかし、設例のような通行地役権は、表現地役権であって、ＣがＢから土地の譲渡を受けた際にも十分これを認識することができたのではないか、仮にそうであれば、従来Ａが享受してきた通行権を否定

することは妥当とはいえないのではないか、という疑問が生じます。

(4) 同様の事例で、最高裁は、設定登記のされていない通行地役権について、承役地の譲受人が、設定登記の欠缺を主張する正当な利益を有する第三者に当たらないと判断される場合の要件を示しました。

すなわち、「通行地役権（通行を目的とする地役権）の承役地が譲渡された場合において、譲渡の時に、右承役地が要役地の所有者によって継続的に通路として使用されていることがその位置、形状、構造等の物理的状況から客観的に明らかであり、かつ、譲受人がそのことを認識していたか又は認識することが可能であったときは、譲受人は、通行地役権が設定されていることを知らなかったとしても、特段の事情がない限り、地役権設定登記の欠缺を主張するについて正当な利益を有する第三者に当たらないと解するのが相当である。」と判示しました（最判平10・2・13民集52巻1号65頁）。＊

同判決の意義について、背信的悪意者とはいえない者であっても、信義則に照らして登記の欠缺を主張することを許すべきでない者は、民法177条の「第三者」から排除されるとしたものであり、同判決の射程距離についても、通行地役権以外の地役権や地上権その他の用益物権に及ぶと解する余地があるとの指摘があります（判解平10年・103頁・106頁）。

なお、ここでいう**用益物権**とは、他人の土地を一定の目的のために利用することを目的とする物権であり、民法に明文が置かれているものとしては、地上権、永小作権および地役権があります（我妻・340頁）。

以上のことから、AはCに対し、通行権地役権に基づく妨害排除請求権を行使して、通路上に置かれたコンクリートブロックを除去するよう求めることができると解されます。

小問2

(1) 次に、AはCに対し、通行地役権の設定登記を求めることができるか否かの点が問題となります。

　一般論として、用益物権者Aは、用益物権の設定者Bに対し、登記請求権を有していると考えるのが判例・通説の立場です。しかし、用益物権の設定者Bから、土地を譲り受けた者Cに対する登記請求権の有無については、これまで明確な見解は見当たりませんでした。

(2) この点について最高裁は、通行地役権者が承役地の譲受人に対して登記なく通行地役権を対抗できる場合には、通行地役権者は承役地の譲受人に対し、通行地役権に基づいて地役権設定登記手続を請求することができるとの判断を示しました（最判平10・12・18民集52巻9号1975頁）。＊＊

　同判決は、なにゆえ登記手続を請求することができるのかという点に関する法律上の構成については余り詳しく論じておらず、この点は将来の研究に委ねられると考えます（判解平10年・1040頁）。

　以上のことから、設例の場合、AはCに対し、通行地役権の設定登記手続を求めることができると解されます（なお、登記原因日付は、過去にA・B間で通行地役権の設定合意をした日になると解されます。）。

　　　　† **民177条**「不動産に関する物権の得喪及び変更は、不動産登記法（平成16年法律第123号）その他の登記に関する法律の定めるところに従いその登記をしなければ、第三者に対抗することができない。」

　　　　＊**判例**（最判平10・2・13民集52巻1号65頁）「通行地役権（通行を目的とする地役権）の承役地が譲渡された場合において、譲渡の時に、右承役地が要役地の所有者によって継続的に通路として使用されていることがその位置、形状、構造等の物理的状況から客観的に明らかであり、かつ、譲受人がそのことを認識してい

Q9-2 未登記通行地役権の効力

たか又は認識することが可能であったときは、譲受人は、通行地役権が設定されていることを知らなかったとしても、特段の事情がない限り、地役権設定登記の欠缺を主張するについて正当な利益を有する第三者に当たらないと解するのが相当である。その理由は、次のとおりである。

(1) 登記の欠缺を主張するについて正当な利益を有しない者は、民法177条にいう「第三者」（登記をしなければ物権の得喪又は変更を対抗することのできない第三者）に当たるものではなく、当該第三者に、不動産登記法4条又は5条に規定する事由のある場合のほか、登記の欠缺を主張することが信義に反すると認められる事由がある場合には、当該第三者は、登記の欠缺を主張するについて正当な利益を有する第三者に当たらない。

(2) 通行地役権の承役地が譲渡された時に、右承役地が要役地の所有者によって継続的に通路として使用されていることがその位置、形状、構造等の物理的状況から客観的に明らかであり、かつ、譲受人がそのことを認識していたか又は認識することが可能であったときは、譲受人は、要役地の所有者が承役地について通行地役権その他の何らかの通行権を有していることを容易に推認することができ、また、要役地の所有者に照会するなどして通行権の有無、内容を容易に調査することができる。したがって、右の譲受人は、通行地役権が設定されていることを知らないで承役地を譲り受けた場合であっても、何らかの通行権の負担のあるものとしてこれを譲り受けたものというべきであって、右の譲受人が地役権者に対して地役権設定登記の欠缺を主張することは、通常は信義に反するものというべきである［中略］。

(3) したがって、右の譲受人は、特段の事情がない限り、地役権設定登記の欠缺を主張するについて正当な利益を有する第三者に当たらないものというべきである。」

＊＊**判例**（最判平10・12・18民集52巻9号1975頁）「通行地役権の承役地の譲受人が地役権設定登記の欠缺を主張するについて正

当な利益を有する第三者に当たらず、通行地役権者が譲受人に対し登記なくして通行地役権を対抗できる場合には、通行地役権者は、譲受人に対し、同権利に基づいて地役権設定登記手続を請求することができ、譲受人はこれに応ずる義務を負うものと解すべきである。譲受人は通行地役権者との関係において通行地役権の負担の存在を否定し得ないのであるから、このように解しても譲受人に不当な不利益を課するものであるとまではいえず、また、このように解さない限り、通行地役権者の権利を十分に保護することができず、承役地の転得者等との関係における取引の安全を確保することもできない。

　これを本件について見るに、AとB社との間に昭和41年5月12日にAの所有地を要役地としB社所有の本件土地を承役地として通行地役権を設定する旨の合意がされ、Xらはその後分筆された要役地をそれぞれ承継取得し、Yらは承役地を承継取得したのであるところ、右通行地役権については地役権設定登記はないが、前記のとおりYらは右設定登記の欠缺を主張するにつき正当な利益を有する第三者に当たらないのであるから、Xらは、Yらに対し、右通行地役権に基づき、右合意の日である昭和41年5月12日設定を原因とする地役権設定登記手続を請求することができるものというべきである。」

Q10 地上権とは

「農地について、他人に対し地上権を設定し、または移転する場合、農地法3条の許可を受ける必要があるとされています。地上権とは何ですか？」

解説

(1) **地上権**とは、他人の土地において工作物または竹木を所有するため、その土地を使用することができる物権をいいます（民265条）。ここでいう**工作物**とは、建物、橋、太陽光パネルを設置するための構造物、人工池、トンネル、配水管など地上および地下の一切の建造物をいいます。

また、**竹木**ですが、桑、茶、果樹などのように、植栽することが耕作に当たるものについては、民法265条の「竹木」から除外され、これらの場合には地上権を設定することは認められない、とするのが民法の通説です（我妻・478頁、石田・430頁）。

他方、植林の対象となるヒノキ、スギ、マツなどについては、地上権を設定することが認められると解されます（ただし、農地実務は、農地上に植林することは、農地転用に該当すると判断しますから、原則として、3条許可を受けることはできません。）。

(2) 地上権は、設定行為によって、土地の使用目的を制限することができます。設定行為で土地の使用目的が定められたときは、地上権者は、それに従って土地を使用する義務を負います。また、設定行為で土地の使用目的を制限し、それを登記したときは、第三者に対しても対抗することができます（不登78条1号）。

(3)　地上権は、原則として、当事者間の契約によって設定されます。ただし、**法定地上権**（土地およびその上の建物が同一の所有者に属し、その土地または建物に抵当権が設定され、抵当権の実行によって所有者を異にするに至った場合、その建物に地上権が設定されたものとみなされることをいいます。民388条参照）のように、法律の規定によって当然成立するものもあります。

　また例外的に、時効取得のような場合もあり得ますが、地上権の時効取得が成立するためには、①土地の継続的な使用という外形的事実が存在したこと、また、②その使用が地上権行使の意思に基づくことが客観的に表現されていることが必要であると解されます（判例物権・372頁。名古屋高判平17・5・30判タ1232号264頁）。＊

(4)　地上権も物権の一種ですから、地上権者は、土地所有者の承諾を得ることなく、第三者に対し自由に地上権を譲渡することができます（ただし、農地上に設定された地上権を他に譲渡するには、所定の許可を要すると解されます。）。

　また、自分が地上権の設定を受けている土地について、さらに第三者に対し地上権を設定することもできると解されます（ただし、農地については、上記のとおりの規制があります。）。

(5)　なお、地上権の存続期間については、最長期および最短期について、民法上は特に規定がないため、設定行為によって、原則として自由にこれを定めることができると解されます（判例物権・385頁）。

　設定行為で期間を定めなかった場合は、慣習があればそれによります。慣習がないときは、裁判所は、当事者の請求により、20年以上50年以下の範囲内において、工作物または竹木の種類および状況その他地上権設定当時の事情を考慮して、その存続期間を定めます（民268条2項）。この裁判所が定める上記の範囲の期間は、地上権設定時から起算されるのであり、裁判時から起算されるのではないことに注意

Q10 地上権とは

する必要があります（石田・436頁）。

† **民265条**「地上権者は、他人の土地において工作物又は竹木を所有するため、その土地を使用する権利を有する。」

† **民268条2項**「地上権者が前項の規定によりその権利を放棄しないときは、裁判所は、当事者の請求により、20年以上50年以下の範囲内において、工作物又は竹木の種類及び状況その他地上権の設定当時の事情を考慮して、その存続期間を定める。」

† **民388条**「土地及びその土地の上に存する建物が同一の所有者に属する場合において、その土地又は建物につき抵当権が設定され、その実行により所有者を異にするに至ったときは、その建物について、地上権が設定されたものとみなす。この場合において、地代は、当事者の請求により、裁判所が定める。」

＊**判例**（名古屋高判平17・5・30判タ1232号264頁）「以下のとおり、被控訴人は本件土地について本件配水管の設置、利用を内容とする無償の地上権を時効取得したものと認められる［中略］。

旧大高町が昭和37年ころ本件土地に工作物である本件配水管を敷設し、多数の住民がこれに接続する形で給水設備を設置した上、その後今日まで、被控訴人は本件配水管を管理し、分譲地住民は日々これを経由して水道水を使用しているのであるから、昭和37年ころ以降、地下地上権行使としての土地の継続的使用の外形的事実が存在するというべきである［中略］。

次に、その使用が地上権行使の意思に基づくものであることが客観的に表現されているかについて見るに、［中略］控訴人及び被控訴人の双方が本件配水管という工作物が設置され、これが半永久的に使用されることを前提とし、その使用料を請求した控訴人に対し、被控訴人がこれを明確に拒否したことは、すなわち、土地所有者に対し、無償で工作物を設置し半永久的に使用する意思、すなわち期限の定めのない無償による地上権を行使するとの意思を表示したものと見ることができる。

したがって、被控訴人は、遅くとも昭和40年の10年後又は20年

後には、本件配水管の設置及び使用につき本件土地の地下を無償で期限の定めなく使用することを目的とする地上権の取得時効が完成したものと解するのが相当である。」

Q10-2 区分地上権とは

「農地について、他人に対し区分地上権を設定し、または移転する場合、農地法3条の許可を受ける必要があるとされています。区分地上権とは何ですか？」

解説

(1) **区分地上権**とは、工作物を所有するため、土地の地下または地上の空間に限定して地上権を設定するものです（民269条の2第1項）。

例えば、他人の土地の地下の一定の範囲に排水管を通したり、あるいは上空の一定の範囲に太陽光発電設備を設置するような場合がこれに当たります。なお、地下から地上にかけて区分地上権を設定することも可能です（判例物権・391頁）。

これらの場合、もちろん、通常の地上権を設定することによって、これらの工作物を所有することも法律上は可能です。しかし、土地を利用する側からみた場合に、そこまでの必要性がないという場合もあります。そこで、区分地上権という仕組みが、民法上規定されるに至りました（石田・450頁）。

(地上)	区分地上権
(地下)	区分地上権

(2) 土地所有者と区分地上権者は、設定契約に当たり、土地所有者の土地利用に制限を加えることができます（民269条の2第1項後段）。

例えば、地中の一定の範囲にトンネルを設置するという内容の区分

地上権が設定された場合に、当該トンネルの上部には、建物を建築しないという特約がこれに当たります。この特約は、登記をすれば第三者に対抗することができます。

(3) 区分地上権は、土地所有者と区分地上権者との契約によって設定されるのが原則です。ただし、農地について区分地上権を設定しようとする場合は、農地法3条の許可を受ける必要があります（法3条2項）。また、時効取得による区分地上権の取得もあり得ます（我妻・483頁）。

(4) なお、これから区分地上権を設定しようとする土地に、既に第三者の使用収益権が設定されているときは、その第三者の承諾を得る必要があります（民269条の2第2項）。ここでいう「使用収益する権利」として、地上権、永小作権、地役権、賃借権、使用貸借による権利、不動産質権などの権利が想定されます（判例物権・393頁）。

　例えば、A所有の土地について、既に、Bのために地上権が設定されているところ、Aが新たに上記土地について、Cのために区分地上権を設定しようとし、その際、Bの同意を得たときは、Bは、Cの区分地上権の行使を妨げることができません。この場合、Bが「第三者」に当たることになります。

　　† **民269条の2第1項**「地下又は空間は、工作物を所有するため、上下の範囲を定めて地上権の目的とすることができる。この場合においては、設定行為で、地上権の行使のためにその土地の使用に制限を加えることができる。」

　　† **同条第2項**「前項の地上権は、第三者がその土地の使用又は収益をする権利を有する場合においても、その権利又はこれを目的とする権利を有するすべての者の承諾があるときは、設定することができる。この場合において、土地の使用又は収益をする権利を有する者は、その地上権の行使を妨げることができない。」

Q11 永小作権とは

「農地について、他人に対し永小作権を設定し、または移転する場合、農地法3条の許可を受ける必要があるとされています。永小作権とは何ですか？」

解説

(1) **永小作権**とは、小作料を支払って他人の土地において耕作または牧畜をすることができる物権をいいます（民270条）。

永小作権は、物権ですから、原則として、自由にその権利を他人に譲渡することができますし、また、永小作権が設定された土地を第三者に賃貸することもできると解されます。ただし、当事者間の特約でこれを禁止することもできます（民272条）。この場合、その特約を登記しないと、第三者に対抗することはできないと解されます（我妻・486頁）。

なお、永小作人が、農地に関し、耕作目的で他人に対しその権利を譲渡し、または権利をさらに設定しようとする場合には、農地法3条の許可を受ける必要があります。

(2) 農地法の規定のうち、永小作権の適用の有無が問題となるものとして、農地法16条があります。農地法16条1項は、農地の賃借権については、たとえ登記がなくても、引渡しがあれば、賃借権を第三者に対抗することができると定めます。これに対し、永小作権の場合は同条の適用がなく、登記をしないと、第三者に対する対抗力が認められません。

また、農地法17条の法定更新の規定および同18条の解約制限の規定

の適用も永小作権にはありません（最判昭34・12・18民集13巻13号1647頁）。＊

なお、永小作権の存続期間については、民法278条1項に規定があります。

† **法16条1項**「農地又は採草放牧地の賃貸借は、その登記がなくても、農地又は採草放牧地の引渡があったときは、これをもってその後その農地又は採草放牧地について物権を取得した第三者に対抗することができる。」

† **民270条**「永小作人は、小作料を支払って他人の土地において耕作又は牧畜をする権利を有する。」

† **民272条**「永小作人は、その権利を他人に譲り渡し、又はその権利の存続期間内において耕作若しくは牧畜のため土地を賃貸することができる。ただし、設定行為で禁じたときは、この限りでない。」

† **民278条1項**「永小作権の存続期間は、20年以上50年以下とする。設定行為で50年より長い期間を定めたときであっても、その期間は50年とする。」

＊**判例**（最判昭34・12・18民集13巻13号1647頁）「農地法の構造、賃借権と永小作権の性質の相異等を合せ考えれば、同法19条、20条が永小作権に適用又は準用さるべきものとは解し難い。」

Q12 質権とは

「農地について、他人に対し質権を設定し、または移転する場合、農地法3条の許可を受ける必要があるとされています。質権とは何ですか？」

解説

(1) **質権**とは、質権者が、債務者または第三者から債権の担保として受け取った物を占有し、その物について他の債権者に先立って、つまり優先的に自己の債権の弁済を受けることができる担保物権をいいます（民342条）。

(2) **担保物権**は、大きく典型担保物権（民法に規定のある担保物権）と非典型担保物権（民法に規定のない担保物権）に分かれます。

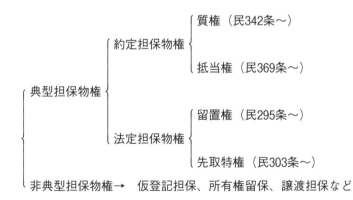

典型担保物権は、さらに**約定担保物権**（当事者間の合意によって設定される担保物権）と**法定担保物権**（法律の規定から当然に発生する担保

物権）に分けることができます。前者の約定担保物権として、質権と抵当権があり、後者の法定担保物権として、留置権と先取特権があります。

　また、非典型担保物権として、仮登記担保、所有権留保、譲渡担保などがあります。

(3)　質権は、抵当権と同じく約定担保物権ですが、抵当権と異なり、上記のとおり、目的物の占有を取得する担保物権（民342条。占有型担保物権）です。また、目的物の占有を取得して、債権の弁済があるまで目的物を留置することができるという特色があります（民347条。留置的効力）。

　ところで、質権には、動産質（民352条）、不動産質（民356条）および権利質（民362条）の三つの種類があります。

　これらのうち、動産質は、債権者と目的物の所有者が質権を設定する契約を行い、さらに目的物の引渡しを受けることによってその効力が発生します（要物性。民344条）。また、動産質権の対抗要件は、目的物の占有を継続することです（民352条）。

　これに対し、不動産質の場合は、登記が対抗要件となります。農地について質権を設定する場合は、不動産質の設定ということになります。

(4)　**不動産質**は、動産質と異なり、原則として、目的物を使用収益する権限が認められています（**使用収益権**。民356条）。その一方で、不動産質権者は、管理の費用を支払い、またその他不動産に関する負担を負わなければなりません（民357条）。さらに、不動産質権者は、債権の利息を請求することができません（民358条）。なお、不動産質の存続期間は、原則的に10年を超えることができません（民360条1項）。

　　　† **民342条**「質権者は、その債権の担保として債務者又は第三者から受け取った物を占有し、かつ、その物について他の債権者

に先立って自己の債権の弁済を受ける権利を有する。」

† **民344条**「質権の設定は、債権者にその目的物を引き渡すことによって、その効力を生ずる。」

† **民347条**「質権者は、前条に規定する債権の弁済を受けるまでは、質物を留置することができる。ただし、この権利は、自己に対して優先権を有する債権者に対抗することができない。」

† **民352条**「動産質権者は、継続して質物を占有しなければ、その質権をもって第三者に対抗することができない。」

† **民356条**「不動産質権者は、質権の目的である不動産の用法に従い、その使用及び収益をすることができる。」

† **民357条**「不動産質権者は、管理の費用を支払い、その他不動産に関する負担を負う。」

† **民358条**「不動産質権者は、その債権の利息を請求することができない。」

† **民360条1項**「不動産質権の存続期間は、10年を超えることができない。設定行為でこれより長い期間を定めたときであっても、その期間は、10年とする。」

† **同条2項**「不動産質権の設定は、更新することができる。ただし、その存続期間は、更新の時から10年を超えることができない。」

† **民362条1項**「質権は、財産権をその目的とすることができる。」

第1章　許可の対象となる権利／第2節　物権

Q12-2　不動産質権の設定と不動産引渡しの関係

「Aは、Bに対し農業資金を融資するに当たり、担保としてB所有の農地に質権を設定する契約をBとの間で締結し、また、3条許可も受けました。しかし、Bは従前どおりの耕作を行っており、外部からみる限り、農地の占有状況に変化が生じたという事実は全くうかがえません。この場合、質権設定契約は有効といえますか？」

解説

(1)　債権者Aが、債務者B所有の農地に不動産質権の設定を受けようとした場合、契約当事者A・Bは、契約の有効要件である農地法3条許可を受ける必要があります。

　しかし、それだけでは不十分であり、前問で述べたとおり、質権の目的物である農地が、質権者Aに対して引き渡される必要があり、それによって不動産質権の効力が発生すると解されます（民344条）。引渡しの典型例は、**現実の引渡し**といって、外部に占有が移転したことが分かる形で占有を移転することです（民182条1項）。

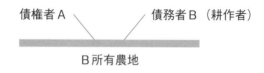

　設例でいえば、Bが農地の耕作を中止して、農地をAに明け渡し、同時に、Aが農地で耕作を開始する場合がこれに当たると考えられま

す。

(2)　ここでいう「引渡し」に、占有改定は含まれません（民345条）。**占有改定**とは、目的物を占有する者が、以後、本人のために目的物を占有する意思を表示することによって本人が目的物の占有を取得する方法をいいます（民183条）。

　例えば、甲・乙間で、農機具の所有権を、乙から甲に譲渡する契約（売買契約）を締結し、以後、乙（譲渡人）が、それ（農機具）を甲（譲受人）の占有代理人として占有する旨の意思を表示することによって、甲は占有権を取得できます（占有改定による引渡し）。

　この場合、農機具の占有状態には、外見上は全く変化がないため、外部から、占有権が、乙から甲に移転したことを認識することは通常困難です。民法345条は、そのような（曖昧な）占有移転を、質権設定の有効要件とは認めないとしたものです。

　なお、第三者に対する対抗力は、不動産質権の登記を具備することによって発生すると解されます。

(3)　設例の場合、不動産質権の目的物である農地の引渡しが、BからAに対して行われたと認めることが困難であることから、未だ質権設定の効力は生じていないと解されます。

　　　　†　**民182条1項**「占有権の譲渡は、占有物の引渡しによってする。」

　　　　†　**民183条**「代理人が自己の占有物を以後本人のために占有する意思を表示したときは、本人は、これによって占有権を取得する。」

　　　　†　**民345条**「質権者は、質権設定者に、自己に代わって質物の占有をさせることができない。」

第1章　許可の対象となる権利／第2節　物権

Q12-3　不動産質権の効力発生後における目的農地の返還

「上記の事例で、Aは、Bから目的農地の現実の引渡しを受けて、自ら耕作を開始しました。また、不動産質権の設定登記も行いました。しかし、1年後に、Aは、Bに目的農地を返して、Bに耕作させるようになりました。この場合、質権設定契約は効力を失うといえますか？」

解説

(1)　結論を先に述べますと、現実の引渡しによって一度有効に成立した不動産質権設定契約が、質権者Aが、目的農地の占有を債務者Bに返還して農地を耕作させたからといって、直ちに失効するとは解されません。

　その理由として、設例の不動産質権の場合、設定登記が対抗要件となっていて権利が公示されていること、および設定者Bに農地を耕作させることも、質権者Aの使用収益権の一態様とみることができることから、不動産質権の効力に影響を及ぼさないと解されるためです（裁判大系4・441頁）。

(2)　ただし、設例の場合は、不動産質権の目的物が農地であるため、Aが、Bに対し目的農地の耕作を現実にさせている関係を、法的に整理しておく必要があります。

　いろいろなことが考えられますが、Aは、依然として目的農地の使用収益権を有していることから、Bに対し耕作行為（事実行為）を**準委任**（法律行為でない事務を委任する場合をいいます。民656条。→委任については、Q16を参照）しているにとどまると解することが可能で

Q12-3　不動産質権の効力発生後における目的農地の返還

す。そのように考えた場合は、農地法3条許可の問題は生じないと解されます。

(3)　この場合、Bが収穫した農産物は、Aの所有に帰することになると考えます（民646条1項）。仮に、Bが準委任事務を履行するための一手段として農産物を他人に売却し、対価として代金を得た場合は、当該代金をAに対し引き渡す必要があると考えられます。その場合、当該代金は、Aの債権の弁済に充当されると解されます（裁判大系4・436頁）。

　　　† **民646条1項**「受任者は、委任事務を処理するに当たって受け取った金銭その他の物を委任者に引き渡さなければならない。その収取した果実についても、同様とする。」

　　　† **民656条**「この節の規定は、法律行為でない事務の委託について準用する。」

Q13 抵当権とは

「① 農地に抵当権を設定する場合、農地法3条の許可を受ける必要はないとされています。抵当権とは何ですか？
② Ａ所有の農地にＢが適法に賃借権を有し、現実に耕作もしていたところ、新たにＡがＣから融資を受け、債権者であるＣのために当該農地に抵当権を設定して登記も済ませ、その後に農地が競売され、Ｄが買受人となった場合、Ｂの権利はどうなりますか？」

解説

小問1

(1) **抵当権**は、債権者と債務者または第三者（抵当権設定者。これを**物上保証人**といいます。）が、抵当権設定契約を結ぶことによって、その効力を生じます（民369条1項）。

債権者は、担保となる不動産についてあらかじめ抵当権を設定しておけば、仮に債務不履行（例　借金返済が不可能となるような場合をいいます。）が発生した場合に、抵当権の目的となっている不動産について**競売**を申し立てることによって、競売代金から優先的に弁済を受けることが可能となります（**優先弁済効**・優先弁済力）。

抵当権の目的物は不動産ですが、民法の規定上、地上権および永小作権にも抵当権を設定することができるとされています（同条2項。ただし、実例はほとんどないようです。）。

(2) 抵当権においては、地上権および永小作権の場合を除くと、担保

を設定する目的物は、不動産に限定されます。そして、不動産に抵当権を設定したとしても、目的不動産の占有は、債権者の下に移転せず設定者の下に残されます。このように、設定後に外部から抵当権設定の事実を認識することができませんから、その公示は登記によって行います（民177条）。

(3) なお、不動産に設定される抵当権は一つとは限らず、同一の不動産を目的物として、複数の抵当権を設定することができます。その場合、複数の抵当権間の優劣は、登記の順序によって決定されます（民373条）。

また、1個の債権の担保として、複数の不動産に抵当権が設定されることもあります（**共同抵当**）。

小問2

(1) 本設例の場合、抵当権の設定登記の前に、既に農地にBの賃借権が設定してあり、また、Bは耕作をしていますから、Bの賃借権には対抗力が認められます（法16条1項）。そのため、抵当権が実行され、競売の結果、当該農地をDが買い受けたとしても、Bの賃借権には何らの影響も生じません。つまり、Dの農地所有権は、Bの賃借権の負担が付いたものということになります（大村・55頁）。

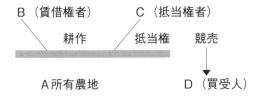

(2) なお、この場合、Dは、農地の所有権を取得することによって、

当然に農地の賃貸人たる地位も取得することになると解されます（最判昭49・3・19民集28巻2号325頁。同判例は、第三者が、賃貸物件の所有権を取得したときは、賃借人の承諾の有無を問わず、新所有者に賃貸人の地位が移転するとしました。→賃貸人の地位の移転については、Q15-5を参照)。

　　　† **法16条1項**「農地又は採草放牧地の賃貸借は、その登記がなくても、農地又は採草放牧地の引渡があったときは、これをもってその後その農地又は採草放牧地について物権を取得した第三者に対抗することができる。」

　　　† **民177条**「不動産に関する物権の得喪及び変更は、不動産登記法（平成16年法律第123号）その他の登記に関する法律の定めるところに従いその登記をしなければ、第三者に対抗することができない。」

　　　† **民369条1項**「抵当権者は、債務者又は第三者が占有を移転しないで債務の担保に供した不動産について、他の債権者に先立って自己の債権の弁済を受ける権利を有する。」

　　　† **同条2項**「地上権及び永小作権も、抵当権の目的とすることができる。この場合においては、この章の規定を準用する。」

　　　† **民373条**「同一の不動産について数個の抵当権が設定されたときは、その抵当権の順位は、登記の前後による。」

Q13-2 農地の競売手続

「上記の事例で、Dは競売にかけられた農地を買い受けることができたとのことですが、Dはどのような手続を経て買受人になることができたのでしょうか？その際、農地法の許可はいらないのでしょうか？」

解説

(1) Dは、民事執行法の定める不動産競売の手続によって、A所有農地を買い受けることができたと考えられます。その際、Dは、農地法の許可（3条または5条）を受けておく必要があります。

不動産の競売は、民事執行法の定める手続に従って行われますが、設例の場合、抵当権者であるCが、抵当権に基づいて競売の申立てをしていますから、**担保不動産競売**ということになります（民執180条1号）。そして、担保不動産競売の手続については、不動産に対する強制競売の規定が準用されます（民執188条）。

(2) 具体的にいえば、まず、抵当権者であるCは、裁判所（**執行裁判所**）に対し、担保不動産競売申立を行います。

競売申立書には、通常、「債権者は、債務者に対し、別紙請求債権目録記載の債権を有しているが、債務者が支払をしないので、別紙担保権目録記載の担保権に基づき、上記目的不動産の担保不動産競売を求める。」などと記載します。

(3) 申立てを受けた裁判所は、その要件が具備されていると判断したときは、**競売開始決定**を行い、債権者のために不動産を差し押さえることを宣言します（民執45条1項）。競売開始決定が行われますと、裁

判所の書記官は、直ちに**差押えの登記**を嘱託します（民執48条1項）。

これを受けて差押えの登記をした登記官は、登記事項証明書を執行裁判所に送付します（民執48条2項）。差押えの効力は、原則として、競売開始決定が債務者に送達されたときに生じます（民執46条1項）。

(4) 差押えの効果ですが、設例の場合、債務者であり、同時に不動産（農地）の所有者であるAは、以後、当該不動産を処分することが一切禁止されます（**処分制限効**）。ただし、差押えがあっても、Aは、通常の用法に従って不動産を使用収益することができます（民執46条2項）。

```
競売申立
  ⇩
競売開始決定・差押えの登記
  ⇩
期間入札  ←  買受適格証明書
  ⇩
売却決定期日  ←  3条・5条の許可書（または転用届出受理書）
  ⇩
代金納付
```

(5) 不動産の売却方法について、民事執行法64条2項は、「不動産の売却の方法は、入札又は競り売りのほか、最高裁判所規則で定める。」と規定しますが、実際の売却方法としては、**期間入札**の方法がとられていることがほとんどのようです。

期間入札とは、あらかじめ決められた入札期間（8日間のことが多いようです。）内に、入札希望者から入札を受け付け、開札期日に開札を行って**最高価買受申出人**（および次順位買受申出人）を定める手

Q13−2 農地の競売手続

続をいいます。なお、売却を実施するのは**執行官**です（民執64条3項）。

(6) ただし、目的不動産が農地であるときは、民事執行規則33条によって、買受の申出をすることができる者を、所定の資格を有する者に限定することができるとされています。

そのため、入札によって農地を買い受けようとする者は、農業委員会（または都道府県知事等）が発行する**買受適格証明書**を入札書に添付する必要があります。農業委員会などが、買受適格証明書を交付するに当たっては、農地法3条または5条許可（もしくは転用届出受理）の要件を満たしているか否かの点を審査する必要があります。☆

(7) 入札の結果、裁判所は、その後に開かれる**売却決定期日**において、最高価買受申出人となった者に対して不動産を売却するか否かを決定します（民執69条）。

その際、目的不動産が農地の場合は、上記のとおり、最高価買受申出人が農地法所定の許可を受けているか否かの点も審査しますから、仮に**許可書**（ただし、市街化区域内の農地転用の場合は**届出受理書**となります。）を用意できないときは、その者に対する売却が許可されないことになると考えられます。

(8) 設例の場合、Dは、あらかじめ買受適格証明書の交付を農業委員会または都道府県知事等から受けることができたため最高価買受申出人となり、さらに売却決定期日までに農地法所定の許可書を裁判所に提出することによって、D自身に対する農地の売却決定が行われ、その後にDが代金を納付することによって、農地の所有者となったものと考えられます（民執79条）。

　　　† **民執45条1項**「執行裁判所は、強制競売の手続を開始するには、強制競売の開始決定をし、その開始決定において、債権者のために不動産を差し押さえる旨を宣言しなければならない。」

101

† **民執46条1項**「差押えの効力は、強制競売の開始決定が債務者に送達された時に生ずる。ただし、差押えの登記がその開始決定の送達前にされたときは、登記がされた時に生ずる。」

† **同条2項**「差押えは、債務者が通常の用法に従って不動産を使用し、又は収益することを妨げない。」

† **民執48条1項**「強制競売の開始決定がされたときは、裁判所書記官は、直ちに、その開始決定に係る差押えの登記を嘱託しなければならない。」

† **同条2項**「登記官は、前項の規定による嘱託に基づいて差押えの登記をしたときは、その登記事項証明書を執行裁判所に送付しなければならない。」

† **民執64条2項**「不動産の売却の方法は、入札又は競り売りのほか、最高裁判所規則で定める。」

† **同条3項**「裁判所書記官は、入札又は競り売りの方法により売却をするときは、売却の日時及び場所を定め、執行官に売却を実施させなければならない。」

† **民執69条**「執行裁判所は、売却決定期日を開き、売却の許可又は不許可を言い渡さなければならない。」

† **民執79条**「買受人は、代金を納付した時に不動産を取得する。」

† **民執180条1号**「担保不動産競売（競売による不動産担保権の実行をいう。以下この章において同じ。）の方法」

† **民執規33条**「執行裁判所は、法令の規定によりその取得が制限されている不動産については、買受けの申出をすることができる者を所定の資格を有する者に限ることができる。」

☆ **通知** 平成28・3・30 27経営3195号27農振2146号「民事執行法による農地等の売却の処理方法について」は、「2 買受適格証明願は、それぞれ当該許可の申請、協議又は届出の手続に準じて行うこと。 3 買受適格証明願の提出があった場合における買受適格の有無の判定は、それぞれ当該許可の申請、協議又は

届出があった場合における許否の判断基準と同趣旨により速やかに行うこと。4　農業委員会は、買受適格を有する旨を証明し、又は処理意見を付して都道府県知事等に送付するための議決を行う場合には、その後の事務処理の迅速化を図るため、当該買受適格証明書の交付を受けた者が最高価買受申出人又は次順位買受申出人となり、当該許可の申請書又は届出書を提出した場合において、農業委員会の会長が当該証明書の交付時と事情が異なっていると認めたときを除き、許可をし、届出を受理し、又は同旨の意見を付して都道府県知事等に送付して差し支えない旨の議決をしておくものとすること。」とする。

第3節　債　権

Q14　使用貸借による権利とは

「農地について、他人に対し使用貸借による権利を設定し、または移転する場合、農地法3条の許可を受ける必要があるとされています。使用貸借による権利の特徴は何ですか？また、農地の借主の権利義務の内容についてはどのように理解すればよいでしょうか？」

解説

(1)　**使用貸借による権利**ですが、当事者の一方が無償で物の使用および収益をした後に返還することを約束した上で相手方から物を受け取ることによって効力を生ずる契約を**使用貸借契約**または**使用貸借**といい、その契約から発生する借主の権利を、使用貸借による権利といいます（民593条）。

使用貸借契約の当事者は、貸主と借主です。使用貸借契約は、借主が、貸主から物を受け取ることによって成立しますから、**要物契約**です（ただし、目的物が農地の場合、効力を生ずるためには、別途、農地法による許可を受ける必要があります。）。

このように、使用貸借の場合、貸主と借主が口頭で契約しただけでは契約は成立しません。貸主が、借主に目的物を引き渡した時点で契

約が成立することになりますから、使用貸借契約にあっては、そもそも貸主の側に目的物を貸す義務はなく、契約成立後は、借主の目的物返還義務等が残るのみであって、**片務契約**という性質を持ちます（我妻・1111頁）。

しかし、契約自由の原則に照らして考えた場合、契約（意思表示）のみで成立する諾成的使用貸借契約を認める余地があるのではないかという立場もあります（判例契約・275頁）。

なお、後記のとおり、改正民法によって、使用貸借契約は諾成契約に改められています。

(2) また、使用貸借契約は、無償で他人の物を使用収益する契約ですから、**無償契約**となります。つまり、借主は貸主に対し、目的物使用の対価を支払わないということです。

したがって、例えば、農地の使用貸借契約の場合、農地の借主は、農地の貸主に対し、賃料（借賃）などの対価を支払う必要がありません。仮に農地の借主が、感謝の気持ちを示すために、農地から採れた収穫物の一部を毎年のように貸主に対して送っていたとしても、これをもって使用収益の対価とみることは、通常困難といえます。

判例に現れた事案として、建物の借主が、建物の建っている貸主所有土地の固定資産税を負担していても、特段の事情のない限り、建物使用の対価とはいえないとしたものがあります（最判昭41・10・27民集20巻8号1649頁）。＊

(3) 農地の借主の主な権利義務ですが、①農地の使用収益権（民593条）、②善管注意義務（民400条）、③用法順守義務（民594条1項）があります。また、④通常の必要費の負担義務（民595条1項）、⑤特別の必要費および有益費の費用償還請求権（同条2項）もあります。

(4) 上記のとおり、借主は、農地を使用収益することができます（**使用収益権**）。具体的には、農地を耕作し、それによって収穫できた物

（穀物、野菜、果物等）の所有権を取得することができます。

　ただし、農地を使用するに当たっては、**善管注意義務**を払うことが求められます（民400条）。善管注意義務とは、ローマ法の「善良な家父の注意」から由来する言葉であるとされ、その意味は、債務者の属する階層、地位、職業などにおいて一般的に要求される注意をいうとされています（我妻・699頁）。

　設例でいえば、地域の平均的な農業者に求められる注意力を働かせるべき義務ということになります（ただし、改正民法400条においては、善管注意義務の内容が、「契約その他の債権の発生原因及び取引上の社会通念に照らして定まる」とされました。）。

　したがって、例えば、地域がまとまって無農薬野菜の栽培に取り組んでいることを知っているにもかかわらず、借主1人のみがこれに反対して、大量の農薬を農地に散布する農業経営を行った場合、善管注意義務違反を問われる可能性があります。

(5)　また、上記のとおり、民法594条1項は、借主の**用法順守義務**（用法遵守義務）を定めています。用法順守義務とは、当事者間の契約または目的物の性質により定まった用法以外での使用収益を禁止するというものです。

　例えば、田として使用することが目的物の性質から当然に分かっているにもかかわらず、借主が、勝手に畑として農地を使用することは、用法順守義務に違反することになるため、許されません。仮にそのようなことを借主が行った場合は、契約違反となり、貸主は契約を解除することができます（民594条3項）。

　この場合の解除権は、一般の債務不履行による解除権（民541条）の特則と考えられるため、借主の責に帰すべき事由の存在や事前の催告を要しないと解されます（判例契約・276頁。→債務不履行による解約解除については、Q24を参照）。

(6) さらに、借主は、貸主の承諾を得なければ、第三者に借用物の使用収益をさせることができません（民594条2項）。使用貸借は、通常は、当事者間の人間関係に基づく無償契約であることが、一つの根拠とされています。

仮に、借主が、無断で第三者に使用収益をさせたときは、貸主は契約を解除することができます（民594条3項）。

(7) 使用貸借の借主は、借用物の通常の**必要費**を負担するとされています（民595条1項）。通常の必要費とは、目的物に対する公租公課、目的物の現状を維持するための補修費・修繕費、保管費などをいうと解されます（判例契約・279頁）。

設例の場合、農地の借主は、例えば、農地の畦畔が自然災害のために一部崩落したため、自分で費用を負担して崩落個所を元通りに補修したとしても、その補修費用は通常の必要費に当たると考えられることから、これを貸主に請求することはできないと解されます。

(8) 使用貸借の借主が、通常の必要費を超える**特別の必要費**や**有益費**を支出したときは、民法583条2項の規定が適用されます（民595条2項）。民法583条2項によれば、貸主は、民法196条の規定に従って費用の償還義務を負います。

【改正民法による変更点】

(1) 改正民法は、使用貸借を従来の要物契約から諾成契約に改めました（改正民593条）。その結果、当事者間で使用貸借の合意をした場合、貸主は借主に対し、目的物を貸す義務を負うことになります。

(2) しかし、使用貸借は無償契約であるため、安易に契約が結ばれる可能性があることから、貸主は、借主が目的物を受け取るまで、使用貸借を解除することができるとされました（改正民593条の2）。ただし、書面により使用貸借の合意を行ったときを除きます（同条ただし書）。この場合は、合意が軽率に行われたとは考え難いためです。

††　**改正民400条**「債権の目的が特定物の引渡しであるときは、債務者は、その引渡しをするまで、契約その他の債権の発生原因及び取引上の社会通念に照らして定まる善良な管理者の注意をもって、その物を保存しなければならない。」

†　**民541条**「当事者の一方がその債務を履行しない場合において、相手方が相当の期間を定めてその履行の催告をし、その期間内に履行がないときは、相手方は、契約の解除をすることができる。」

††　**改正民541条**「当事者の一方がその債務を履行しない場合において、相手方が相当の期間を定めてその履行の催告をし、その期間内に履行がないときは、相手方は、契約の解除をすることができる。ただし、その期間を経過した時における債務の不履行がその契約及び取引上の社会通念に照らして軽微であるときは、この限りでない。」

††　**改正民542条1項**「次に掲げる場合には、債権者は、前条の催告をすることなく、直ちに契約の解除をすることができる。
①　債務の全部の履行が不能であるとき。
②　債務者がその債務の全部の履行を拒絶する意思を明確に表示したとき。
③　債務の一部の履行が不能である場合又は債務者がその債務の一部の履行を拒絶する意思を明確に表示した場合において、残存する部分のみでは契約をした目的を達することができないとき。
④　契約の性質又は当事者の意思表示により、特定の日時又は一定の期間内に履行をしなければ契約をした目的を達することができない場合において、債務者が履行をしないでその時期を経過したとき。
⑤　前各号に掲げる場合のほか、債務者がその債務の履行をせず、債権者が前条の催告をしても契約をした目的を達するのに足りる履行がされる見込みがないことが明らかであるとき。」

††　**同条2項**「次に掲げる場合には、債権者は、前条の催告

Q14 使用貸借による権利とは

をすることなく、直ちに契約の一部の解除をすることができる。
① 債務の一部の履行が不能であるとき。
② 債務者がその債務の一部の履行を拒絶する意思を明確に表示したとき。」

† 民583条2項「買主又は転得者が不動産について費用を支出したときは、売主は、第196条の規定に従い、その償還をしなければならない。ただし、有益費については、裁判所は、売主の請求により、その償還について相当の期限を許与することができる。」

† 民593条「使用貸借は、当事者の一方が無償で使用及び収益をした後に返還をすることを約して相手方からある物を受け取ることによって、その効力を生ずる。」

†† 改正民593条「使用貸借は、当事者の一方がある物を引き渡すことを約し、相手方がその受け取った物について無償で使用及び収益をして契約が終了したときに返還をすることを約することによって、その効力を生ずる。」

†† 改正民593条の2「貸主は、借主が借用物を受け取るまで、契約の解除をすることができる。ただし、書面による使用貸借については、この限りでない。」

† 民594条1項「借主は、契約又はその目的物の性質によって定まった用法に従い、その物の使用及び収益をしなければならない。」

† 同条2項「借主は、貸主の承諾を得なければ、第三者に借用物の使用又は収益をさせることができない。」

† 同条3項「借主が前2項の規定に違反して使用または収益をしたときは、貸主は、契約の解除をすることができる。」

† 民595条1項「借主は、借用物の通常の必要費を負担する。」

† 同条2項「第583条第2項の規定は、前項の通常の必要費以外の費用について準用する。」

＊判例（最判昭41・10・27民集20巻8号1649頁）「建物の借主が

その建物等につき賦課される公租公課を負担しても、それが使用収益に対する対価の意味をもつものと認めるに足りる特別の事情のないかぎり、この負担は借主の貸主に対する関係を使用貸借と認める妨げとなるものではない。［中略］本件建物の借主たる上告人がその建物を含む原判示各不動産の固定資産税等を支払ったことが、右建物の使用収益に対する対価の意味をもつものと認めるに足りる特別の事情が窺われないから、上告人と建物の貸主たる訴外Dとの関係を使用貸借であるとした原審の判断は相当として是認し得るところであり、その他、原判決には何等所論の違法はない。」

Q14-2 使用貸借の終了

「① AとBは、A所有の農地をBが無償で借りて耕作を行うという合意をし、農地法3条許可と農地の引渡しも済みました。貸借期間は5年でした。その後、期間の満了時期が近づき、Aから、『貸借の期間が満了するので、農地を返して欲しい』という通知がBに来ました。Bは、期間が満了したときは、無条件で農地をAに返還する義務がありますか？

② 仮に、契約の時点で50歳であったBが、『自分が高齢者になる頃まで耕作したいものだ。』と希望し、特に貸借期間を定めないまま、今日までに20年が経過したが、なおBは現在も耕作を継続し、農地を返還する意思がない場合はどうなりますか？」

解説

小問1

(1) 契約期間が満了した場合、借主であるBは、借りている農地をAに対して返還する義務があります。民法は、使用貸借の終期について、「借主は、契約に定めた時期に、借用物の返還をしなければならない。」と定めます（民597条1項）。

したがって、使用貸借契約において貸借期間を5年と定めたときは、5年の期間が経過した時に、借りている農地を貸主Aに返還しなければなりません。5年間が経過することによって、使用貸借契約が終了することになるためです。

(2) なお、借用物の返還の時期については、設例のように5年間とい

うような確定期限を付することはもちろん問題ありませんが、例えば、「借主の長男が成年に達する日まで」と定めることも有効と解されます（判例契約・283頁）。

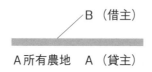

小問2

(1) 仮に使用貸借の期間を定めなかった場合、民法は、「借主は、契約に定めた目的に従い使用及び収益を終わった時に、返還をしなければならない。」と定めます（民597条2項本文）。

ここで問題となるのは、第1に、果たして明確に、「契約で使用収益の目的を定めた」と認定できるか否かという点です。仮に使用収益の目的を定めたといえる場合は、第2に、「目的に従い使用収益を終えた」と判断できるか否かの点が問題となります。

(2) 第1の点ですが、設例の場合は、使用収益の目的を定めた場合に該当すると判断されます。なぜなら、AはBに対し、耕作目的で農地を貸しているからです。

第2の点については、設例の場合、上記のとおり、契約で使用収益の目的を定めたと認定できるとしても、既に使用収益を終えたといえるか否かの点が問題となります。この点は、現にBが農地を耕作している状況にあることから、使用収益を終えたとはいえないと判断されます。

そこで、設例のように、借主が使用収益を終えたとはいえない状況が続いているときに、では、半永久的に借主の権利が守られることに

なるのか、仮にそうであれば借主は無償で目的物を借りている立場にあるにもかかわらず、権利が過剰に保護されることになって不合理ではないか、という疑問が生じます。

(3) そこで、民法は、使用収益を終えていなくても、使用収益をするのに足りる期間を経過したときは、貸主は直ちに返還を請求することができると定めています（民597条2項ただし書）。

なお、設例には直接関係はありませんが、当事者間で返還の時期および使用収益の目的を定めたと解されない場合は、民法597条3項の規定が働いて、貸主は借主に対し、いつでも目的物の返還を請求することができます。

(4) 設例の場合は、上記の民法597条2項ただし書の場合に該当するか否かが問題となります。

ここで、使用収益するのに足りる期間が経過したといえるか否かの点を判断するに当たっては、使用貸借の無償性を踏まえた上で、Bの農地使用目的、使用の具体的態様、これまでの使用期間（20年間）、貸主A・借主Bの双方の事情などを基に、個々具体的に判断するほかないと解されます（判時1670号18頁）。

これに関し、最高裁の判例の中には、親が、自分が所有する土地を返還時期の取決めをしないまま子に貸し、子は、その土地上に建物を建てて使用していたところ、子が親の扶養を理由もなくやめたという事情の下、民法597条2項ただし書を類推適用して、親は子に対し、建物の返還を請求することができるとしたものがあります（最判昭42・11・24民集21巻9号2460頁）。＊

また、木造建物の所有を目的とする土地の使用貸借について、使用収益するに足りるべき期間が経過したか否かを判断するに当たって、次のような一つの考え方を示した最高裁の判例もあります（最判平11・2・25判時1670号18頁）。＊＊

この事案は、株式会社（上告人）所有の土地を使用貸借契約によって借り、その土地上に木造建物を所有する元取締役（被上告人。無償の借地人）に対し、株式会社が建物収去・土地明渡しを求めたものです。最高裁は、土地の使用期間が長年月に及んでいること、および契約当事者間の人間的つながりが著しく変化していることを重視し、上告人である株式会社の請求を棄却した原審（高裁）の判決を破棄し、原審に対し事件を差し戻しました。

(5)　さて設例については、少なくとも、以下の事実を考慮する必要があります。使用貸借の期間が既に20年も経過していること、また、借主Ｂが、農地を借りた当時の年齢が50歳であったことから、現時点では70歳の高齢者となっていることです。

　このような事実関係から、民法597条2項ただし書が適用され、既に使用収益をするのに足りる期間が経過したと判断されると考えます。結論として、ＡはＢに対し、直ちに農地を返還するよう求めることができると考えます。

【改正民法による変更点】

(1)　改正民法は、使用貸借の終了時期について、次のように定めました。期間の定めがあるときは、期間の満了によって終了します（改正民597条1項）。

(2)　期間の定めがなく、また、使用収益の目的を定めたときは、当該目的に従い使用収益を終えることによって終了します（改正民597条2項）。

　仮に使用収益を終えていなくても、当該目的に従い使用収益をするのに足りる期間を経過したときは、貸主は、使用貸借の解除をすることができます（改正民598条1項）。

(3)　期間の定めがなく、また、使用収益の目的も定めなかったときは、貸主は、いつでも使用貸借を解除することができます（改正民

598条2項)。

(4) 他方、借主は、いつでも使用貸借を解除することができます（改正民598条3項）。

(5) 設例小問2の場合、Bは借りている農地について、使用収益を終えていませんが、目的に従って使用収益をするのに足りる期間は経過したと判断されます。よって、Aは、Bとの使用貸借契約を解除して、農地を返還するよう求めることができると解されます（改正民598条1項）。

　　　† **民597条1項**「借主は、契約に定めた時期に、借用物の返還をしなければならない。」

　　　† **同条2項**「当事者が返還の時期を定めなかったときは、借主は、契約に定めた目的に従い使用及び収益を終わった時に、返還をしなければならない。ただし、その使用及び収益を終わる前であっても、使用及び収益をするのに足りる期間を経過したときは、貸主は、直ちに返還を請求することができる。」

　　　† **同条3項**「当事者が返還の時期並びに使用及び収益の目的を定めなかったときは、貸主は、いつでも返還を請求することができる。」

　　　†† **改正民597条1項**「当事者が使用貸借の期間を定めたときは、使用貸借は、その期間が満了することによって終了する。」

　　　†† **同条2項**「当事者が使用貸借の期間を定めなかった場合において、使用及び収益の目的を定めたときは、使用貸借は、借主がその目的に従い使用及び収益を終えることによって終了する。」

　　　†† **同条3項**「使用貸借は、借主の死亡によって終了する。」

　　　†† **改正民598条1項**「貸主は、前条第2項に規定する場合において、同項の目的に従い借主が使用及び収益をするのに足りる期間を経過したときは、契約の解除をすることができる。」

　　　†† **同条2項**「当事者が使用貸借の期間並びに使用及び収益

の目的を定めなかったときは、貸主は、いつでも契約の解除をすることができる。」

†† **同条3項**「借主は、いつでも契約の解除をすることができる。」

＊**判例**（最判昭42・11・24民集21巻9号2460頁）「本件土地の使用貸借は昭和26年頃上告人Aの父D及び母被上告人Bの間に黙示的に成立したもので返還時期の定めがないこと、本件使用貸借の目的の一部は上告人Aが本件土地上に建物を所有して居住し、かつ、上告人Aを代表取締役とする上告会社の経営をなすことにあり、上告人Aは右目的に従い、爾来本件土地を使用中であること、しかし、本件土地の使用貸借の目的は、上告人Aに本件土地使用による利益を与えることに尽きるものではなく、一方において、上告人Aが他の兄弟と協力して上告会社を主宰して父業を継承し、その経営によって生じた収益から老年に達した父D、被上告人Bを扶養し、なお余力があれば経済的自活能力なき兄弟をもその恩恵に浴せしめることを眼目としていたものであること、ところが、昭和31、2年頃Dが退隠し、上告人Aが名実共に父業を継承し采配を振ることとなった頃から兄弟間にあつれきが生じ、上告人Aは、原判決判示のいきさつで、さしたる理由もなく老父母に対する扶養を廃し、被上告人ら兄弟（妹）とも往来を断ち、3、4年に亘りしかるべき第三者も介入してなされた和解の努力もすべて徒労に終って、相互に仇敵のごとく対立する状態となり、使用貸借契約当事者間における信頼関係は地を払うにいたり、本件使用貸借の貸主は借主たる上告人A並びに上告会社に本件土地を無償使用させておく理由がなくなってしまったこと等の事実関係のもとにおいては、民法第597条第2項但書の規定を類推し、使用貸主は使用借主に対し、使用貸借を解約することができるとする原判決の判断を、正当として是認することができる。」

＊＊**判例**（最判平11・2・25判時1670号18頁）「本件使用貸借の目的は本件建物の所有にあるが、被上告人が昭和33年12月ころ本

Q14-2 使用貸借の終了

件使用貸借に基づいて本件土地の使用を始めてから原審口頭弁論終結の日である平成9年9月12日までに約38年8箇月の長年月を経過し、この間に、本件建物で被上告人と同居していた太郎は死亡し、その後、上告人の経営をめぐって一郎と被上告人の利害が対立し、被上告人は、上告人の取締役の地位を失い、本件使用貸借成立時と比べて貸主である上告人と借主である被上告人の間の人的つながりの状況は著しく変化しており、これらは、使用収益をするのに足りるべき期間の経過を肯定するのに役立つ事情というべきである。他方、原判決が挙げる事情のうち、本件建物がいまだ朽廃していないことは考慮すべき事情であるとはいえない。そして、前記長年月の経過等の事情が認められる本件においては、被上告人には本件建物以外に居住するところがなく、また、上告人には本件土地を使用する必要特別の事情が生じていないというだけでは使用収益をするのに足りるべき期間の経過を否定する事情としては不十分であるといわざるを得ない。」

Q14-3 借主の死亡と使用貸借の存続

「① Aは、同じ町に住むBがサラリーマンを辞めて新規就農を希望したことから、A・B間でA所有農地をBが無償で借り受ける約束を行い、農地法3条許可も受けました。貸借期間は10年と定めました。ところが、3年後に借主Bが急死したことから、AはBの相続人Cに対し、農地の返還を求めています。Cは、これに応じなければなりませんか？
② 仮に相続人Cが農地の返還に応じる意向を示している場合、Cは、Bが生前に、借り受けた農地上に設置した簡易農機具倉庫を撤去する義務を負いますか？」

解説

小問1

(1) 民法は、借主が死亡したとき、使用貸借は終了すると定めています（民599条。ただし、改正民法では、597条3項と改められました。）。これは、一般に使用貸借が、貸主と借主の個人的な人間関係を基礎として成立することが多いためです。

この民法の原則論から考える限り、農地の借主であるBが死亡した

ときは、相続人Cは、Bの借主としての権利を相続したと主張することはできず、Aに対し、借りている農地を返還する必要があるという結論となります。

(2) ただ、設例においては、A・B間で使用貸借が開始されてから3年しか経過していません。仮にBが生存していたのであれば、Aは、さらに7年間の農地の貸借を了承していたはずです。そこで、借主が死亡しても、なお使用貸借が継続すると解釈できる余地が生じます。

この問題に関する参考判例として、次のようなものがあります。

建物所有を目的とした土地の使用貸借において、土地の借主が死亡した場合であっても、死亡した借主の妻が病気で臥せており、子である三女夫婦がその病人を自宅で看病するために同居しているという事情があるときは、土地の使用収益に必要な期間が経過していないという理由で（民597条2項ただし書。ただし、改正民法においては、597条2項となります。）、借主の死亡後であっても使用貸借の継続を認めたものがあります（判例契約・290頁。東京地判昭56・3・12判時1016号76頁）。＊

また、親（松夫）・子（太郎）の間で、建物の使用貸借契約が締結され、その後、親（松夫）が死亡し、しばらくして、上記建物においてそば店を営む子（太郎）も死亡したが、死亡した子（太郎）の妻Yが、そば店の経営を引き継いでいたところ、死亡した親（松夫）の後妻Xの方から、上記建物の使用貸借契約は、借主である子（太郎）の死亡によって終了したと主張した事件において、京都地裁は、民法599条の適用を否定し、子（太郎）の死亡によって、建物使用貸借契約は終了しないとの判断を示しました（京都地判平27・5・15判時2270号81頁）。＊＊

(3) 設例の場合は、使用貸借が開始されてから僅か3年しか経過しておらず、また、農業経営は短期間で成果が出るものでもないことか

ら、ある程度、長期間にわたって経営を継続する必要性も認められます。したがって、仮にCの方から、亡くなった親Bが始めた農業経営を引き継ぎたいという希望が出されたときは、その主張を認めるのが妥当であると考えます。

(4) なお、使用貸借契約を締結する際に、貸主と借主の間で、借主が死亡した後も、その相続人が借主の地位を承継する旨の特約（借主の死亡によって使用貸借が当然に消滅するものとはしない旨の特約）を結ぶことは、可能であると解されます（判例契約・290頁）。

小問2

(1) 上記のとおり、民法の原則に従う限り、借主のBが死亡することによって、使用貸借が当然に終了することになります。

使用貸借が終了すると、本来であれば、借主のBは、借用物である農地を原状に復して（**原状回復義務**。民598条）、これを返還する義務を負います（**返還義務**。民593条）。

(2) しかし、設例で借主Bは死亡していますから、相続人Cが、相続によって、Bの負う原状回復義務を承継することになると考えられます。この点に関連し、民法598条には、「これに附属させた物を収去することができる。」とありますが、収去権は、同時に収去義務でもあると解するのが通説です。

設例の簡易農機具倉庫は、農地所有権とは別個の独立した物ということができますから、Bから簡易農機具倉庫の所有権を相続したCは、その撤去義務も負うと解されます（→不動産の付合については、Q6－7参照）。

(3) 以上のことから、借りていた農地上に設置されている簡易農機具倉庫については、Cが、費用を自己負担してこれを撤去する必要があると考えます。

【改正民法による変更点】

(1) 改正民法は、599条1項で、借主が目的物（借用物）を受け取った後に、これに附属させた物については、借主が、原則として、収去する義務があることを明示しました。

(2) また、同じく599条3項で、借主が目的物を受け取った後に、これに生じた損傷については、借主が、原則として、当該損傷を原状に回復させる義務を負うと定めました。

†† **改正民597条3項**「使用貸借は、借主の死亡によって終了する。」

† **民598条**「借主は、借用物を原状に復して、これに附属させた物を収去することができる。」

† **民599条**「使用貸借は、借主の死亡によって、その効力を失う。」

†† **改正民599条1項**「借主は、借用物を受け取った後にこれに附属させた物がある場合において、使用貸借が終了したときは、その附属させた物を収去する義務を負う。ただし、借用物から分離することができない物又は分離するのに過分の費用を要する物については、この限りでない。」

†† **同条2項**「借主は、借用物を受け取った後にこれに附属させた物を収去することができる。」

†† **同条3項**「借主は、借用物を受け取った後にこれに生じた損傷がある場合において、使用貸借が終了したときは、その損傷を原状に復する義務を負う。ただし、その損傷が借主の責めに帰することができない事由によるものであるときは、この限りでない。」

＊**判例**（東京地判昭56・3・12判時1016号76頁）「ところで、建物所有を目的とする土地の使用貸借においては、当該土地の使用収益の必要は一般に当該地上建物の使用収益の必要がある限り存続するものであり、通常の意思解釈としても借主本人の死亡によ

り当然にその必要性が失われ契約の目的を遂げ終るというものではないから、本件のような建物所有を目的とする土地の使用貸借につき、任意規定・補充規定である民法599条が当然に適用されるものではない。そして、前記のとおり、K以外の被告らは相続により本件建物を共有するに至ったものであるから、これと同時に本件土地の使用借権をも相続したものと認められ、また、右認定の事実に見られる本件土地・建物の使用状況からすれば、本件においては、いまだ本件土地の使用収益に必要な期間が経過したものと認めることはできないから、再抗弁3はいずれも理由がないに帰する。」

＊＊判例（京都地判平27・5・15判時2270号81頁）「上記(1)及び(2)で認定した事実に照らすと、松夫と太郎との間の本件店舗部分の使用貸借は、単に父子の人間的な関係に基づく便宜の供与を超えた、経済的な利害得失を含むものであるといえるから、民法599条の適用を否定すべき特段の事情があるということができる［中略］。

　上記の事情のほか、太郎においてもこの借入金により本件店舗部分に相当額の投資をしていること、さらには、本件店舗部分の使用を開始した際の太郎の年齢（43歳前後）を考慮すると、松夫及び太郎には、少なくとも、太郎が健康であれば支障なく自らそば店の経営を継続することのできたであろう期間は、本件店舗部分の使用貸借が継続するものとの認識があったものと解するのが相当であり、また、合理的である。」

Q15 賃借権とは

「農地について、他人に対し賃借権を設定し、または移転する場合、農地法3条の許可を受ける必要があるとされています。賃借権とは何ですか？」

解説

(1) **賃借権**とは、当事者の一方が、ある物の使用および収益を相手方にさせることを約束し、他方、相手方がこれに対しその賃料を支払うことを約束することによって効力を生ずる契約（**賃貸借契約**または**賃貸借**）から発生する賃借人の権利をいいます（民601条。ただし、改正民法は、「引渡しを受けた物を契約が終了したときに返還することを約する」ことも要件としました。）。

ここで、賃借権と使用貸借による権利を対比してみます。

契　約　名	借手側の当事者名	借手側に発生する権利
使用貸借	借主	使用貸借による権利
賃貸借	賃借人	賃借権

(2) 賃貸借契約の当事者は、賃貸人と賃借人です。賃貸借契約は、賃貸人と賃借人の合意のみで成立する**諾成契約**です（ただし、物が農地の場合は、契約が効力を生じるためには、別途、農地法による許可を受ける必要があります。）。

また、賃貸借契約は、賃借人が賃料を支払う義務がありますから、**有償契約**となります（民601条）。したがって、賃料を支払わない賃貸借契約というものはあり得ません（無償の場合は、当然のことですが使用貸借契約となります。→使用貸借契約については、Q14を参照）。

さらに、賃借人が賃料を支払う義務を負うことと、賃貸人が賃借人に対し目的物を使用収益をさせる義務とは、相互に対価的な関係にありますから、賃貸借契約は**双務契約**といえます（我妻・1124頁）。

(3) 賃借人は、賃貸人の承諾を得なければ、賃借権を第三者に譲渡し、または賃借物を第三者に転貸することができません（民612条1項）。

ここで、**賃借権の譲渡**とは、賃貸借の存続中に、賃借人が賃借権を第三者に譲渡することをいいます。賃借権の譲渡があると、従来の賃借人は賃貸借契約関係から離脱し、賃借権の譲渡を受けた者（第三者）が新たに賃借人として、賃貸借契約関係に入ることになります（→賃借権の無断譲渡については、Q15-2・Q15-3を参照）。

これに対し、**転貸**とは、賃貸借の存続中に、賃借人が、第三者との間で新たに賃貸借契約を結ぶことをいいます。転貸の場合は、従来の賃借人は、従来の賃貸借関係を維持しつつ、他方で、自分は新たに第三者との関係において賃貸人の地位を取得することになるため、いわゆる中間地主のような立場に置かれます（→転貸については、Q15-4を参照）。

上記いずれの場合にも、賃貸人の承諾を得ることができないときは、これらの効果を賃貸人に対して主張することができません。

(4) 使用貸借の規定のうち、民法594条1項（借主の使用収益）、同597条1項（借用物の返還）および同598条（借主による収去。ただし、改正民法では599条2項となります。）の規定は、同616条によって賃貸借にも準用されています（→使用貸借については、Q14・Q14-2・Q14-

3を参照)。

(5) 賃借権の存続期間について、民法604条1項は、20年を超えることができないとします。また、仮に契約でこれよりも長い期間を定めても20年が上限となります。さらに、同条2項によって、期間を更新したときも、更新時から20年を超えることができないと定められています。

ただし、農地の賃貸借について、農地法は、存続期間および更新期間の上限を50年としています（法19条）。なお、農地法19条は、改正民法の施行の日に削除されることになりました。

【改正民法による変更点】

改正民法は、賃貸借の存続期間の上限を、従来の20年から50年に延長しました（改正民604条）。

†　**法19条**「農地又は採草放牧地の賃貸借についての民法第604条（賃貸借の存続期間）の規定の適用については、同条中「20年」とあるのは、「50年」とする。」

†　**民601条**「賃貸借は、当事者の一方がある物の使用及び収益を相手方にさせることを約し、相手方がこれに対してその賃料を支払うことを約することによって、その効力を生ずる。」

††　改正民601条「賃貸借は、当事者の一方がある物の使用及び収益を相手方にさせることを約し、相手方がこれに対してその賃料を支払うこと及び引渡しを受けた物を契約が終了したときに返還することを約することによって、その効力を生ずる。」

†　**民604条1項**「賃貸借の存続期間は、20年を超えることができない。契約でこれより長い期間を定めたときであっても、その期間は、20年とする。」

†　**同条2項**「賃貸借の存続期間は、更新することができる。ただし、その期間は、更新の時から20年を超えることができない。」

††　改正民604条1項「賃貸借の存続期間は、50年を超えることができない。契約でこれより長い期間を定めたときであって

も、その期間は、50年とする。」

†† <mark>同条2項</mark>「賃貸借の存続期間は、更新することができる。ただし、その期間は、更新の時から50年を超えることができない。」

† <mark>民612条1項</mark>「賃借人は、賃貸人の承諾を得なければ、その賃借権を譲り渡し、又は賃借物を転貸することができない。」

† <mark>同条2項</mark>「賃借人が前項の規定に違反して第三者に賃借物の使用又は収益をさせたときは、賃貸人は、契約の解除をすることができる。」

† <mark>民616条</mark>「第594条第1項、第597条第1項及び第598条の規定は、賃貸借について準用する。」

†† <mark>改正民616条</mark>「第594条第1項の規定は、賃貸借について準用する。」

†† <mark>改正民622条</mark>「第597条第1項、第599条第1項及び第2項並びに第600条の規定は、賃貸借について準用する。」

Q15-2 賃借権の無断譲渡（その１）

「① 賃貸人Aから、A所有農地について賃借権の設定を受けた賃借人Bは、たまたま酒席でAと口論し、それが原因となって、Aに無断で自分の賃借権を他人Cに譲渡する契約を結び、その後、3条許可のないままCに耕作をさせました。それを知ったAは、Cに対し、耕作を止めるよう要求しましたが、Cは、『Bさんから権利を譲り受けたものであり、自分には何ら問題はない。』と開き直っています。Aにはどのような対抗策があるでしょうか？

② また、この状態で、B・C間にはどのような権利義務が生じていますか？」

解説

小問１

(1) 設例では、賃貸人A、賃借人Bの間に農地の賃貸借契約が存在していますが、Bは、その権利をAに無断で第三者Cに譲渡しています（**賃借権の無断譲渡**）。

このような場合、(Aの承諾の有無にかかわらず）農地法上、B・C

双方は、賃借権の譲渡について、農地法3条の許可を受ける必要があります（許可があるまでは、賃借権譲渡の効力は発生しません。）。

そして、仮にB・Cから許可申請があったときは、農業委員会において申請内容を審査することになりますが、賃貸人Aの同意書が添付されていないときは、一般的には不許可になる可能性が高いといえます（Aが同意していないため、Cが賃貸借の目的物である農地の引渡しを事実上受けられたとしても、Cには正当な耕作権原がなく、農地を効率的に耕作することができるとは考え難いためです。法3条2項1号）。仮にB・Cが農業委員会に対し3条許可申請をしたが、現に不許可処分を受けた場合、BからCへの賃借権譲渡の効力が発生しないことはいうまでもありません。

(2) また、Aは、賃借人Bによる信義に反した行為が行われたことを理由に、都道府県知事に対し、農地法18条1項の定める許可を申請することができます。

設例の場合、仮にAが賃貸借契約の解除を求める許可申請を行った場合、申請を受けた都道府県知事は、許可申請の内容を審査することになりますが、その結果、農地法18条1項の許可を出す可能性が高いと考えられます。都道府県知事が許可を行うためには、農地法18条2項の定める事由が認められる必要がありますが、設例の場合は、同項1号の「賃借人が信義に反した行為をした場合」に該当すると考えられます（**信義則違反**）。

Aにおいて都道府県知事の許可を受けることができれば、その後、Bとの賃貸借契約を解除することもできます（民541条）。

小問2

(1) 設例の状況下において、賃借人Bと賃借権の譲受人Cとの間には、どのような権利義務関係が発生しているといえるでしょうか。

この点について、最高裁は、賃借地上の建物が売買によって譲渡されたという事例に関し、賃借地上（借地上）の建物が売買されたときは、売主は買主に対しその建物の賃借権も譲渡したものであって、それに伴い、賃借人（売主）は賃借権の譲渡について賃貸人の承諾を得る義務があると判示しています（最判昭47・3・9民集26巻2号213頁）。＊

その理由は、売主が買主に対して売買目的物を完全に移転することは、売買契約に基づく売主の当然の義務といえますが、民法612条によれば、賃借権の譲渡は、賃貸人の承諾を得なければ賃貸人に対抗することができないため、売買契約により賃借権を譲渡した者が、その譲渡について賃貸人の承諾を得ることは、売買契約から発生する当然の義務であると解されるためです（判解昭47年・124頁）。

(2) このことから、設例の場合も、賃借人Bは、譲受人Cに対し、賃貸人Aの承諾を得る義務を負担すると解されます。ここで、賃貸人Aの対応には、二つのものがあり得ます。

第1に、仮にAが、Bの求めに応じて賃借権の譲渡を、事後的に承諾した場合には、B・Cは、農業委員会に対して3条許可申請を行い、同許可を得ることが可能と考えられます。

第2に、BがAに対し承諾をすることを求めても、Aがこれを拒否した場合、B・C間では担保責任が問題となると考えられます（判例契約・342頁）。すなわち、民法561条（他人の権利の売買における売主の担保責任）が類推適用されて、Cは賃借権の譲渡契約を解除することできると解されます。ただし、B・C間の契約時に、CがBの無断譲渡の事実を知っていたときは、CはBに対し、損害賠償の請求をすることはできません。

【改正民法による変更点】
(1) 設例小問1の場合、B・C間で既に賃借権の無断譲渡行為が生じ

ていますから、AがBとの賃貸借契約を解除する場合、改正民法542条（催告によらない解除）の適用があると考えられます。
(2)　設例小問2の場合は、改正民法561条が類推適用される結果、改正民法562条から564条までの規定が準用されることになります（改正民565条）。そこで、CはBに対し、損害賠償請求（Bに帰責事由がある場合）および契約の解除を行うことができると解されます（改正民564条）。なお、Cは、契約の解除をせずに、Bに対し代金減額請求を行うことも可能と解されます（改正民563条。逐条解説・275頁）。

　†　**法3条2項1号**「所有権、地上権、永小作権、質権、使用貸借による権利、賃借権若しくはその他の使用及び収益を目的とする権利を取得しようとする者又はその世帯員等の耕作又は養畜の事業に必要な機械の所有の状況、農作業に従事する者の数等からみて、これらの者がその取得後において耕作又は養畜の事業に供すべき農地及び採草放牧地の全てを効率的に利用して耕作又は養畜の事業を行うと認められない場合」

　†　**法18条1項本文**「農地又は採草放牧地の賃貸借の当事者は、政令で定めるところにより都道府県知事の許可を受けなければ、賃貸借の解除をし、解約の申入れをし、合意による解約をし、又は賃貸借の更新をしない旨の通知をしてはならない。」

　†　**同条2項1号**「賃借人が信義に反した行為をした場合」

　†　**民541条**「当事者の一方がその債務を履行しない場合において、相手方が相当の期間を定めてその履行の催告をし、その期間内に履行がないときは、相手方は、契約の解除をすることができる。」

　††　**改正民541条**「当事者の一方がその債務を履行しない場合において、相手方が相当の期間を定めてその履行の催告をし、その期間内に履行がないときは、相手方は、契約の解除をすることができる。ただし、その期間を経過した時における債務の不履行がその契約及び取引上の社会通念に照らして軽微であるときは、

この限りでない。」

†† 改正民542条1項 「次に掲げる場合には、債権者は、前条の催告をすることなく、直ちに契約の解除をすることができる。
① 債務の全部の履行が不能であるとき。
② 債務者がその債務の全部の履行を拒絶する意思を明確に表示したとき。
③ 債務の一部の履行が不能である場合又は債務者がその債務の一部の履行を拒絶する意思を明確に表示した場合において、残存する部分のみでは契約をした目的を達することができないとき。
④ 契約の性質又は当事者の意思表示により、特定の日時又は一定の期間内に履行をしなければ契約をした目的を達することができない場合において、債務者が履行をしないでその時期を経過したとき。
⑤ 前各号に掲げる場合のほか、債務者がその債務の履行をせず、債権者が前条の催告をしても契約をした目的を達するのに足りる履行がされる見込みがないことが明らかであるとき。」

† 民561条 「前条の場合において、売主がその売却した権利を取得して買主に移転することができないときは、買主は、契約の解除をすることができる。この場合において、契約の時においてその権利が売主に属しないことを知っていたときは、損害賠償の請求をすることができない。」

†† 改正民561条 「他人の権利（権利の一部が他人に属する場合におけるその権利の一部を含む。）を売買の目的としたときは、売主は、その権利を取得して買主に移転する義務を負う。」

†† 改正民564条 「前2条の規定は、第415条の規定による損害賠償の請求並びに第541条及び第542条の規定による解除権の行使を妨げない。」

†† 改正民565条 「前3条の規定は、売主が買主に移転した権利が契約の内容に適合しないものである場合（権利の一部が他人に属する場合においてその権利の一部を移転しないときを含む。）

について準用する。」

† **民601条**「賃貸借は、当事者の一方がある物の使用及び収益を相手方にさせることを約し、相手方がこれに対してその賃料を支払うことを約することによって、その効力を生ずる。」

†† **改正民601条**「賃貸借は、当事者の一方がある物の使用及び収益を相手方にさせることを約し、相手方がこれに対してその賃料を支払うこと及び引渡しを受けた物を契約が終了したときに返還することを約することによって、その効力を生ずる。」

† **民612条1項**「賃借人は、賃貸人の承諾を得なければ、その賃借権を譲り渡し、又は賃借物を転貸することができない。」

† **同条2項**「賃借人が前項の規定に違反して第三者に賃借物の使用又は収益をさせたときは、賃貸人は、契約の解除をすることができる。」

***判例**（最判昭47・3・9民集26巻2号213頁）「賃借地上にある建物の売買契約が締結された場合においては、特別の事情のないかぎり、その売主は買主に対し建物の所有権とともにその敷地の賃借権をも譲渡したものと解すべきであり、そして、それに伴い、右のような特約または慣行がなくても、特別の事情のないかぎり、建物の売主は買主に対しその敷地の賃借権譲渡につき賃貸人の承諾を得る義務を負うものと解すべきである。けだし、建物の所有権は、その敷地の利用権を伴わなければ、その効力を全うすることができないものであるから、賃借地上にある建物の所有権が譲渡された場合には、特別の事情のないかぎり、それと同時にその敷地の賃借権も譲渡されたものと推定するのが相当であるし、また、賃借権の譲渡は賃貸人の承諾を得なければ賃貸人に対抗することができないのが原則であるから、建物の所有権とともにその敷地の賃借権を譲渡する契約を締結した者が右賃借権譲渡につき賃貸人の承諾を得ることは、その者の右譲渡契約にもとづく当然の義務であると解するのが合理的であるからである。」

Q15-3 賃借権の無断譲渡（その2）

「賃貸人Aから、長年にわたってA所有農地を借りているBは、自分が高齢者となって耕作が十分できなくなったため、新規就農を強く希望している親戚の甥Cに自分の農業後継者になって欲しいと考えました。そこで、Bは賃借権を甥Cに譲渡しようと考え、B・C双方は、農業委員会に3条許可申請を行って許可を受け、その後Cが耕作を開始しました。ところが、Aは、自分に相談なく無断で賃借権の譲渡が行われ、また、3条許可も出されたことを知り、その対抗策として、D県知事に対し、農地法18条による契約解除の許可申請を行いました。しかし、D県知事は、当該事実関係の下では、未だBについて信義に反する行為があったとまでは認められないという理由で、不許可処分を下しました。今後、Aとしてはどうすればよいでしょうか？」

解説

(1) 一般論として、農地の賃貸借については、仮に賃借人に債務不履行に当たる行為が発生したとしても、賃貸人は、一般の土地のように契約を直ちに解除することはできません（民415条。→債務不履行による契約解除については、Q24を参照）。それは、前問で述べたとおり、農地法18条による規制が存在するためです。

(2) 設例では、賃貸人Aは、農地法18条の規定に従って、契約解除についてD県知事の許可を受けようと考えて許可申請を行いましたが、不許可となりました（D県知事が18条許可を行おうとする場合、少なくとも農地法18条2項各号に掲げられた事由のいずれかに該当する必要があ

ります。→信義則違反については、Q15-2を参照)。

　D県知事の許可がないまま、仮にAがBとの賃貸借契約を解除しても、解除は無効であり、何らの効力もありません(法18条5項)。つまり、同許可が得られない限り、賃貸人Aは、賃借人Bに対して債務不履行を理由とする契約解除を行うことができない、ということになります。

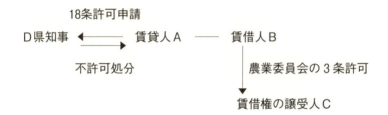

　ここで問題となる点は、賃貸人Aの同意がないまま、BがCに対し賃借権を譲渡したことについて、農業委員会が3条許可処分を行ったことをどう評価するかということです。民法612条の規定に従う限り、本来は賃貸人Aの同意が必要でした(→賃貸人の承諾については、Q15を参照)。

(3)　この問題については、二つの考え方があり得ます。

　第1の考え方として、賃貸人Aの同意の有無を確認することなく行われた農業委員会の3条許可処分は、**瑕疵ある処分**というべきであり、本来であれば、農業委員会において、あらためて瑕疵ある許可処分の取消しを行うべきである、という立場です。

　確かに、そのように考えることは可能ですが、農業委員会が、自ら行った3条許可処分を実際に取り消さない限り(**職権取消し**)、当該処分は、依然として有効に存続することになります(**行政処分の公定力**)。

Q15-3 賃借権の無断譲渡（その2）

　これに対し、第2の考え方とは、確かに、賃貸人Aの同意の有無を確認することなく、農業委員会が3条許可処分を行ったことは相当とはいえないが、一般論として考えた場合、行政機関である農業委員会が、私人間の権利義務関係に深く立ち入って許否の判断をすることは好ましいことではなく、Cについて、農地法上の耕作適格性があるか否かの点を審査することのみで足りるという立場です。

　最高裁の判例の中にも、知事の許可は、農地法の立法目的に照らして、権利移動が農地法上の適格性を有するか否かの点のみを判断して行うべきであるとの立場を示したものがあります（最判昭42・11・10判時507号27頁）。＊

(4)　本書は、農業委員会の行った3条許可処分は依然として有効であり、農地賃借権は、BからCに有効に移転したと考えます。

　また、上記のとおり、賃貸人Aは、もはやB・C間の賃借権譲渡行為について、債務不履行を理由とした契約解除はできない状態となっています。

　この場合、Aが、上記D県知事の不許可処分の適法性を争って、同知事に対し、18条不許可処分の取消しおよび18条許可処分を行うことを義務付ける抗告訴訟を提起することは可能と考えられます（行訴3条2項・6項2号）。

　しかし、設例の内容に照らして考えた場合、当該取消しの訴えおよび義務付けの訴えが、裁判所によって認容される可能性は、むしろ低いといわざるを得ません（仮に請求棄却となった場合、もちろん、Aは、Bとの賃貸借契約を適法に解除することはできません）。

(5)　仮に現実にAが上記の訴訟を提起し、裁判所の判決によってAの訴えが退けられた場合は、賃借権の譲受人であるCのみが新賃借人となり、譲渡人たる前賃借人Bは契約関係から離脱し、特段の事情のない限り、契約上の債務を負わなくなると解されます（最判昭45・12・

135

第1章　許可の対象となる権利／第3節　債権

11民集24巻13号2015頁）。＊＊

　そのように考える根拠として、裁判所によって賃貸借契約の解除が許されないと判断されたことは、賃借権の譲渡について背信性が認められないとの判断が示されたことと同じというべきであり、その場合、賃借人の地位は、賃貸人の承諾がある場合と同様に扱ってよいと考える立場や、そもそも賃貸人の承諾も、それ自体が賃借権譲渡の効力要件となるわけではなく、賃借権譲渡行為の背信性を消滅させる一事情としての意味を持つにすぎないのであるから、裁判所によって、現に背信性がないと判断されたときは、賃貸人の承諾を得たのと同様の効果を生ずるというべきであると主張する立場などがあります（判解昭45年下・831頁）。

　なお、信義則違反のないことを立証する責任は、賃借人の側（BおよびC）にあると解するのが、判例・通説の立場です（最判昭44・2・18民集23巻2号379頁）。＊＊＊

(6)　設例の結論としては、今後、賃貸人Aは、賃借権の譲受人C１人を農地の正当な賃借人として扱えば足りると考えます。

　　　†　**法18条5項**「第１項の許可を受けないでした行為は、その効力を生じない。」

　　　†　**民415条**「債務者がその債務の本旨に従った履行をしないときは、債権者は、これによって生じた損害の賠償を請求することができる。債務者の責めに帰すべき事由によって履行をすることができなくなったときも、同様とする。」

　　　†　**行訴3条2項**「この法律において『処分の取消しの訴え』とは、行政庁の処分その他公権力の行使に当たる行為（次項に規定する裁決、決定その他の行為を除く。以下単に『処分』という。）の取消しを求める訴訟をいう。」

　　　†　**同条6項2号**「行政庁に対し一定の処分又は裁決を求める旨の法令に基づく申請又は審査請求がされた場合において、当該行

政庁がその処分又は裁決をすべきであるにかかわらずこれがされないとき。」

＊**判例**（最判昭42・11・10判時507号27頁）「農地法3条または5条にもとづく知事の許可は、農地法の立法目的に照らして、当該農地の所有権の移転等につき、その権利の取得者が農地法上の適格性を有するか否かの点のみを判断して決定すべきであり、それ以上に、その所有権の移転等の私法上の効力やそれによる犯罪の成否等の点についてまで判断してなすべきではない、と解するのが相当である。」

＊＊**判例**（最判昭45・12・11民集24巻13号2015頁）「土地賃借権の譲渡が、賃貸人の承諾を得ないでなされたにかかわらず、賃貸人に対する背信行為と認めるに足りない特段の事情があるため、賃貸人が右無断譲渡を理由として賃貸借契約を解除することができない場合においては、譲受人は、承諾を得た場合と同様に、譲受賃借権をもって賃貸人に対抗することができるものと解されるところ［中略］、このような場合には、賃貸人と譲渡人との間に存した賃貸借契約関係は、賃貸人と譲受人との間の契約関係に移行して、譲受人のみが賃借人となり、譲渡人たる前賃借人は、右契約関係から離脱し、特段の意思表示がないかぎり、もはや賃貸人に対して契約上の債務を負うこともないものと解するのが相当である。」

＊＊＊**判例**（最判昭44・2・18民集23巻2号379頁）「物の賃貸人の承諾をえないで賃借権の譲渡または賃借物の転貸借が行われた場合には、右賃貸人は、民法612条2項によって当該賃貸借契約を解除しなくても、原則として、右譲受人または転借人に対し、直接当該賃貸物について返還請求または明渡請求をすることができるものと解すべきである［中略］。もっとも、右の場合においても、それが賃貸人に対する背信行為と認めるに足りない特段の事情があるときには、賃貸人は、民法612条2項によって当該賃貸借契約を解除することができず、右のような特段の事情がある

ときにかぎって、右譲受人または転借人は、賃貸人の承諾をえなくても、右譲受または転借をもって、賃貸人に対抗することができるものと解すべきである［中略］。そして、右のような特段の事情は、右譲受人または転借人において主張・立証責任を負うものと解すべきである。」

Q15-4 賃借農地の転貸

「① かつて賃貸人Aと賃借人Bの間でA所有農地に関する賃貸借契約が締結され、農業委員会の3条許可も受けました。これまでBは、自分と自分の長男Cの2人で農業を経営してきましたが、上記賃借農地については長男Cに転貸をしようと思い立ち、Aの同意を得た上で農業委員会に許可申請をしたところ、例外的に許可を受けることができました。この場合、A・B・Cの三者間の法律関係はどうなりますか？

② その後、賃借人Bが賃料の支払を怠ったため、賃貸人Aは、農地法18条の許可を受けた上で、賃貸借契約を解除しました。では、賃借人Bと転借人Cの間の転貸借契約は、いつ終了しますか？」

解説

小問1

(1) 設例の転貸借とは、賃借人であるBが、賃貸借の目的物である農地を転借人Cに賃貸する契約をいいます。賃借人（転貸人）Bと転借人Cとの間で結ばれた転貸借契約は、契約当事者であるBとCが農地法3条許可を受けることによって有効となります（法3条2項6号かっこ書）。

また、設例の場合は、賃貸人Aもこれ（転貸借）に同意していますから、転借人であるCは、賃貸人であるAに対する関係でも転借権を主張することができます（判解平9年・224頁）。

(2) 上記の場合、賃貸人Aは賃借人Bに対し、賃料を請求することができます。また、賃借人Bは転借人Cに対し、同様に賃料を請求することができます。

(3) 適法な転貸借が存在する場合、転借人Cは、賃貸人Aに対する関係で適法な耕作権を主張することができますから、農地を耕作することによって収穫した農産物等については正当なものと認められ、不当利得責任を負いません。

　他方、民法613条1項によって、賃貸人であるAは、転借人であるCに対し、直接に賃料を請求することも可能です。

【改正民法による変更点】

　改正民法613条1項は、適法な転貸借関係が成立している場合、転借人は、賃貸人に対し転貸借に基づく債務を直接履行する義務を負うとした上で、その義務の範囲を、「賃貸人と賃借人との間の賃貸借に基づく賃借人の債務の範囲」に限定することを明確化しました。

　例えば、A・B間の年額賃料が10万円で、B・C間の年額賃料が13万円の場合、CのAに対する賃料支払義務の範囲は10万円となります（逐条解説・320頁）。

小問2

(1) 賃貸人Aは、賃借人Bが賃料の支払いを怠ったことから、農地法

18条の許可を得た上で、賃貸借契約を解除しました。この場合、B・C間の転貸借契約が、いつ終了するかという問題が発生します。

(2) 最高裁は、賃貸人Aが、転借人Cに対して農地の返還を請求した時点で、転貸借は終了すると判示しました（最判平9・2・25民集51巻2号398頁）。＊

したがって、その後、CのBに対する転借料債務は発生しないことになります。なぜかといいますと、そもそも転借権は、有効な賃借権を基礎として成立すると解されるところ、基礎となる賃借権が解除によって消滅することによって、転借権も賃貸人に対抗することができなくなると解されるためです（この場合、転借人による農地の占有は、賃貸人からみた場合は不法占有となると解されます。)。

そして、賃貸人が転借人に対し、目的農地の返還を請求した場合、その時点以降、もはやBのCに対する農地を使用収益させる債務の履行は不能に陥ったというべきであり、その時点をもって（Cによる転貸借契約解除を待つまでもなく）契約関係は当然終了するに至ったと理解することができます（→賃貸人の債務については、Q15を参照）。

　　† **民613条1項**「賃借人が適法に賃借物を転貸したときは、転借人は、賃貸人に対して直接に義務を負う。この場合においては、賃料の前払をもって賃貸人に対抗することができない。」

　　†† **改正民613条1項**「賃借人が適法に賃借物を転貸したときは、転借人は、賃貸人と賃借人との間の賃貸借に基づく賃借人の債務の範囲を限度として、賃貸人に対して転貸借に基づく債務を直接履行する義務を負う。この場合においては、賃料の前払をもって賃貸人に対抗することができない。」

　　＊**判例**（最判平9・2・25民集51巻2号398頁）「賃貸人の承諾のある転貸借においては、転借人が目的物の使用収益につき賃貸人に対抗し得る権原（転借権）を有することが重要であり、転貸人が、自らの債務不履行により賃貸借契約を解除され、転借人が転

借権を賃貸人に対抗し得ない事態を招くことは、転借人に対して目的物を使用収益させる債務の履行を怠るものにほかならない。そして、賃貸借契約が転貸人の債務不履行を理由とする解除により終了した場合において、賃貸人が転借人に対して直接目的物の返還を請求したときは、転借人は賃貸人に対し、目的物の返還義務を負うとともに、遅くとも右返還請求を受けた時点から返還義務を履行するまでの間の目的物の使用収益について、不法行為による損害賠償義務又は不当利得返還義務を免れないこととなる。他方、賃貸人が転借人に直接目的物の返還を請求するに至った以上、転貸人が賃貸人との間で再び賃貸借契約を締結するなどして、転借人が賃貸人に転借権を対抗し得る状態を回復することは、もはや期待し得ないものというほかはなく、転貸人の転借人に対する債務は、社会通念及び取引観念に照らして履行不能というべきである。したがって、賃貸借契約が転貸人の債務不履行を理由とする解除により終了した場合、賃貸人の承諾のある転貸借は、原則として、賃貸人が転借人に対して目的物の返還を請求した時に、転貸人の転借人に対する債務の履行不能により終了すると解するのが相当である。」

Q15-5 賃貸農地の所有権譲渡

「① 賃貸人Aは、賃借人Bに対してA所有農地を賃貸し、農業委員会の3条許可も受けていました。ところが、Aは生活費を調達する必要に迫られ、農地の所有権を他人に譲渡して現金を得たいと考え、隣人Cとの間で賃貸農地の売買契約を結び、このたび3条許可を受けることもできました。新たに農地の所有者となったCは、所有権移転登記を済ませないうちに、Bに対し賃料を請求することができるでしょうか？

② Cは、農地法3条許可を受けた後に、Bに対し自分に賃料を支払うよう請求しましたが、その後、Bは3年間にわたって支払を拒否しているため、Bとの賃貸借契約を解除しようと考え、D県知事に対し農地法18条の許可申請をしました。D県知事の判断は、どのようなものになると予想できますか？」

解説

小問1

(1) 結論を先にいえば、Cは、所有権移転登記を具備しないうちは、Bに対し賃料を請求することはできないと解されます。

設例では、従来、農地の賃貸人A・賃借人Bという賃貸借関係が継続してきました。しかし、Aは、賃貸目的農地の所有権を隣人Cに対して譲り渡しました。

ここで、賃貸人の地位がどうなるのかという点が問題となります。最高裁の判例によれば、賃貸人の地位は、賃貸借の目的物の所有権を

第1章　許可の対象となる権利／第3節　債権

取得した新所有者に承継されるという判断が確立しています（最判昭33・9・18民集12巻13号2040頁）。

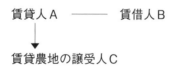

　この場合、賃借人Bが、A・C間の所有権譲渡について承諾をしていようといまいと、その結論に変わりはありません（最判昭46・4・23民集25巻3号388頁）。＊

　このように、賃貸人の地位を新賃貸人Cが承継することによって、旧賃貸人Aは、賃貸借契約関係から離脱することになります。

(2)　ところで、設例においては、A・C間の農地所有権の譲渡について、農業委員会の3条許可が下りています。

　ここで、一般論としていえば、他人に賃貸中の農地を、第三者が譲り受けることについて、農地法は正面からこれを禁止してはいませんが、現実には容易ではありません。なぜなら、農地を新たに取得しようとする者Cについて、農地法の定める許可要件を全て満たす必要があるためです（例えば、Cによる資産保有を目的とした農地所有権の譲受けは、許可されません。）。

　許可要件の一つに効率的利用要件があります（法3条2項1号）。これは、農地の権利取得を許可した後に、農地の効率的な利用が可能といえるか否かの点を審査するというものです。

　ところが、現に賃借人Bが耕作している農地の場合は、仮にCがこれを取得することが認められた場合、その後において、Cが、果たして農地を効率的に利用して耕作等の事業を行うことができるか否か疑問が生まれます。

国の通知は、このような場合において、例外的に3条許可を行い得る場合の要件を詳細に定めています。例えば、Cが、自ら耕作を行うことが可能となる時期について、3条許可申請時から1年以上先である場合は、仮にCから許可申請があっても、これを許可することは適当ではないとしています（処理基準第3・3(4)）。本設例は、許可が出された例外的な事例であることに留意する必要があります。☆

(3) 次に、農地の新所有者となったCが、賃借人Bに対して賃料を請求しようとした場合、対抗要件である登記を具備する必要があるか否かという問題が発生します（民177条）。なお、ここで「対抗要件を具備する」とは、AからCへの農地所有権の移転登記を済ましておくという意味です。

この問題についても最高裁の判例があって、判例の立場によれば、農地の所有権を取得したCは、所有権移転登記を経由しない限り、賃借人Bに対し賃料を請求することができないとされています（最判昭49・3・19民集28巻2号325頁）。＊＊

すなわち、最高裁の判例は、賃貸不動産が譲渡された場合に、当該不動産の新所有者と、対抗力を具備した賃借人の関係は、民法177条の対抗要件の問題として捉えられ、賃借人は、不動産の新所有者の登記の欠缺を主張することができ、この主張がされたとき、新所有者が賃貸人の地位を承継したことを賃借人に主張するためには、登記を具備する必要があるというものです。具体的には、賃料請求や契約解除などを行うに当たっては、不動産の新所有者は、登記を具えておく必要があるということになります（判解昭49年・72頁）。

【改正民法による変更点】
(1) 改正民法605条は、不動産の賃貸借は、これを登記したときは、その不動産について物権を取得した者その他の第三者に対抗することができるという原則を示しました。

また、改正民法605条の2は、賃借権が対抗要件を備えている場合に、不動産が第三者に譲渡されたときは、賃貸人たる地位はその譲受人に移転するとしました。
(2)　ただし、改正民法605条の2第3項は、賃貸人たる地位の移転は、賃貸物である不動産について所有権の移転登記をしないと、賃借人に対抗することができないと定めました。これは、最高裁の判例法理を明文化したものということができます（要点解説・134頁）。

小問2

(1)　上記のとおり、新賃貸人であるCが、Bに対し賃料を請求するためには、所有権移転登記を具える必要があります。
　設例のように、Cにおいて対抗要件である移転登記を具備しないまま、Bに対し賃料の支払を求めたが、長年にわたってBがこれに応じようとしないからといって、賃料不払による賃貸借契約の解除は認められないと解されます。
(2)　以上のことから、D県知事は、Bから農地法18条許可申請が出されたとしても、最高裁の判例を踏まえ、Bについて、未だ信義に反した行為をしたとは認められないとの理由で、不許可処分を行うことになると予想されます。

　　†　**民177条**「不動産に関する物権の得喪及び変更は、不動産登記法その他の登記に関する法律の定めるところに従いその登記をしなければ、第三者に対抗することができない。」
　　††　**改正民605条**「不動産の賃貸借は、これを登記したときは、その不動産について物権を取得した者その他の第三者に対抗することができる。」
　　††　**改正民605条の2第1項**「前条、借地借家法（平成3年法律第90号）第10条又は第31条その他の法令の規定による賃貸借の対抗要件を備えた場合において、その不動産が譲渡されたとき

は、その不動産の賃貸人たる地位は、その譲受人に移転する。」
†† 同条第2項「前項の規定にかかわらず、不動産の譲渡人及び譲受人が、賃貸人たる地位を譲渡人に留保する旨及びその不動産を譲受人が譲渡人に賃貸する旨の合意をしたときは、賃貸人たる地位は、譲受人に移転しない。この場合において、譲渡人と譲受人又はその承継人との間の賃貸借が終了したときは、譲渡人に留保されていた賃貸人たる地位は、譲受人又はその承継人に移転する。」
†† 同条第3項「第1項又は前項後段の規定による賃貸人たる地位の移転は、賃貸物である不動産について所有権の移転の登記をしなければ、賃借人に対抗することができない。」
＊**判例**（最判昭46・4・23民集25巻3号388頁）「土地の賃貸借契約における賃貸人の地位の譲渡は、賃貸人の義務の移転を伴なうものではあるけれども、賃貸人の義務は賃貸人が何ぴとであるかによって履行方法が特に異なるわけのものではなく、また、土地所有権の移転があったときに新所有者にその義務の承継を認めることがむしろ賃借人にとって有利であるというのを妨げないから、一般の債務の引受の場合と異なり、特段の事情のある場合を除き、新所有者が旧所有者の賃貸人としての権利義務を承継するには、賃借人の承諾を必要とせず、旧所有者と新所有者間の契約をもってこれをなすことができると解するのが相当である。」
＊＊**判例**（最判昭49・3・19民集28巻2号325頁）「本件宅地の賃借人としてその賃借地上に登記ある建物を所有するYは本件宅地の所有権の得喪につき利害関係を有する第三者であるから、民法177条の規定上、XとしてはYに対し本件宅地の所有権の移転につきその登記を経由しなければこれをYに対抗することができず、したがってまた、賃貸人たる地位を主張することができないものと解するのが、相当である［中略］。ところで、原判文によると、YがXの本件宅地の所有権の取得を争っていること、また、Xが本件宅地につき所有権移転登記を経由していないことを

自陳していることは、明らかである。それゆえ、Xは本件宅地につき所有権移転登記を経由したうえではじめて、Yに対し本件宅地の所有権者であることを対抗でき、また、本件宅地の賃貸人たる地位を主張し得ることとなるわけである。したがって、それ以前には、Xは右賃貸人としてYに対し賃料不払を理由として賃貸借契約を解除し、Yの有する賃借権を消滅させる権利を有しないことになる。」

☆　**処理基準**　同基準第3・3(4)の中で、次のとおり定められている。「なお、その際、その農地等の所有権を取得しようとする者又はその世帯員等が自らの耕作又は養畜の事業に供することが可能となる時期が、許可の申請の時から1年以上先である場合には、所有権の取得を認めないことが適当である。」

Q15-6　土地所有権と賃借権の混同

「AとBは親子です。子Bは、親Aとの間で同人の所有する農地を賃借する契約を結び、農業委員会の3条許可も受けました。その後、子Bは賃借している農地で農業を営んでいましたが、親AはC銀行から1000万円を借り入れ、C銀行のために抵当権の設定登記をしました。その後、親Aは事故で急死し、子Bが相続しました。すると、C銀行は、『Bは、Aの債務を相続で承継した。ところが、期限が来ても借金は全く返済されていない。当行としては、担保となっている農地を競売手続にかけたいと考えているから、1週間以内に農地を明け渡して貰いたい。』と通告してきました。C銀行の要求は正当なものといえるでしょうか？」

解説

(1)　設例における重要ポイントは、農地の賃借権と農地の所有権が同一人に帰した場合に、果たして従前の農地賃借権はどうなるか、という点です（→土地所有権については、Q6を参照）。

この点について、民法は**混同**について定めています（民179条）。混同とは、同一物の上にある所有権と他の物権のように相対立する二つの法律上の地位が同一人に帰属した場合、他の物権が消滅するという制度です。なぜそのような規定が置かれているかといえば、二つの法律上の地位をそのまま併存させておくことが、法的に無意味となるためです。

民法179条は、「所有権及び他の物権」と規定していることから、物権ではない賃借権の場合に、果たして同条の適用が認められるかが問

題となりますが、通説は、当該条文を準用することを肯定しています（判解昭46年・366頁）。

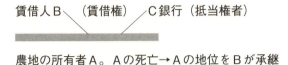

(2) 設例において、農地の所有者であるAの地位と、当該農地を目的とする賃借人Bの地位が、Aの死亡を原因として、同一人であるBに帰属しています。したがって、原則論に従って考えた場合、Bの賃借権は消滅することになるはずです。

しかし、仮にBの賃借権が消滅すると考えた場合、Cの抵当権は、本来、その設定当時に、賃借権による制限を受けていたにもかかわらず、Aの死亡およびBの相続という偶然の事実の発生を契機として、賃借権による制限が撤廃されることになり、その結果、Cは不当に利益を受けることになります。

そのため、民法179条ただし書は、「その物又は当該他の物権が第三者の権利の目的であるときは、この限りでない。」と定め、混同の例外として、賃借権は消滅しないものと規定します。

(3) 最高裁の判例も、特定の土地について、所有権と賃借権が同一人に帰属するに至った場合であっても、その賃借権が対抗要件を具備し、かつ、抵当権の設定がこれよりも後のときは、賃借権は消滅しないとの判断を示しています（最判昭46・10・14民集25巻7号933頁）。＊

設例の場合、Bの賃借権は、Aが、Cとの間で抵当権を設定する以前に設定されており、しかも、Bは農地の引渡しを受けていることから、対抗要件を備えていると解することができます（法16条1項）。

Q15-6 土地所有権と賃借権の混同

したがって、「農地を1週間以内に明け渡して貰いたい」というC銀行の主張は、不当なものであって、認められないということになります。

今後、仮に農地の競売が開始され、競売の結果、Dが買受人に決まったとしても、Bは、農地において従前どおり耕作を継続することができると解されます（→農地の競売については、Q13-2を参照）。

† **法16条1項**「農地又は採草放牧地の賃貸借は、その登記がなくても、農地又は採草放牧地の引渡があったときは、これをもってその後その農地又は採草放牧地について物権を取得した第三者に対抗することができる。」

† **民179条1項**「同一物について所有権及び他の物権が同一人に帰属したときは、当該他の物権は、消滅する。ただし、その物又は当該他の物権が第三者の権利の目的であるときは、この限りでない。」

＊**判例**（最判昭46・10・14民集25巻7号933頁）「特定の土地につき所有権と賃借権とが同一人に帰属するに至った場合であっても、その賃借権が対抗要件を具備したものであり、かつ、その対抗要件を具備した後に右土地に抵当権が設定されていたときは、民法179条1項但書の準用により、賃借権は消滅しないものと解すべきである。そして、これは、右賃借権の対抗要件が建物保護に関する法律1条によるものであるときであっても同様である。したがって、以上と同旨の原審の判断は正当であり、原判決に所論の違法はない。」

第1章　許可の対象となる権利／第3節　債権

> ## Q15-7　賃貸人の負担する許可申請手続協力義務（その1）
>
> 「賃貸人Aと賃借人Bは、期間10年の農地賃貸借契約を結びました。ところが、BがAに対し、農業委員会の3条許可を得るための許可申請手続に協力するよう求めても、Aは頑として応じようとしません。果たして、Bは、民事訴訟手続を通じて許可申請手続への協力を求めることができるでしょうか？」

解説

(1)　賃貸借契約においては、一般的に、賃貸人は賃借人に対し、目的物を使用収益させる義務を負います（民601条）。設例の場合、農地の賃借人Bは、Aとの間で賃貸借契約を締結しました。仮にAから農地の引渡しを受けたとしても、それだけでは正当な耕作権原を取得したことにはなりません。農地の賃貸借の場合、有効な賃借権を取得するためには、さらに農地法の定める許可を受ける必要があるためです。

このように、AはBに対し、Bが農地を使用収益することができる有効な賃借権を設定する義務があり、その目的を達するためには、Bの求める農地法3条に基づく賃借権設定許可申請手続に協力する義務がある、と解されます（**許可申請手続協力義務**）。

賃貸人A　◀────　賃借人B
許可申請手続協力請求権

これを賃借人Bの側からみた場合、BはAに対し、農地法3条の**許可申請手続協力請求権**を有するということになります。この権利の性

Q15-7　賃貸人の負担する許可申請手続協力義務（その1）

質について、最高裁判例は、農地の売買に関する事例において、「債権的請求権であり、民法167条1項の債権に当たる」という立場を示しています（最判昭50・4・11民集29巻4号417頁）。＊

ただし、改正民法166条は、**消滅時効の起算点**として、従来の「権利を行使することができる時から10年間」（客観的起算点）と並んで、「権利を行使することができることを知った時から5年間」（主観的起算点）を新たに定めました。

その結果、契約に基づく債権については、双方の起算点が一致することが通常であることから、原則として、主観的起算点から5年で消滅時効が完成すると考えられます（要点解説・16頁）。

(2)　もっとも、Bが正当な耕作権原である賃借権を得るための方法は、農業委員会による3条許可に限定されません。別の方法として、農業経営基盤強化促進法の定める**利用権設定等促進事業**を用いることも可能です（基盤4条4項1号）。

利用権設定等促進事業とは、市町村が、地域の農業者などの意向を取りまとめた上で**農用地利用集積計画**を定め（基盤18条1項）、それを公告することによって（基盤19条）、利用権が設定・移転され、または所有権が移転するという法的効果が発生する制度です（基盤20条。行政処分による効果）。

このように、AとBが、上記の事業を利用することによって、個別の契約を経ることなく、Bにおいて農地の賃借権を取得することも可能です。

しかし、設例の場合は、そもそもA・B間で、上記事業を利用する旨の合意は存在していませんし、また、果たして市町村が、A・B双方の意向に沿った内容の農用地利用集積計画を作成してくれるかどうかの点も不明です。同計画を作成するか否かの点は、市町村の裁量事項と考えられますので、A・Bの方から、市町村に対し、A・Bの希

第1章　許可の対象となる権利／第3節　債権

望を反映した同計画の作成を求める法的権利はありません。

　以上のことから、Bとしては、基本原則に戻り、Aの協力を得て農業委員会に対し、農地法3条の賃借権設定許可申請を行うべきであると考えられます。

(3)　ところが、設例で、Aは、Bから賃借権設定を目的とする許可申請手続への協力を求められているにもかかわらず、これを拒否しています。果たして、このようなAの態度は是認できるものといえるでしょうか。

　結論を出すに当たり、検討すべき点が、二つあります。

　第1に、農地の賃貸人は、賃借人に対し、農業委員会に対する3条許可申請手続に協力する義務があるか否か、という点です。仮にその点を肯定するのであれば、今回のAの態度は不適法なものとなります。本書の立場は、賃貸人Aは同義務を負うことを認めます。また、最高裁も、Aには賃借権設定許可申請手続に協力する義務があることを肯定しています（最判昭35・10・11民集14巻12号2465頁）。＊＊

　第2に、賃貸人Aが、上記のような義務（債務）を負うとしても、Aが任意の協力を拒んでいる以上、Bとしては、具体的にどのような法的手段を講ずればよいのか、という点が問題となります。換言すると、Aの意思に反してでも、農業委員会に対する許可申請手続に協力するよう求める方法があるのか、ということです。

$$\text{履行強制}\begin{cases} \text{直接強制} \\ \text{代替執行} \\ \text{間接強制} \end{cases}$$

　この点について、民法414条は、**履行強制**に関する規定を置いています。履行強制には、①**直接強制**（債務者が任意に履行しないときに債

Q15-7　賃貸人の負担する許可申請手続協力義務（その1）

務者の意思にかかわらず国家機関が債務の内容を実現することをいいます。）、②**代替執行**（債務者に代わって債権者または第三者が債務の内容を実現し、費用は債務者から取り立てるものをいいます。）および③**間接強制**（債務不履行に対し、罰金等を課することによって心理的圧迫を加えて債務を履行させるものをいいます。）の三つがあります。

　設例の場合は、代替執行が適用されます（民414条2項ただし書。**意思表示を目的とする債務**）。意思表示を目的とする債務の場合は、債務者が、実際にそのような行為を実行することは不要であり、裁判所の判決を通じて、Aがこのような行為をしたのと同一の法律効果を生じさせれば足りることになります（我妻・739頁）。

　なお、ここでいう「意思表示」とは、広く解すべきであり、本来の**意思表示**（一定の法律効果を欲する意思を表示する行為をいいます。一例として、契約における申込みと承諾がこれに当たります。）のほかに、**準法律行為**（時効の中断事由としての催告や承諾がこれに当たります。）を含むと解する立場が通説といえます（近江・110頁）。

(4)　以上のことから、Bは、Aを被告として、農地法3条の許可申請手続をすることを求めて民事訴訟を提起することができます。訴状に記載する請求原因として、「被告は、原告に対し、別紙物件目録記載の土地につき、○○市農業委員会に対し農地法3条による賃借権設定許可申請手続をせよ。」というように記載します。

　仮に原告であるBが勝訴し、その判決が確定したときは、民事執行法174条1項本文によって、裁判が確定した時に債務者であるAがその意思表示をしたとみなされます。つまり、Aは、農業委員会に対し3条許可申請したものとみなされます。

　その結果、Bは、判決正本を添付した上、単独で農業委員会に対し3条許可申請書を提出することが可能となります（**単独申請**。令1条・規10条1項ただし書）。

第1章　許可の対象となる権利／第3節　債権

【改正民法による変更点】

　改正民法414条1項は、履行の強制を定めた規定であることを明確にし、強制執行の具体的な手続については、手続法である民事執行法などの規定に従うものとしました。これによって、民法と民事執行法の役割分担の明確化が図られたといえます。

　†　令1条「農地法（以下「法」という。）第3条第1項の許可を受けようとする者は、農林水産省令で定めるところにより、農林水産省令で定める事項を記載した申請書を農業委員会に提出しなければならない。」

　†　規10条1項「農地法施行令（以下「令」という。）第1条の規定により申請書を提出する場合には、当事者が連署するものとする。ただし、次に掲げる場合は、この限りでない。

①　その申請に係る権利の設定又は移転が強制競売、担保権の実行としての競売（その例による競売を含む。以下単に「競売」という。）若しくは公売又は遺贈その他の単独行為による場合

②　その申請に係る権利の設定又は移転に関し、判決が確定し、裁判上の和解若しくは請求の認諾があり、民事調停法（昭和26年法律第222号）により調停が成立し、又は家事事件手続法（平成23年法律第52号）により、審判が確定し、若しくは調停が成立した場合」

　†　民166条1項「消滅時効は、権利を行使することができる時から進行する。」

　††　改正民166条1項「債権は、次に掲げる場合には、時効によって消滅する。

①　債権者が権利を行使することができることを知った時から5年間行使しないとき。

②　権利を行使することができる時から10年間行使しないとき。」

　††　同条2項「債権又は所有権以外の財産権は、権利を行使することができる時から20年間行使しないときは、時効によって消滅する。」

Q15−7　賃貸人の負担する許可申請手続協力義務（その１）

† 　**民167条1項**「債権は、10年間行使しないときは、消滅する。」

† 　**同条2項**「債権又は所有権以外の財産権は、20年間行使しないときは、消滅する。」

† 　**民414条1項**「債務者が任意に債務の履行をしないときは、債権者は、その強制履行を裁判所に請求することができる。ただし、債務の性質がこれを許さないときは、この限りでない。」

† 　**同条2項**「債務の性質が強制履行を許さない場合において、その債務が作為を目的とするときは、債権者は、債務者の費用で第三者にこれをさせることを裁判所に請求することができる。ただし、法律行為を目的とする債務については、裁判をもって債務者の意思表示に代えることができる。」

†† 　**改正民414条1項**「債務者が任意に債務の履行をしないときは、債権者は、民事執行法その他強制執行の手続に関する法令の規定に従い、直接強制、代替執行、間接強制その他の方法による履行の強制を裁判所に請求することができる。ただし、債務の性質がこれを許さないときは、この限りでない。

†† 　**同条2項**「前項の規定は、損害賠償の請求を妨げない。」

†† 　**改正民601条**「賃貸借は、当事者の一方がある物の使用及び収益を相手方にさせることを約し、相手方がこれに対してその賃料を支払うこと及び引渡しを受けた物を契約が終了したときに返還することを約することによって、その効力を生ずる。」

† 　**民執174条1項本文**「意思表示をすべきことを債務者に命ずる判決その他の裁判が確定し、又は和解、認諾、調停若しくは労働審判に係る債務名義が成立したときは、債務者は、その確定又は成立の時に意思表示をしたものとみなす。」

† 　**基盤18条1項**「同意市町村は、農林水産省令で定めるところにより、農業委員会の決定を経て、農用地利用集積計画を定めなければならない。」

† 　**基盤19条**「同意市町村は、農用地利用集積計画を定めたとき

は、農林水産省令で定めるところにより、遅滞なく、その旨を公告しなければならない。」

† **基盤20条**「前条の規定による公告があったときは、その公告があった農用地利用集積計画の定めるところによって利用権が設定され、若しくは移転し、又は所有権が移転する。」

＊**判例**（最判昭50・4・11民集29巻4号417頁）「農地について売買契約が成立しても、都道府県知事の許可がなければ農地所有権移転の効力は生じないのであるが、売買契約の成立により、売主は、買主に対して所有権移転の効果を発生させるため買主に協力して右許可申請をすべき義務を負い、また、買主は売主に対して右協力を求める権利（以下、単に許可申請協力請求権という。）を有する。したがって右許可申請協力請求権は、許可により初めて移転する農地所有権に基づく物権的請求権ではなく、また所有権に基づく登記請求権に随伴する権利でもなく、売買契約に基づく債権的請求権であり、民法167条1項の債権に当たると解すべきであって、右請求権は売買契約成立の日から10年の経過により時効によって消滅するといわなければならない。」

＊＊**判例**（最判昭35・10・11民集14巻12号2465頁）「本件土地の賃料は農地法21条により所轄壬生町農業委員会の定める最高小作料額とすべきものであるとした原審の判断は相当である。そしてかような農地賃借権を認めた貸主である上告人は右契約上当然に相手方に対しその使用権の効力を完全ならしめるため使用権設定の許可申請に協力する義務あるものといわなければならないから、右契約に基く本件農地使用権設定の許可申請手続を右委員会に対してなすべきことを上告人に命じた原判決は正当であって、これに所論のような違法はない。」

Q15-8 賃貸人の負担する許可申請手続協力義務（その2）

「① 賃貸人Aと賃借人Bは、期間5年の農地賃貸借契約を結びました。しかし、A・Bは、賃借権設定のための農業委員会の3条許可申請手続をとりませんでした。その後、契約時から5年6か月が経過した時点で、BはAに対し、3条許可申請手続に協力するよう求めてきました。果たして、Aはこれに応じる必要があるでしょうか？

② 仮に5年の期間が経過した後に、なお3年間にわたって、事実上の賃貸借契約の状態が継続していたところ、突然Bが同様の要求をしてきたときはどうでしょうか？」

解説

小問1

(1) 設例のA・Bが締結した賃貸借契約は、賃貸借の期間が5年と定められています。しかし、契約当事者であるAとBは、未だ農地法3条許可を受けていませんので、賃貸借契約は成立したと考えられても、賃貸借契約の効力は生じていないと解されます。

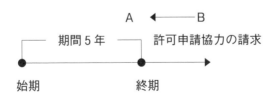

ここで、5年という賃貸借の期間をどのように計算するかという技術的な問題があります。

この点について、民法139条は、時間によって期間を定めたときは、その期間は、即時から起算すると定めます（民139条）。これに対し、設例のように、日、週、月または年によって期間を定めたときは、期間の初日は算入しないとされます（民140条本文）。これを**初日不算入の原則**といいます（我妻・285頁）。

例えば、AとBが、2017年の4月1日に会って、期間5年の賃貸借契約を締結したときは、民法上の期間の計算法としては、初日の4月1日は算入せず、翌4月2日から起算することになります。

そのため、末日に当たる5年後の2022年の4月1日の午後12時（午前0時）が経過することによって、5年の期間が満了することになります（民141条）。

(2) 設例の賃貸借契約は、期間が5年と定められています。この5年の期間が開始する日と、5年の期間が満了する日は、それぞれ契約の期間を限界付けるという役割を有しています。

一般に、契約の期間が開始する時を**始期**といい（民135条1項）、また、契約の期間が終了する時を**終期**といいます（民135条2項。我妻・281頁）。

設例のBは、A・B間の賃貸借契約の終期が経過した後に、Aに対し3条許可申請手続への協力を求めてきました。このBのAに対する協力請求権は、前問でも述べたとおり、本来、AがBに対して負担する農地を使用収益させる義務に由来すると考えられます（→許可申請協力請求権については、Q15－7を参照）。

(3) ところで、前問で述べたとおり、同請求権の法的性質について、最高裁は、民法167条の債権的な権利であり、契約の成立時から10年が経過することにより時効消滅するとの立場をとっています（最判昭

Q15-8 賃貸人の負担する許可申請手続協力義務（その2）

50・4・11民集29巻4号417頁）。

　そうすると、設例の場合は、賃貸借契約が成立してから、5年と6か月しか経過していないので、賃借権設定のための3条許可申請手続協力請求権は未だ消滅していない、と考える余地があるようにみえます。

(4)　しかし、最高裁は、賃貸借の期間が1年と定められていた事例において、賃貸借期間に確定期限が付されているときは、仮に期限経過後に許可があっても、その賃貸借が有効となるわけではないから、1年が経過して賃貸借契約が終了すると同時に、賃貸人の賃借人に対する3条許可申請手続協力請求権も消滅すると判示したものがあります（最判昭50・1・31民集29巻1号53頁）。＊

　そもそも3条許可処分は、当事者間の法律行為を補充してその効力を発生させることを目的としています（補充行為）。したがって、既に存在しなくなった賃貸借契約について、新たに許可をしたとしても、それによって賃貸借が効力を生ずることはありません。

　そのため、そのようなものについては、もはや許可申請手続協力請求権は消滅するに至ったと解したものと考えられます（農地の転売事例に関する最判昭38・11・12民集17巻11号1545頁。→当該判例については、Q5-2を参照）。

小問2

(1)　設例で、仮に5年の賃貸借期間が経過した後に、なお3年間にわたって事実上の賃貸借契約が継続していた場合に、それをどう考えるべきでしょうか。ここでは、いろいろな考え方があり得ます。

(2)　一つの考え方として、次のようなものがあります。農地法17条は、**法定更新**の規定を置き、期間の定めのある賃貸借については、当事者の一方が、他方に対し、期間が満了する日の1年前から6か月前

までの間に、相手方に対し更新拒絶の通知をしないと、自動的に賃貸借契約が継続すると定めています（ただし、法定更新後の賃貸借の期間については、**期間の定めのない賃貸借**となります。最判昭35・7・8民集14巻9号1731頁「農地の賃貸借について、期間の定がある場合において、農地法19条［現17条］の規定によって賃貸借が更新されたときは、爾后、その賃貸借は期間の定のない賃貸借として存続するものと解すべきである。」）。

設例で、双方の契約当事者であるＡ・Ｂは、本来の賃貸借期間が経過した後においても、なお事実上の賃貸借関係を継続させていることから、法定更新の規定が適用されて、Ａ・Ｂ間の賃貸借契約は、期間の定めのないものとして継続していると考えることができるでしょうか。

結論を先にいえば、できないということになります。なぜなら、農地法17条の法定更新の規定は、もともとその契約が有効であることを前提とした規定であると考えられるからです（設例の賃貸借契約は、未だ3条許可を受けていないため、賃貸借契約の効力が発生していません。）。したがって、このような無効の賃貸借契約関係に対し、法定更新の規定を適用することには無理があると考えられます（→法定更新については、Ｑ15−9を参照）。

(3) ただし、期限が到来した後において、Ａ・Ｂ間に3年間にわたって事実上の賃貸借関係が継続していた事実をもって、新たに黙示の賃貸借契約が締結されたと解する余地があります。

賃貸借契約は諾成契約ですから、当事者間の合意のみで契約が成立します（→諾成契約については、Ｑ15を参照）。文書で賃貸借契約を結ぶ必要はありません。

また、賃貸借の期間については、再度、最初から5年間の貸借期間を設定したとみるか、あるいは期間については特に定めのないものと

Q15-8　賃貸人の負担する許可申請手続協力義務（その2）

合意したと考えるのかは別として、このように賃貸借契約が新たに締結されたと解する立場があり得ます。

そのように考えることが可能であれば、BはAに対し、賃借権の設定を目的とした3条許可申請手続に協力するよう求めることができるという結論になります。

†　**法17条本文**「農地又は採草放牧地の賃貸借について期間の定めがある場合において、その当事者が、その期間の満了の1年前から6月前まで（賃貸人又はその世帯員等の死亡又は第2条第2項に掲げる事由によりその土地について耕作、採草又は家畜の放牧をすることができないため、一時賃貸をしたことが明らかな場合は、その期間の満了の6月前から1月前まで）の間に、相手方に対して更新をしない旨の通知をしないときは、従前の賃貸借と同一の条件で更に賃貸借をしたものとみなす。」

†　**民135条1項**「法律行為に始期を付したときは、その法律行為の履行は、期限が到来するまで、これを請求することができない。」

†　**同条2項**「法律行為に終期を付したときは、その法律行為の効力は、期限が到来した時に消滅する。」

†　**民139条**「時間によって期間を定めたときは、その期間は、即時から起算する。」

†　**民140条**「日、週、月又は年によって期間を定めたときは、期間の初日は、算入しない。ただし、その期間が午前零時から始まるときは、この限りでない。」

†　**民141条**「前条の場合には、期間は、その末日の終了をもって満了する。」

＊**判例**（最判昭50・1・31民集29巻1号53頁）「思うに、農地について賃貸借契約が締結された場合、締結行為自体は法律行為として完結しているが、その目的とした効果を生ずるには農地法所定の許可を必要とするのであって、その許可は右の契約を完成させるためのいわゆる補充行為としての性質を有するものというこ

とができる。もっとも、右のとおり、許可がないかぎり契約の目的とした効果を生じないといっても、許可前の契約自体がなんらの効力をも有しないというものではなく、許可については法律上双方申請主義がとられている関係上、賃貸人は、特別の事情がないかぎり、賃借人に対し当該契約につき許可申請手続に協力すべき契約上の義務を負担するものと解すべきである。しかし、賃貸借契約自体に確定期限が付されている場合において許可申請手続がとられないままその期限が到来したときは、その後に該契約につき許可があっても賃貸借関係を生ずるわけではないから、契約当事者としては許可申請をする目的を失うに至るのであって、賃貸人が賃借人に対して負担していた右協力義務は消滅するものと解するのが相当である。

　原審認定の前記事実によれば、本件賃貸借契約には確定期限が付されていたところ、すでにその期限が到来したというのであるから、もはや、被上告人は上告人に対し前記契約の許可申請についての協力義務を負担しないものというべきである。これと同旨と解される原審判断は正当として是認することができ、原判決に所論の違法はない。」

Q15-9 期間の定めのない賃貸借の解約申入れ

「① 数十年も以前に、AとBは、期間10年の農地賃貸借契約を結び、農地法3条許可も受けました。賃借人Bは、10年の期間が経過した後も、賃貸人A所有の農地を耕作してきました。ところが、最近になってAの方から、『農地の返還を直ちに求めます。』という通知が来ました。しかし、Bとしてはこのまま耕作を継続したいと考えています。現在のA・B間の法律関係および今後の見通しについて教えてください。

② 仮にAが、都道府県知事の許可を受けた上で、上記のような申入れをしてきたときはどうでしょうか？」

解説

小問1

(1) 設例において、数十年前に、AとBは賃貸借契約を結び、農地法3条許可を受け、さらに、賃借人Bは現実に耕作をしていますから、同人は、対抗力のある正当な耕作権原を有するといえます。

期間10年　期間の定めのない賃貸借

ただ、当初の契約では、賃貸借の期間は10年とされていました。ところが、10年の契約期間が経過した後も、賃借人Bは、従前どおり耕

165

作を継続し、また、賃貸人Ａも何ら異議を述べていません。

　この場合、賃貸借の更新があったとみなされます（法17条）。これを**法定更新**と呼びます。Ａ・Ｂ間の賃貸借契約は、法定更新されて現在まで有効に継続していることになります。

　ただし、賃貸借の法定更新があった場合、前問でも触れたとおり、最高裁の判例は、賃貸借の期間については、従前の期間が再度設定されるのではなく、**期間の定めのない賃貸借**になるとしています（最判昭35・7・8民集14巻9号1731頁）。＊

(2)　このように法定更新後の賃貸借契約は、期間の定めのないものとなりますが、この場合、契約当事者の一方が、契約を打ち切りたいと考えた場合、民法の原則では、いつでも契約の打ち切りを通告することができます（民617条1項）。

　ただし、収穫の季節がある土地の賃貸借については、収穫の季節の後、次の耕作に着手する前に解約の申入れをする必要があります（民617条2項）。例えば、通常の米作の場合、秋に収穫をすることが普通ですから、解約の申入れをしようとする者は、秋の収穫が終わった後、翌年春の米の作付け開始時期よりも前に、これを行っておく必要があります。

(3)　また、農地の賃貸借契約においては、当事者の一方が、相手方に対し解約の申入れをしようとするときは、事前に都道府県知事の許可を受けておく必要があります（法18条1項本文）。

　設例の場合、賃貸人Ａが、未だ都道府県知事の農地法18条許可を受けていないときは、たとえＡが農地の返還を求めてきたとしても、Ｂとしてはこれに応じる義務はないと考えます。

小問2

　仮に賃貸人Ａが、都道府県知事の農地法18条の許可を受けた後に、

Q15-9　期間の定めのない賃貸借の解約申入れ

Bに対し解約の申入れをしたときは、申入れの通知（意思表示）が賃借人Bの下に到達した日から、1年が経過することによって、賃貸借契約は解消されるに至ります（民617条1項1号）。その時点で、Bは、借りていた農地をAに対して返還する必要があります。

†　**法17条**「農地又は採草放牧地の賃貸借について期間の定めがある場合において、その当事者が、その期間の満了の1年前から6月前まで（[中略]）の間に、相手方に対して更新をしない旨の通知をしないときは、従前の賃貸借と同一の条件で更に賃貸借をしたものとみなす。[以下省略]」

†　**法18条1項**「農地又は採草放牧地の賃貸借の当事者は、政令で定めるところにより都道府県知事の許可を受けなければ、賃貸借の解除をし、解約の申入れをし、合意による解約をし、又は賃貸借の更新をしない旨の通知をしてはならない。」

†　**民617条1項**「当事者が賃貸借の期間を定めなかったときは、各当事者は、いつでも解約の申入れをすることができる。この場合においては、次の各号に掲げる賃貸借は、解約の申入れの日からそれぞれ当該各号に定める期間を経過することによって終了する。

① 　土地の賃貸借　　　　　1年
② 　建物の賃貸借　　　　　3箇月
③ 　動産及び貸席の賃貸借　1日

†　**同条2項**「収穫の季節がある土地の賃貸借については、その季節の後次の耕作に着手する前に、解約の申入れをしなければならない。」

＊**判例**（最判昭35・7・8民集14巻9号1731頁）「農地の賃貸借について、期間の定がある場合において、農地法19条［注：現17条］の規定によって賃貸借が更新されたときは、爾後、その賃貸借は期間の定のない賃貸借として存続するものと解すべきである。」

Q15-10 賃借権の時効取得

「賃貸人Aと賃借人Bは、期間10年の農地賃貸借契約を結び、すぐさまBは耕作を開始しました。しかし、賃借権設定のための農業委員会の3条許可申請手続は行いませんでした。AとBとの間には、上記の10年間の期間が経過した後も、長年にわたって、BがAに対し賃料を支払い、Bは平穏に耕作を継続するという関係が継続しました。ところが、Aが死亡して相続人となったCから、Bに対し、『農地をすぐに返して欲しい。』という書面が来ました。果たして、Bはその要求に応じなければなりませんか？」

解説

(1) 賃貸人Aと賃借人Bの間で締結された期間10年の賃貸借契約は、10年の期間が経過した後も平穏に継続してきました。このような平穏な関係が長期間にわたって継続した場合、何か法的な効果が発生するかという点が問題となります。

(2) ここで関係するのは、民法に規定のある時効という制度です（民144条～174条の2。ただし、改正民法では、144条～169条。→時効については、Q22を参照）。

設例では、賃貸借契約の当事者であるA・Bは、賃貸借契約（賃借権設定）について農業委員会の3条許可を受けていませんから、たとえ契約自体は成立していると解されたとしても、賃貸借の法的効果は発生していないということになります。つまり、Bは農地の賃借権を有していません。

しかし、A・B間で長年にわたって事実上の賃貸借関係が継続している場合に、Bによる農地の占有が、「平穏かつ公然」のものと評価される限り、民法の定める時効という制度によって、事実上の関係を法的な権利義務関係にまで高めることが可能です。

最高裁判例も、「他人の土地の継続的な用益という外形的事実が存在し、かつ、その用益が貸借の意思に基づくものであることが客観的に表現されているときには、民法163条に従い、土地の賃借権を時効により取得することができるものであることは、すでに、当裁判所の判例とするところである」としています（最判昭45・12・15民集24巻13号2051頁）。＊

(3)　賃借人のBが、仮に賃借権の時効取得をCに対し主張しようとした場合、事実上の賃貸借の期間が、少なくとも何年間にわたって継続している必要があるのかという点が問題となります。

それは、賃借権という「所有権以外の財産権」の時効取得の要件として、財産権の行使期間が、民法162条の区別に従って、10年間で足りる場合（善意・無過失の場合。民162条2項）と、少なくとも20年間を要する場合（善意・有過失の場合および悪意の場合。民162条1項）に区分されているためです（民163条）。

(4)　そもそも、設例の賃借人Bは、有効な賃借権の設定を受けるためには、農地法3条の許可を受ける必要があることを知るべきでした。

仮にBがそのことを承知していた場合は、**悪意**（3条許可がないため、有効な賃借権を有していないことを知っている状態を指します。）と

評価されます。また、仮にBがそのことを知らなかった場合は、**過失ある善意**となります。

　悪意の場合であっても、あるいは過失ある善意の場合であっても、A・B間の事実上の賃貸借契約期間が、最初の耕作開始時から起算して20年を経過した場合に、初めてBはCに対し、賃借権の時効取得を主張することが可能となります。

　　† **民162条１項**「20年間、所有の意思をもって、平穏に、かつ、公然と他人の物を占有した者は、その所有権を取得する。」
　　† **同条２項**「10年間、所有の意思をもって、平穏に、かつ、公然と他人の物を占有した者は、その占有の開始の時に、善意であり、かつ、過失がなかったときは、その所有権を取得する。」
　　† **民163条**「所有権以外の財産権を、自己のためにする意思をもって、平穏に、かつ、公然と行使する者は、前条の区別に従い20年又は10年を経過した後、その権利を取得する。」

　＊判例（最判昭45・12・15民集24巻13号2051頁）「これを本件についてみるに、上告人らが原審において主張するところによれば、上告人ら先代亡Dは、大正11年８月15日、当時の被上告人の住職Eとの間に、建物所有を目的とし、賃料を原判示（A）地および（B）地については月額１円70銭（のちに２円に改定）、（C）地については年額５円と定める賃貸借契約を締結し、爾来これに基づき平穏、公然に本件各土地を占有して10年ないし20年を経過し、その間被上告人に約定の右賃料の支払を継続していたというのであり、この主張のような事実関係は証拠上も窺うに難くないのであって、右事実関係が認められるならば、前示の賃借権の時効取得の要件において欠けるところはないものと解される。」

Q16 その他の使用収益を目的とする権利

「農地について、他人に対し使用収益を目的とする権利を設定し、または移転する場合、農地法3条の許可を受ける必要があるとされています。その他の使用収益を目的とする権利とは何ですか？」

解説

(1) 農地法3条許可を要する契約とは、民法に明文のある賃貸借や使用貸借のような典型契約の設定・移転の場合に限定されるわけではなく、他人との間の契約によって、当該農地における農業の主宰権が他人に変更する場合を広く指すと解されています（解説・44頁）。

したがって、例えば、農地の所有者Aと農業者Bとの間で、A所有の農地をBが利用して、Bが農業経営を主宰することを内容とする権利を設定した場合は、その権利の内容が、農地法3条1項本文に記載された権利でなくても、当該権利を設定するに当たって、当事者は、農地法の許可を要するとしたものです。

(2) しばしば、農作業の委託にすぎない場合は3条許可が不要であるが、農業経営の委託の場合は必要となる、という議論を聞くことがあります。

農作業の委託の場合は、多くの場合、ある農地における農作業という事実行為を、委託者（大半の場合は農地の所有者）が受託者（農作業者）に対して委任するというものにすぎませんから、農業の主宰権は、依然として委託者にあると考えられます。そのため、当該農地から生産された農産物の所有権も委託者にあり、また、農産物の処分権

も委託者にあるということになります。

　この場合の委託の性質ですが、民法上の**委任**に当たると解されます。民法は、委任について、法律行為をすることを他人に委託するものと定義しますが、法律行為ではない事務の委託についても、委任に準じるものと定めます（民643条・656条）。したがって、民法でいう委任とは、広く他人の事務の処理を委託することと理解することができます（我妻・1185頁）。この見解に従えば、農作業の委託も、委任契約に当たると解されます。

委任者　──────▶　受任者
事務の委託

　なお、民法は、委任について無償を原則としますが、現実社会においては、原則と例外は逆になっており、有償の委任が大半を占めています（民648条1項）。そして、報酬の支払が約束されているときは、受任者は、委任事務を履行した後でなければ、これを委任者に対して請求することができないとされています（民648条2項）。

(3)　ところで、委任に似た契約として**請負**があります。民法の定める請負は、当事者の一方（請負人）がある仕事を完成することを約束し、相手方（注文者）がその仕事の結果に対し報酬を支払うことを内容とする契約です（民632条）。

　委任と請負は似た面がありますが、請負の場合は、請負人が仕事の

完成を約束する点が委任とは異なります。例えば、上記の例で、Bが農作業を請け負ったと解釈される場合、当事者間で約束した「農作業」の結果が出ない限り、原則として、請負人は、注文者に対し報酬を請求することはできません。

これに対し、委任の場合は、請負と異なって結果の発生を目的とせず、事務の処理そのものを目的としています（我妻・1190頁）。したがって、例えば、自然災害のような不可抗力によって農作業が計画の半分までしか進捗しなかったとしても、受任者は既に完了した農作業の分については報酬を請求することができます（民648条3項）。

(4) 他方、**農業経営の委託**ですが、この言葉が、法的にどのようなものを指すかという点については、必ずしも万人に共通の理解があるわけではありません。仮に、上記の例で、農地の所有者Aが、農業経営をBに丸投げする、つまり全面的にBに委ねるという趣旨のものであったときは、農業の主宰権はBに移転すると考えざるを得ず、その場合は農地法3条の許可を受ける必要があるという結論になります。

(5) 昨今、農地の所在地から遠く離れた住所地に居住する農地所有者において、所有する農地の適正な管理が事実上困難となり、やむなく農地の管理を地元の農業者に委託するという契約が散見されます（**農地管理契約**）。

この契約の結果、耕作の主体が実質的に変動すると認められる場合は農地法3条許可を要すると解されますが、農地の管理・保全を地元の農業者に委ねるにすぎない趣旨の場合は、許可不要と解されます。

【改正民法による変更点】
(1) 改正民法634条1項によれば、注文者の責めに帰することができない事由によって、仕事を完成することができなくなった場合に、請負人が既に行った仕事の結果のうち、可分な部分の給付によって注文者が利益を受けるときは、その部分を仕事の完成とみなし、請負人

は、注文者に対し報酬を請求することができることになりました。
(2) 改正民法648条3項1号によれば、委任者の責めに帰することができない事由によって、委任事務の履行をすることができなくなった場合に、受任者は、履行の割合に応じて報酬を請求することができるとされました。したがって、上記の例でいえば、受任者の責めに帰すべき事由（例えば、病気のため働けないこと。）によって委任事務である農作業を続けることができなくなったときであっても、それまでに行った農作業の部分については、それに応じた報酬請求権が認められると解されます（要点解説・147頁）。

　　　† **民632条**「請負は、当事者の一方がある仕事を完成することを約し、相手方がその仕事の結果に対してその報酬を支払うことを約することによって、その効力を生ずる。」

　　　†† **改正民634条**「次に掲げる場合において、請負人が既にした仕事の結果のうち可分な部分の給付によって注文者が利益を受けるときは、その部分を仕事の完成とみなす。この場合において、請負人は、注文者が受ける利益の割合に応じて報酬を請求することができる。

　　　① 注文者の責めに帰することができない事由によって仕事を完成することができなくなったとき。

　　　② 請負が仕事の完成前に解除されたとき。」

　　　† **民643条**「委任は、当事者の一方が法律行為をすることを相手方に委託し、相手方がこれを承諾することによって、その効力を生ずる。」

　　　† **民648条1項**「受任者は、特約がなければ、委任者に対して報酬を請求することができない。」

　　　† **同条2項**「受任者は、報酬を受けるべき場合には、委任事務を履行した後でなければ、これを請求することができない。ただし、期間によって報酬を定めたときは、第624条第2項の規定を準用する。」

†　同条3項「委任が受任者の責めに帰することができない事由によって履行の中途で終了したときは、受任者は、既にした履行の割合に応じて報酬を請求することができる。」
††　改正民648条3項「受任者は、次に掲げる場合には、既にした履行の割合に応じて報酬を請求することができる。
①　委任者の責めに帰することができない事由によって委任事務の履行をすることができなくなったとき。
②　委任が履行の中途で終了したとき。」
†　民656条「この節の規定は、法律行為でない事務の委託について準用する。」

第2章

許可の要否

第1節　許可を要する行為

Q17　共有物の分割

「①　共有農地を分割する場合、農地法の許可を受ける必要があるとされています。共有物の分割とは何ですか？

②　共有物の分割に関する農地法の許可を受けるに当たり、誰と誰が許可申請を行えばよいですか？」

解説

小問1

(1)　民法249条以下で規定されている**共有**とは、一つの目的物を複数の者が共同で所有することをいいます。共有物の場合、目的物が一つであるため、各人の所有権は、1人が目的物を単独所有する場合と比較すると、一定の制約が認められます。

例えば、単独所有の場合、所有者は、自由な意思によって目的物を処分することができます（民206条）。一方、共有の場合は、全員の同意がないと共有物を処分することはできません（民251条）。

(2)　各共有者が、共有物に対して有する権利を**持分**といいますが、持分の有する権利性に着目したときは、これを**持分権**と呼ぶことがあります（安永・160頁）。

第2章　許可の要否／第1節　許可を要する行為

持分権の法的理解については、大きく二つの考え方があります。

一つは、ある物に関し共有者の数だけ所有権があり、各自の所有権は、他の者の所有権によって制限され、その総和が一つの所有権と等しくなるという説（複数所有権説）です。これに対し、ある物に対する所有権はあくまで一つであり、それが各共有者に分属していると考える説（単一説）があります（判例物権・321頁）。

(3)　広い意味の共有には、民法249条以下に規定のある狭い意味の共有のほかに、**総有**（古代ゲルマン社会における村落共同体にみられる共同所有の形態といわれます。土地の管理機能は村落共同体に属し、土地の使用収益権は村落共同体の構成員に帰属します。）と**合有**（共同所有の構成員は持分を有しますが、持分の譲渡および分割請求権が制限されているものをいいます。いわば共有と総有の中間に位置するものといえます。）があるといわれています（野村・108頁）。

(4)　共有物の共有者は、いつでも他の共有者に対し、共有物の分割を請求することができます（民256条1項）。共有物の分割を請求するには、他の共有者の全員に対し、分割をすべき旨の意思表示をすれば足ります（我妻・465頁）。

この意思表示があると、他の共有者は、分割を実行すべき義務を負います。この共有物分割請求権の本質について、最高裁は、共有者に目的物を自由に支配させ、その経済的効用を十分に発揮させるためのものであるとの立場を示しています（最判昭62・4・22民集41巻3号408頁）。＊

また、**共有物の分割**の法的性質について、最高裁判例は、持分の交換または売買と同視し、まず分筆登記をした上で、次に持分の移転登記手続を行うべきであるという立場をとります（最判昭42・8・25民集21巻7号1729頁。判例物権・356頁）。＊＊

小問2

(1) 共有物の分割の方法として、民法の標準的な教科書をみると、通常、次の三つのものが掲げられています。

①共有者全員で共有物を分割する**現物分割**、②共有者全員が共有物を第三者に譲渡し、その譲渡代金を共有者間で分ける**代金分割**、③共有者のうちの1人が他の共有者から同人の持分の移転を受けることによって結果的に単独所有権を取得し、その代償として、他の共有者に対し金銭的な賠償を行う**価格賠償**の三つです。

これらのうち、①の現物分割は、名実ともに共有物分割に該当するといえます。これに対し、②の代金分割は、共有物の譲渡にすぎないと考えられますし、また、③の価格賠償は、共有者間で行われる共有持分の譲渡に当たるといえます。

(2) 上記の全ての場合に、原則的に農地法の許可が必要となりますが、上記のうちのどのケースに当たるかによって、許可申請者に多少の違いが発生します。

ここで、仮に共有目的物が農地であり、同じ持分割合の共有者が2人（A・B）存在したとします。このケースで、共有者であるAとBが共有物分割を行う場合、次のようになると考えられます。

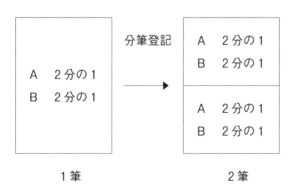

上記①の現物分割の場合は、まず分筆登記を行い、次に各筆について、持分を譲渡する者とこれを譲り受ける者が、農地法3条または5条の定めるところに従って、共同で許可申請を行います（A→B、B→A）。

次に、②の代金分割の場合は、共有物の全部を譲り受ける第三者Cと譲渡人2人（A・B）が、同じく共同で許可申請を行います（A・B→C）。許可を受けて共有物をCに譲渡した後、売買代金をAとBで分けます。

さらに、③の価格賠償の場合は、共有物の単独所有権を取得する予定の共有者とその他の共有者が、同じく共同で共有持分の譲渡について許可申請を行います（A→BまたはB→A）。許可を受けて単独所有者となった者は、相手方から譲り受けた共有持分の価格を、相手方に金銭で賠償します。

　　†　**民251条**「各共有者は、他の共有者の同意を得なければ、共有物に変更を加えることができない。」

　　†　**民256条1項**「各共有者は、いつでも共有物の分割を請求することができる。ただし、5年を超えない期間内は分割をしない旨の契約をすることを妨げない。」

＊**判例**（最判昭62・4・22民集41巻3号408頁）「共有とは、複数の者が目的物を共同して所有することをいい、共有者は各自、それ自体所有権の性質をもつ持分権を有しているにとどまり、共有関係にあるというだけでは、それ以上に相互に特定の目的の下に結合されているとはいえないものである。そして、共有の場合にあっては、持分権が共有の性質上互いに制約し合う関係に立つため、単独所有の場合に比し、物の利用又は改善等において十分配慮されない状態におかれることがあり、また、共有者間に共有物の管理、変更等をめぐって、意見の対立、紛争が生じやすく、いったんかかる意見の対立、紛争が生じたときは、共有物の管

理、変更等に障害を来し、物の経済的価値が十分に実現されなくなるという事態となるので、同条は、かかる弊害を除去し、共有者に目的物を自由に支配させ、その経済的効用を十分に発揮させるため、各共有者はいつでも共有物の分割を請求することができるものとし、しかも共有者の締結する共有物の不分割契約について期間の制限を設け、不分割契約は右制限を超えては効力を有しないとして、共有者に共有物の分割請求権を保障しているのである。」

＊＊**判例**（最判昭42・8・25民集21巻7号1729頁）「共有物の分割は、共有者相互間において、共有物の各部につき、その有する持分の交換又は売買が行われることであって（民249条、261条参照）、所論のごとく、各共有者がその取得部分について単独所有権を原始的に取得するものではない。したがって、1箇の不動産が数人の共有に属し分割の結果各人がその一部ずつについて単独所有者となる場合には、まず分筆の登記手続をしたうえで、権利の一部移転の登記手続をなすべきである。」

Q17-2 共有者による共有農地の無断利用

「都市近郊にある農地の所有者Aが死亡し、相続人B・C・Dが当該農地を相続しました。いずれも非農家である3名は、すみやかに遺産分割の協議に入り、各々3分の1の共有持分を取得する旨の遺産分割協議書を作成し、相続登記も完了しました。ところが、相続開始から10年後に、共有者のDは、一方的に相続農地の全部について耕作を開始しました。Dから何も相談を受けていないBとCは、Dの耕作を止めさせることを合意し、Dに対し耕作を中止するよう通告しましたが、Dはこれを無視して平然と耕作を継続しています。今後、B・Cとしてはどうすればよいでしょうか？」

解説

(1) 被相続人であるAが死亡し、非農家であるB・C・Dが、農地を相続しました。この場合は相続による農地の取得に当たりますから、農地法の許可は不要です（→相続については、Q28を参照）。

また、相続が開始した後に行われた遺産分割協議の結果、3人の相続人は、農地の権利を各自3分の1ずつ平等に取得しましたが、この場合も、農地法の許可は不要とされています（法3条1項12号。→遺産分割については、Q31を参照）。

(2) 設例では、3人（B・C・D）の遺産分割協議を経て、相続登記も完了していますから、これ以降、3人の共有者による通常の共有関係が成立しているものと理解できます。

ところが、共有者の1人であるDは、遺産分割協議が終わってから

10年後に、自分の共有持分権が3分の1しかないにもかかわらず、共有農地の全部を勝手に耕作しています。果たして、このようなことが許されるのか、という点が問題となります。

(3) この点に関する民法の規定をみると、まず、民法249条は、各共有者は、共有物の全部について、持分に応じた使用をすることができるとしています。この規定は、各共有者は、共有物に対する持分を共有物の全体に対して有しているため、共有物全部の使用が可能であるということを示したものです（判例物権・319頁）。

しかし、この条文は、共有持分の割合に応じて目的物の一部に使用権が制限されるものではない、ということをいっているにすぎません。設例でいえば、Dの使用権は、共有物のうちの3分の1の面積に特定ないし限定されるものではないことを示しているにすぎません。すなわち、B・C・Dの各自は、共有物全部について、それぞれが3分の1ずつの割合で使用収益することができる権利を有していると解することになります（我妻・461頁）。

(4) 一方、民法252条は、共有物の管理に関する事項は、共有物の変更の場合を除き、各共有者の持分の価格に従って過半数で決するとしています。**共有物の管理**とは、共有物の現状を維持し、これを利用し、さらに改良を加えてその価値を高めることをいいます（我妻・462頁）。

設例でいえば、B・C・Dの3人の共有者の持分は平等とされていますから、各自が3分の1ずつの持分を有しています。したがって、共有物の管理事項については、仮にBとCの二人が賛成すれば、過半数の要件が満たされ、以後、当該決議は、適法なものとして取り扱われるということになります。

(5) ここで、民法249条と252条の相互関係が問題となります。設例において、Dは、他の共有者との協議を経ることなく、一方的に共有農

地の全部を耕作しています。これに対し、B・Cは、Dの耕作を止めさせることを合意し、Dにもその旨を通告しています。ここではB・C間の合意の事実が認められますから、民法252条に従って、農地の管理に関する決定が適法に行われたとみてよいことになります。

他方、Dは、共有物の全部について、その持分に応じた使用をする権利が認められています。

この場合、果たして、B・Cの決定が優先するのか、Dの使用権が優先するのかという問題が発生します。結論を先にいえば、B・Cの決定ないし主張が優先すると解されます。なぜなら、民法252条によって共有物の管理に関する決定が適法に行われた以上、Dを含む共有者の全員は、これに拘束されると解されるからです（石田・381頁）。

ただし、共有者の持分の過半数による決定によっても、他の共有者の使用収益それ自体を否定することは許されないとする指摘があります（石田・同頁）。

このような考え方に立った場合、設例において、Dによる農地の使用収益の範囲を同人の持分に応じて限定することは可能ですが（例えば、農地の3分の1の範囲で認めるというものがこれに当たります。）、全部の農地についてDの使用収益を禁止することはできない、という結論に到達することになります。

(6) この点に関する最高裁の判例として、少数持分権者が、他の共有者との協議を経ることなく建物を単独で占有しているのに対し、多数持分権者が、その建物の明渡しを求めた事件で、最高裁は、建物の明渡しを認めることはできないとしました。

最高裁は、その理由として、少数持分権者は、自己の持分によって共有物である建物を使用収益する権原を有し、これに基づいて共有物である建物を占有する、という理論を明らかにしました（最判昭41・5・19民集20巻5号947頁。安永・167頁）。＊

ただし、この判例は、多数持分権者が少数持分権者に対して明渡しを求める際に、その理由を主張立証することができれば、建物の明渡請求が認容されると読む余地があります（判例物権・322頁）。

　例えば、上記のように、民法252条によって、共有者の決議により共有物の使用方法を決めておきさえすれば、使用が認められていない共有者に対して建物の明渡請求が可能となるのではないか、ということになります。

(7)　本書の立場は、次のとおりです。

　設例において、共有者のBとCが、共有農地についてDの単独使用を禁止するという決議を行い、それをDに通知することによって、Dによる農地の独占的な使用を止めることが可能と考えます。

　ただし、次の点に留意する必要があります。

　第1に、上記最高裁の判例は、「明渡しを求める理由を主張立証する必要がある」といっていますから、少なくとも、Dの独占的な使用を禁止することを正当化する事由が具備されていることが必要であると考えます（したがって、例えば、Dに対し、単なる嫌がらせをする目的で使用禁止の通告を行ったような場合は、B・Cの請求は棄却されると考えます。）。

　第2に、上記判例は、共有物の明渡しを肯定したものではありませんから、BとCがどのような決議をしたとしても、Dに対し、農地を全面的に明け渡すことまでは認められないと解されます。

(8)　次に、BとCが、農地の独占的使用を継続しているDに対し、独占的な使用を中止するよう求めることは認められるとしても、当該請求が実現する日までに、Dが農地を独占的に使用してきた事実を、どう評価するかという問題があります。

　この点について、最高裁の判例は、持分割合に応じて占有部分にかかる地代相当額の不当利得金ないし損害賠償金の支払を請求すること

第2章　許可の要否／第1節　許可を要する行為

ができるとしています（最判平12・4・7判時1713号50頁）。

　設例の場合は、BとCが、各自3分の1の共有持分を有していますが、Dによって全面的に使用収益が妨害されています。そこで、仮に、例えば農地全体の相当額の賃貸料（借賃）が年9万円とされたとき、B・CはDに対し、2人分の不当利得金ないし損害賠償金として、農地の無断利用期間1年ごとに、計6万円を請求することができると解されます。＊＊

　　　† **民249条**「各共有者は、共有物の全部について、その持分に応じた使用をすることができる。」
　　　† **民252条**「共有物の管理に関する事項は、前条の場合を除き、各共有者の持分の価格に従い、その過半数で決する。ただし、保存行為は、各共有者がすることができる。」

　　　＊**判例**（最判昭41・5・19民集20巻5号947頁）「思うに、共同相続に基づく共有者の1人であって、その持分の価格が共有物の価格の過半数に満たない者（以下単に少数持分権者という）は、他の共有者の協議を経ないで当然に共有物（本件建物）を単独で占有する権原を有するものでないことは、原判決の説示するとおりであるが、他方、他のすべての相続人らがその共有持分を合計すると、その価格が共有物の価格の過半数をこえるからといって（以下このような共有持分権者を多数持分権者という）、共有物を現に占有する前記少数持分権者に対し、当然にその明渡を請求することができるものではない。けだし、このような場合、右の少数持分権者は自己の持分によって、共有物を使用収益する権限を有し、これに基づいて共有物を占有するものと認められるからである。従って、この場合、多数持分権者が少数持分権者に対して共有物の明渡を求めることができるためには、その明渡を求める理由を主張し立証しなければならないのである。

　　　しかるに、今本件についてみるに、原審の認定したところによればDの死亡により被上告人らおよび上告人にて共同相続し、本

件建物について、被上告人Bが3分の1、その余の被上告人7名および上告人が各12分の1ずつの持分を有し、上告人は現に右建物に居住してこれを占有しているというのであるが、多数持分権者である被上告人らが上告人に対してその占有する右建物の明渡を求める理由については、被上告人らにおいて何等の主張ならびに立証をなさないから、被上告人らのこの点の請求は失当というべく、従って、この点の論旨は理由があるものといわなければならない。」

＊＊**判例**（最判平12・4・7判時1713号50頁）「同二郎及び同春子が共有物である本件各土地の各一部を単独で占有することができる権原につき特段の主張、立証のない本件においては、上告人は、右占有により上告人の持分に応じた使用が妨げられているとして、右両名に対して、持分割合に応じて占有部分に係る地代相当額の不当利得金ないし損害賠償金の支払を請求することはできるものと解すべきである。」

第2章　許可の要否／第1節　許可を要する行為

Q17-3　共有農地の転用

「①　前問において、B・Cは、上記農地が比較的市街地に近い位置にあることから、農地を転用して賃貸住宅を建設すれば大きな収入を見込めると考え、Dに対し建設計画を伝えましたが、Dはお金に執着心がなく、計画に反対しています。果たして、B・Cは、2人だけで適法に転用ができるでしょうか？

②　仮に農地の共有者であるB・Cが、農地転用許可を受けることなく、また、Dの同意を得ることなく、宅地の造成工事を開始した場合、Dはそれを止めさせ、原状回復するよう請求することはできますか？

③　B・Cは、Dが、農地を転用して賃貸住宅を建設するという計画に反対するため、共有農地を、B・C共有農地と、Dの単独所有農地の二つに分割して、その後、B・Cが共有する農地の上に共同で賃貸住宅を建てたいと考えています。しかし、Dは共有物の分割に同意しません。B・Cの転用事業計画は、果たして実現可能でしょうか？」

解説

小問1

(1)　3人の共有者のうち、3分の1ずつの共有持分を有するBとCは、農地の上に賃貸住宅を建てようとしています。しかし、残りの3分の1の共有持分を有するDは、これに反対しています。

　ここで問題となるのは、民法251条です。同条は、共有物に変更を

加えるときは、共有者全員の同意が必要であると定めます。ここでいう**共有物の変更**とは、共有物に物理的な変更を加えることのほか、共有物を法律的に処分する場合も含まれると解されます（通説）。

(2) 設例で、B・Cは、共有農地を転用して賃貸住宅を建てようとしています。これは、共有物の変更に当たります。したがって、共有者全員の同意が必要となり、共有者の1人であるDがこれに反対する限り、仮にBとCの2人が、農地転用許可申請を許可権者（都道府県知事等）に対して行ったとしても、それは不適法な申請に該当することになって、許可権者は不許可処分を行うことになると考えられます。

したがって、B・Cの2人の意思のみで、農地転用を実現することはできないという結論になります。

小問2

(1) この場合、共有者の一部であるBとCが、他の共有者であるDの同意を得ることなく宅地造成工事を開始していますから、不適法なものであることはいうまでもありません。

(2) 問題は、Dが、共有持分権に基づいて、妨害排除請求権としての原状回復請求権を行使することができるか否かという点です（→妨害排除請求権については、Q6-8を参照）。

この点について、最高裁の判例は、共有物の変更の禁止と原状回復請求を認めました（最判平10・3・24判時1641号80頁）。＊

その理由として、共有者は、共有持分権に基づいて共有物の全部について、その持分に応じた使用収益をすることができるが、自己の共有持分権に対する侵害があったときは、単独で妨害排除請求することができる、ということがあげられています（判例物権・328頁）。

同判例を前提とした場合、妨害排除を求めようとする共有者は、①共有持分権を有すること、②他の共有者による事実行為が共有物の変

更に当たること、③請求者の請求する作為または不作為が必要かつ相当なものであること、の各点を主張立証する必要があると解されます（裁判大系4・364頁）。

以上、設問のDは、BおよびCに対し、宅地造成工事の中止を求めることができるほか、元の農地の状態に回復するよう請求することも可能と解されます。

小問3

(1) 設例において、Dは共有物分割に反対しています（→共有物分割については、Q17を参照）。ここで、一般論としてみた場合、分割を求める共有者は、他の共有者を被告として、共有物の分割を裁判所に請求することができます（民258条1項）。

原告となる共有者は、他の共有者全員を被告として訴えを提起する必要があるとされ（必要的共同訴訟）、裁判所は、当事者の主張に拘束されることなく、適当と考える方法で共有物の分割をすることができるとされています（形式的形成訴訟。石田・397頁）。

また、共有物分割訴訟について、最高裁は、民法258条2項による共有物の分割は、民事訴訟上の訴えの手続により審理するものとされているが、その本質は非訟事件であって、裁判所の適切な裁量権の行使により妥当な分割が実現されることを期したものである、という認識を示しています（最判平8・10・31民集50巻9号2563頁）。＊＊

(2) 仮にBとCが原告となり、Dを被告として共有物分割訴訟を提起した場合、裁判所としては、現物分割ができないなどの理由があれば、共有土地を競売にかけてその代金の分割を命じることも可能です（民258条2項）。民法の条文上は、現物分割か、あるいは競売代金の分割しか認められていませんが、これら以外の方法は全て認められないということではなく、価格賠償も可能であるという解釈が上記の最

Q17-3 共有農地の転用

高裁によって示されています（→価格賠償については、Q17を参照）。

(3) さて、設例の場合、B・Cは、最初に、3名の共有農地を、B・Cの共有農地とDの単独所有農地の二つに現物分割してから、その後、あらためて2名が共有する農地を転用したいと考えています。

しかし、設例の共有物は農地ですから、前記のとおり、農地法の規制が及びます（→農地法の規制については、Q3・Q5-2を参照）。そのため、B・Cが非農家の場合は、農地法3条許可を受けられず、結局、裁判所に対し共有物分割訴訟を提起しても、B・Cが意図する請求は認められないと解されます。

そこで、共有物の分割請求に先立って農地転用を行い、共有農地を非農地化しておけば上記の問題は解消します。その場合、農地法4条許可処分をあらかじめ受けておく必要があります。同許可があれば、B・C・Dが非農家であっても、裁判所による共有物分割が可能となります。

しかし、農地を転用して非農地化することは、共有物の変更に該当しますから（民251条）、共有者のうち、Dがこれに反対する限り、都道府県知事等に対し転用許可申請を行うことは認められず（より正確には、申請を行っても不許可となり）、結局、農地転用を行うことはできないと解されます。

このような解消困難な紛争を避けるためには、Aの死亡後の遺産分割協議の際に、農地の遺産共有状態を解消する方向で話合いを重ね、各自の単独所有の状態にしておくべきであったと考えます（→遺産分割については、Q31を参照）。

　　† **民251条**「各共有者は、他の共有者の同意を得なければ、共有物に変更を加えることができない。」

　　† **民258条1項**「共有物の分割について共有者間に協議が調わないときは、その分割を裁判所に請求することができる。」

† **同条2項**「前項の場合において、共有物の現物を分割することができないとき、又は分割によってその価格を著しく減少させるおそれがあるときは、裁判所は、その競売を命ずることができる。」

＊判例（最判平10・3・24判時1641号80頁）「共有者の一部が他の共有者の同意を得ることなく共有物を物理的に損傷しあるいはこれを改変するなど共有物に変更を加える行為をしている場合には、他の共有者は、各自の共有持分権に基づいて、右行為の全部の禁止を求めることができるだけでなく、共有物を原状に復することが不能であるなどの特段の事情がある場合を除き、右行為により生じた結果を除去して共有物を原状に復させることを求めることもできると解するのが相当である。けだし、共有者は、自己の共有持分権に基づいて、共有物全部につきその持分に応じた使用収益をすることができるのであって（民法249条）、自己の共有持分権に対する侵害がある場合には、それが他の共有者によると第三者によるとを問わず、単独で共有物全部についての妨害排除請求をすることができ、既存の侵害状態を排除するために必要かつ相当な作為又は不作為を相手方に求めることができると解されるところ、共有物に変更を加える行為は、共有物の性状を物理的に変更することにより、他の共有者の共有持分権を侵害するものにほかならず、他の共有者の同意を得ない限りこれをすることが許されない（民法251条）からである。もっとも、共有物に変更を加える行為の具体的態様及びその程度と妨害排除によって相手方の受ける社会的経済的損失の重大性との対比等に照らし、あるいは、共有関係の発生原因、共有物の従前の利用状況と変更後の状況、共有物の変更に同意している共有者の数及び持分の割合、共有物の将来における分割、帰属、利用の可能性その他諸般の事情に照らして、他の共有者が共有持分権に基づく妨害排除請求をすることが権利の濫用に当たるなど、その請求が許されない場合もあることはいうまでもない。

これを本件についてみると、前記事実関係によれば、本件土地は、遺産分割前の遺産共有の状態にあり、畑として利用されていたが、被上告人は、本件土地に土砂を搬入して地ならしをする宅地造成工事を行って、これを非農地化したというのであるから、被上告人の右行為は、共有物たる本件土地に変更を加えるものであって、他の共有者の同意を得ない限り、これをすることができないというべきところ、本件において、被上告人が右工事を行うにつき他の共有者の同意を得たことの主張立証はない。そうすると、上告人は、本件土地の共有持分権に基づき、被上告人に対し、右工事の差止めを求めることができるほか、右工事の終了後であっても、本件土地に搬入された土砂の範囲の特定及びその撤去が可能であるときには、上告人の本件請求が権利濫用に当たるなどの特段の事情がない限り、原則として、本件土地に搬入された土砂の撤去を求めることができるというべきである。」

＊＊判例（最判平8・10・31民集50巻9号2563頁）「民法258条2項は、共有物分割の方法として、現物分割を原則としつつも、共有物を現物で分割することが不可能であるか又は現物で分割することによって著しく価格を損じるおそれがあるときは、競売による分割をすることができる旨を規定している。ところで、この裁判所による共有物の分割は、民事訴訟上の訴えの手続により審理判断するものとされているが、その本質は非訟事件であって、法は、裁判所の適切な裁量権の行使により、共有者間の公平を保ちつつ、当該共有物の性質や共有状態の実状に合った妥当な分割が実現されることを期したものと考えられる。したがって、右の規定は、すべての場合にその分割方法を現物分割又は競売による分割のみに限定し、他の分割方法を一切否定した趣旨のものとは解されない。」

Q18 譲渡担保の設定

「農地を譲渡担保として他人に移転する場合、農地法3条の許可を受ける必要があるとされています。譲渡担保とは何ですか？」

解説

(1) **譲渡担保**とは、民法に規定のない担保物権の一種であり、判例上認められたものです（→担保物権の種類については、Q12を参照）。譲渡担保は、債権の担保のために、物の所有権を債権者に対して譲渡するものです。例えば、債権者Aが、債務者Bに対して有する金銭債権を担保するため、Bから、Bの所有農地（担保目的物）を譲り受ける場合がこれに当たります。

債務者B ──────▶ 債権者A（担保権者）
　　　　　農地の譲渡

(2) 上記の場合、仮にBが債務を弁済したときは、Aは当該農地の所有権を再びBに移転します（担保目的農地をBに返します。）。

また、仮にBが債務を弁済することができなかったときは、Aは当該農地をBに返還せず、自分の債権の優先的弁済に充てるか、または当該農地を第三者に売却・換価します。

上記のいずれの場合であっても、債権者（担保権者）であるAは、**清算義務**を負います（通説・判例）。清算金の支払方法としては、前者の場合（帰属清算型）は、債権額と取得した目的物の価格の差額をBに支払うことによって行い、後者の場合（処分清算型）は、目的物

の売却代金から債権額を控除してその残額をBに支払います（大村・119頁）。

　なお、債務者Bは、債権者Aから清算金の提供があるまで、債務を弁済して担保目的物を取り戻すことが可能とされています（**受戻権**。最判昭57・1・22民集36巻1号92頁）。＊

(3)　農地についても、もちろん譲渡担保の目的物とすることができますが、農地法3条の許可を受けないと、当該農地の所有権は債権者に移転しません（東京高判昭55・7・10判時975号39頁）。＊＊

　　＊**判例**（最判昭57・1・22民集36巻1号92頁）「不動産を目的とする譲渡担保契約において、債務者が債務の履行を遅滞したときは、債権者は、目的不動産を処分する権能を取得し、この権能に基づいて、当該不動産を適正に評価された価額で自己の所有に帰せしめること、又は相当の価格で第三者に売却等をすることによって、これを換価処分し、その評価額又は売却代金等をもって自己の債権の弁済に充てることができるが、他方、債務者は、債務の弁済期の到来後も、債権者による換価処分が完結するに至るまでは、債務を弁済して目的物を取り戻すことができる、と解するのが相当である。そうすると、債務者によるいわゆる受戻の請求は、債務の弁済により債務者の回復した所有権に基づく物権的返還請求権ないし契約に基づく債権的返還請求権、又はこれに由来する抹消ないし移転登記請求権の行使として行われるものというべきであるから、原判示のように、債務の弁済と右弁済に伴う目的不動産の返還請求権等とを合体して、これを1個の形成権たる受戻権であるとの法律構成をする余地はなく、したがってこれに民法167条2項の規定を適用することは許されないといわなければならない。」

　　＊＊**判例**（東京高判昭55・7・10判時975号39頁）「原審判示のように譲渡担保についても農地法所定の許可を経なければ所有権移転の効果は生じない。」

Q19 買戻し

「農地を買い戻す場合、農地法3条の許可を受ける必要があるとされています。買戻しとは何ですか？」

解説

(1) **買戻し**または買戻し特約付き売買とは、売主が、将来、売買目的物である不動産を再び自分の手に取り戻すことを約束した売買をいいます（民579条）。買戻しは、約定解除の一つといえます。

例えば、農地の売主Aと買主Bが、買戻し特約付きの売買契約を結び、農地法3条の許可を受け、また、代金の100万円も支払って農地の所有権をAからBに対して有効に移転したとします。

```
    売主A  ───────────▶  買主B
          買戻し特約付き売買
    契約解除（代金＋契約費用）
```

(2) この場合、売主Aが当該農地を買い戻そうとした場合、Aは、買主Bが支払った代金100万円および契約の費用を返還して売買の解除をすることができます（ただし、改正民法579条は、当事者の合意によって、代金とは異なる金額を返還することを認めました。）。

ここで、売買目的物が農地以外の土地の場合は、単に代金と契約費用を提供して売買契約を解除することができますが、農地の場合は、農地法に定められた許可を受けない限り、買戻しの効力が発生しません（最判昭42・1・20判時476号31頁）。

†　**民579条**「不動産の売主は、売買契約と同時にした買戻しの特約により、買主が支払った代金及び契約の費用を返還して、売買の解除をすることができる。この場合において、当事者が別段の意思を表示しなかったときは、不動産の果実と代金の利息とは相殺したものとみなす。」

††　**改正民579条**「不動産の売主は、売買契約と同時にした買戻しの特約により、買主が支払った代金（別段の合意をした場合にあっては、その合意により定めた金額。第583条第1項において同じ。）及び契約の費用を返還して、売買の解除をすることができる。この場合において、当事者が別段の意思を表示しなかったときは、不動産の果実と代金の利息とは相殺したものとみなす。」

第2章　許可の要否／第1節　許可を要する行為

Q20　契約の合意解除とは

「①　買主にいったん譲渡された農地の所有権を、元の売主に戻すため売買契約を合意解除する場合、農地法3条の許可を受ける必要があるとされています。契約の合意解除とは何ですか？

②　農地の賃貸借契約書に、『賃借人が賃借した農地を適正に利用していないときは、賃貸人は賃貸借契約を解除することができる。』と記載されている場合、当該記載の法的性格をどう理解すればよいでしょうか？」

解説

小問1

(1)　契約の**合意解除**とは、既に契約をした当事者の間で、後日、話合いによって当初の契約を解消することをいいます（合意解除は、**解除契約**とも呼ばれます。）。

では、合意解除とその他の一般的な解除の違いについて述べます。

一般的な解除の場合は、当事者が相手方に対し、一方的に、解除の意思表示を通知して契約を解消します。

さらに、これには二つのものがあり、当事者が、あらかじめ契約によって（一方または双方の当事者に）解除権を留保しておき、後日その解除権を行使することによって契約を解消するもの（**約定解除権**）と、法律の規定によって一方当事者に解除権が発生し、同人がその解除権を行使することによって契約を解消するもの（**法定解除権**）があります（山本・152頁）。

　これに対し、合意解除の場合は、前記のとおり、当事者が、当初の契約を解消することを目的とする新たな合意をすることによって効果が発生します。したがって、当事者のうちのいずれかによる、一方的意思表示によって行われるものではありません。

(2)　例えば、農地の売主Ａと買主Ｂが売買契約を締結し、農地法の許可を受けて農地の所有権をＡからＢに対して譲渡したとします。

　　　　　　売主Ａ ────▶ 買主Ｂ
　　　　　　　　農地法の許可

　その後、ＡとＢが話し合って、当初の契約の効力を解消する旨の合意つまり農地の所有権を、ＢからＡの下に戻す旨の約束が成立したとします。この場合、仮に売買目的物が農地以外の土地であれば、原則として、合意のみで、所有権が再びＡの下に戻るという効果が発生すると考えられます。

　しかし、売買目的物が農地の場合は、単にＡ・Ｂ間で合意したのみでは不十分であり、農地法の許可を受ける必要があると解されます（東京高判昭42・11・29東高民報18巻11号185頁）。＊

小問2

(1)　農地の賃貸借契約書に、「賃借人が賃借した農地を適正に利用していないときは、賃貸人は賃貸借契約を解除することができる。」と

記載した場合、当該記載に何か特別の法的な意味が認められるか否かの点が問題となります。

(2) その前に、このような文言を、契約書にわざわざ記載する必要がなぜあるのか、という点について考えておく必要があります。

　このような特約が付される農地の賃貸借契約として、一般的に考え得るのは、農地法3条3項の適用を受けて、同条1項許可（いわゆる農地法3条許可）を受けようとする場合です。農地法3条3項によれば、同項の適用要件を満たす個人または法人については、設定を受けられる権利は、使用貸借による権利と賃借権の二つに限定されるものの、許可要件が通常の場合よりも緩和されています。

　許可要件緩和の利益を受けるためには、契約当事者としては、農地の使用貸借契約または賃貸借契約を締結する段階で（少なくとも許可申請時点においては）、契約書面の中に、上記の文言を必ず記載する必要があります（法3条3項1号）。

　反面、農地法3条2項の許可要件の適用を受ける通常の使用貸借契約または賃貸借契約については、上記の文言を契約書に特に記載することは求められていません。

(3) 以上のような事情の下、設例記載の文言が、賃貸借契約書に特に記載されたものと理解されます。

　同文言のうち、「賃借した農地を適正に利用していない」とは、例えば、賃借した農地を全く耕作せず荒れるに任せている場合、田として借りた農地を無断で畑として耕作している場合、賃借した農地に産業廃棄物を投棄している場合、賃借した農地上に太陽光発電パネルを設置することによって農地の無断転用を行っている場合などの事例が想定されます。

(4) 次に、同文言のうち、「賃貸借契約を解除することができる」とは、文字どおり、賃貸人が解除権を行使することができるという意味

Q20 契約の合意解除とは

です。なお、ここで確認しておくべき条文として、民法541条があります(**履行遅滞による解除**)。

同条は、債務不履行を理由とする契約解除の一般的な要件を定めています。同条によれば、債務者の履行遅滞(約束違反)があっても、いきなり契約を解除することはできず、解除の前に**催告**(履行を促すことをいいます。)を行う必要があり、解除は、原則として、催告期間を経過してから行います(なお、改正民法541条においても、解除の前に催告を行う必要があるという原則が維持されています。→履行遅滞による解除については、Q24を参照)。

また、およそ債務と呼べるものであれば、その内容がどのようなものであっても、履行遅滞を原因として契約を解除することができるわけではありません。その基準は、ある債務の履行がないことにより、契約をした目的自体が達成できないと考えられる債務不履行に限り、契約を解除することができるということです(最判昭36・11・21民集15巻10号2507頁)。＊＊

これは、要素たる債務と付随的義務の区別という論点に関係します(鎌田・78頁。なお、改正民法541条ただし書は、当該判例の解釈を取り入れて、債務の不履行が軽微であるときは、解除は認められないとしています。)。

(5) ところで、上記契約書の文言は、賃借人が、賃借農地を適正に利用していない事実が発生した時点で、賃貸人は、解除権を行使することができると定めていますから、民法541条の原則を修正しようとしていることが分かります。

そうすると、果たして、契約当事者間の約束のみで、民法541条の定める解除要件を修正ないし緩和することができるかと、いう問題を生じます。この点については、民法は、原則として**任意規定**の性格を持ちますから、当事者が合意することによって、民法の原則を修正す

ることは可能であると解されます（反対概念は、「公の秩序に関する規定」つまり**強行規定**です。）。

　しかし、一方で、そのような修正を無限定に認めてしまうと、当事者間の力関係によっては、力の強い者によって、力の弱い者が不当な契約条件を押し付けられることにならないか、という懸念が生じます。

　そのため、次の2点に留意する必要があると考えます。

(6)　第1点は、農地法18条2項1号の規定の存在です。

　一般論としていえば、契約当事者が、農地の賃貸借契約を解除しようとする場合、原則として、都道府県知事の許可を受ける必要があります（法18条1項本文）。仮に許可を受けることなく解除しても、無効とされます（法18条5項）。

　この場合、都道府県知事が許可を出すためには、法定の許可要件を満たすことが必要です（法18条2項）。具体的には、例えば、「賃借人が信義に反した行為をした」ことが必要とされます（同項1号。→許可要件については、Q15-2を参照）。

　ところが、農地法3条3項の適用を受けて同条1項の許可を受けた賃貸借契約にあっては、賃貸人が、解除に先立って農業委員会に届出をしておけば、都道府県知事の許可は不要とされます（法18条1項4号）。

　設例の農地賃貸借の場合も、農地法18条の定める都道府県知事の許可自体は不要ということになりますが、同条の許可要件の趣旨は、設例の農地賃貸借契約の解除の場合にも、十分斟酌される必要があると解します。つまり、賃貸人が賃貸借契約を解除しようとするときは、賃借人の行為が、客観的にみても「信義に反した行為」に該当する必要があると考えます。

　第2点は、継続的な契約関係である賃貸借関係において、賃貸借の

当事者の一方に、当事者相互の信頼関係を裏切って契約関係の継続を困難とさせる不信行為（信義に反する行為）があった場合、相手方は、催告を経ることなく契約を解除することができるとする数多くの判例に留意する必要があります（我妻・1027頁。最判昭47・2・18民集26巻1号63頁、最判昭50・2・20民集29巻2号99頁）。＊＊＊、＊＊＊＊

(7)　以上を踏まえて考えますと、設例の場合、賃貸人が、契約を解除するに当たって、賃借人に対する事前の催告を要しないと合意したものと解され、これは**無催告解除特約**を付したものということができます。この特約の性格をどう理解するべきかという問題がありますが、約定解除権を賃貸人に与えたというよりは、法定解除権を行使するに当たって、その要件を一部緩和したものと捉えた方が妥当ではないかと考えます。

　なお、このような文言が記載された賃貸借契約を「解除条件付き賃貸借契約」と呼ぶ立場が未だに存在するようですが、法律的にみた場合、不適切な命名であることは既に述べたとおりです（ただし、これを「解除する旨の条件付き賃貸借契約」と呼ぶことには問題はないと考えます。→解除条件については、Ｑ５を参照）。

　　†　**法3条3項1号**「これらの権利を取得しようとする者がその取得後においてその農地又は採草放牧地を適正に利用していないと認められる場合に使用貸借又は賃貸借の解除をする旨の条件が書面による契約において付されていること。」

　　†　**法18条1項4号**「第３条第３項の規定の適用を受けて同条第１項の許可を受けて設定された賃借権に係る賃貸借の解除が、賃借人がその農地又は採草放牧地を適正に利用していないと認められる場合において、農林水産省令で定めるところによりあらかじめ農業委員会に届け出て行われる場合」

　　†　**民541条**「当事者の一方がその債務を履行しない場合において、相手方が相当の期間を定めてその履行の催告をし、その期間

内に履行がないときは、相手方は、契約の解除をすることができる。」

†† **改正民541条**「当事者の一方がその債務を履行しない場合において、相手方が相当の期間を定めてその履行の催告をし、その期間内に履行がないときは、相手方は、契約の解除をすることができる。ただし、その期間を経過した時における債務の不履行がその契約及び取引上の社会通念に照らして軽微であるときは、この限りでない。」

†† **改正民542条1項**「次に掲げる場合には、債権者は、前条の催告をすることなく、直ちに契約の解除をすることができる。
①　債務の全部の履行が不能であるとき。
②　債務者がその債務の全部の履行を拒絶する意思を明確に表示したとき。
③　債務の一部の履行が不能である場合又は債務者がその債務の一部の履行を拒絶する意思を明確に表示した場合において、残存する部分のみでは契約をした目的を達することができないとき。
④　契約の性質又は当事者の意思表示により、特定の日時又は一定の期間内に履行をしなければ契約をした目的を達することができない場合において、債務者が履行をしないでその時期を経過したとき。
⑤　前各号に掲げる場合のほか、債務者がその債務の履行をせず、債権者が前条の催告をしても契約をした目的を達するのに足りる履行がされる見込みがないことが明らかであるとき。」

†† **同条2項**「次に掲げる場合には、債権者は、前条の催告をすることなく、直ちに契約の一部の解除をすることができる。
①　債務の一部の履行が不能であるとき。
②　債務者がその債務の一部の履行を拒絶する意思を明確に表示したとき。」

＊**判例**（東京高判昭42・11・29東高民報18巻11号185頁）「解除は当事者に原状回復義務を負わせるものであって、その実質におい

て新たな権利変動を生ぜさせると異るところはないからである。もっとも、法定の事由による解除の場合には、法律の定めるところによって解除権が発生するものであるから、法定解除による農地所有者権の原状回復については同法の適用はないと解さなければならない。そうでないと、当事者は法律上認められた解除権の行使を封ぜられると同一に帰するからである。しかし、合意解除はこれと同一に論ずることはできない。合意解除は当事者の完全な自由意思によるものであって権利にもとづくものではないから、農地所有権の移転を目的とする契約の合意解除についてその効力を認め農地法の適用がないと解しては、実質上農地所有権の移転を当事者の自由意思に放任すると異らないこととなるからである。」

＊＊**判例**（最判昭36・11・21民集15巻10号2507頁）「法律が債務の不履行による契約の解除を認める趣意は、契約の要素をなす債務の履行がないために、該契約をなした目的を達することができない場合を救済するためであり、当事者が契約をなした主たる目的の達成に必須的でない附随的義務の履行を怠ったに過ぎないような場合には、特段の事情の存しない限り、相手方は当該契約を解除することができないものと解するのが相当である。」

＊＊＊**判例**（最判昭47・2・18民集26巻1号63頁）「以上の認定事実によれば、本件建物の賃借人である上告会社としては、その責めに帰すべき事由による保管義務違反があったものとして債務不履行の責を免れえないことは、原判決の説示するとおりである。

そして、賃借人がその責に帰すべき失火によって賃借にかかる建物に火災を発生させ、これを焼燬することは、賃貸人に対する賃借物保管義務の重大な違反行為にほかならない。したがって、過失の態様および焼燬の程度が極めて軽微である等特段の事情のないかぎり、その責に帰すべき事由により火災を発生せしめたこと自体によって賃貸借契約の基礎をなす賃貸人と賃借人との間の

信頼関係に破綻を生ぜしめるにいたるものというべく、しかして、このような場合、賃貸人が賃貸借契約を解除しようとするに際し、その前提として催告を必要であるとするのは事柄の性質上相当でなく、焼燬の程度が大で原状回復が困難であるときには無意味でさえあるから、賃貸人は催告を経ることなく契約を解除することができるものと解すべきである。」

＊＊＊＊**判例**（最判昭50・2・20民集29巻2号99頁）「上告人はショッピングセンター内で、他の賃借人に迷惑をかける商売方法をとって他の賃借人と争い、そのため、賃貸人である被上告人が他の賃借人から苦情を言われて困却し、被上告人代表者がそのことにつき上告人に注意しても、上告人はかえって右代表者に対して、暴言を吐き、あるいは他の者とともに暴行を加える有様であって、それは、共同店舗賃借人に要請される最少限度のルールや商業道徳を無視するものであり、ショッピングセンターの正常な運営を阻害し、賃貸人に著しい損害を加えるにいたるものである。したがって、上告人の右のような行為は単に前記特約に違反するのみではなく、そのため本件賃貸借契約についての被上告人と上告人との間の信頼関係は破壊されるにいたったといわなければならない。

そうすると、上告人の前記のような行為を理由に本件賃貸借契約の無催告解除を認めた原審の認定判断は正当として是認すべきであり、論旨は採用することができない。」

第2節　許可を要しない行為

Q21　農事調停とは

「農事調停によって、農地について所有権を移転し、または所有権以外の権利を設定し、または移転する場合は、農地法3条の許可を受ける必要がないとされています。農事調停とは何ですか？」

解説

(1)　**農事調停**とは、民事調停法の一般的な規定および同法25条から30条までの規定に従って行われる民事調停を指します。

　より具体的にいえば、農事調停とは、農地または農業経営に附随する土地、建物その他の農業用資産（以下「農地等」といいます。）の貸借その他の利用関係の紛争について行われる調停をいいます（民調25条）。

(2)　農事調停の申立て先ですが、紛争の目的である農地等の所在地を管轄する地方裁判所、または当事者が合意で定めるその所在地を管轄する簡易裁判所となります（民調26条）。

　例えば、甲市内にある農地をめぐって紛争が発生しているときは、甲市を管轄する地方裁判所に農事調停を申し立てます。ただし、紛争の当事者が合意をして、甲市を管轄する簡易裁判所に対して申立てを

することも可能です。

(3) 農事調停を含む民事調停は、**調停委員会**で行われます（民調5条1項）。そして、調停委員会は、裁判官である調停主任1人と民事調停委員2人以上で組織されます（民調6条）。

民事調停は、民事に関する紛争一般について、当事者の互譲により、条理にかない実情に即した解決を図ることを本来の目的としています（民調1条）。調停において当事者間に合意が成立し、これを調書に記載したときに、調停が成立したものとされています（民調16条）。**調書の効力**は、**裁判上の和解**と同一の効力を有します。

(4) 農事調停に特徴的な規定として、民事調停法27条と28条があります。これは、国の職員である**小作官**または都道府県の職員である**小作主事**が、農事調停の期日に出席し（または期日外に）、調停委員会に対して意見を述べることができるという規定です。

この規定の趣旨は、農地行政に関する専門知識を有する小作官または小作主事が、調停手続の期日に出席し、問題となっている農地等の紛争について、調停を成立させることが相当であるか否かの意見を述べることができるというものです。

仮に調停委員会が、調停を成立させることが相当であるとの小作官などの意見を尊重して調停を成立させ、その結果、調停当事者間で農地に対する権利設定または権利移転が生じ、あるいは契約の解除が行われたとしても、別途農地法の定める許可を受ける必要はありません（いわゆる許可除外。法3条1項10号・18条1項2号）。

ここで、仮に小作官などが調停成立を相当とする旨の意見を述べたとしても、調停委員会がこれに法的に拘束されるとは考え難く、調停不成立とすることも許されると解されます。

逆に、小作官などが調停を成立させることは不相当であるとの意見を述べたところ、調停委員会が当該意見を考慮することなく調停を成

立させた場合に、果たして、当該調停は違法となるかという問題があります。これについては、反対説もあり得ますが、小作官などの意見には法的拘束力が認められないという原則論に立つ以上、違法とまではいえないと解されます。

† **法3条1項10号**「民事調停法（昭和26年法律第222号）による農事調停によってこれらの権利が設定され、又は移転される場合」

† **法18条1項2号**「合意による解約が、その解約によって農地若しくは採草放牧地を引き渡すこととなる期限前6月以内に成立した合意でその旨が書面において明らかであるものに基づいて行われる場合又は民事調停法による農事調停によって行われる場合」

† **民調1条**「この法律は、民事に関する紛争につき、当事者の互譲により、条理にかない実情に即した解決を図ることを目的とする。」

† **民調5条1項**「裁判所は、調停委員会で調停を行う。ただし、裁判所が相当であると認めるときは、裁判官だけでこれを行うことができる。」

† **民調6条**「調停委員会は、調停主任1人及び民事調停委員2人以上で組織する。」

† **民調16条**「調停において当事者間に合意が成立し、これを調書に記載したときは、調停が成立したものとし、その記載は、裁判上の和解と同一の効力を有する。」

† **民調25条**「農地又は農業経営に付随する土地、建物その他の農業用資産（以下「農地等」という。）の貸借その他の利用関係の紛争に関する調停事件については、前章に定めるもののほか、この節の定めるところによる。」

† **民調26条**「前条の調停事件は、紛争の目的である農地等の所在地を管轄する地方裁判所又は当事者が合意で定めるその所在地を管轄する簡易裁判所の管轄とする。」

† **民調27条**「小作官又は小作主事は、調停手続の期日に出席し、又は調停手続の期日外において、調停委員会に対して意見を述べることができる。」

† **民調28条**「調停委員会は、調停をしようとするときは、小作官又は小作主事の意見を聴かなければならない。」

Q21-2 農事調停による農地賃借権の設定

「農地の賃貸人Aと賃借人Bは、農業委員会の3条許可を受けることなく、10年も前から、事実上の賃貸借契約関係を継続してきました。このたび、賃借人Bから賃貸人Aに対し、農地の賃借権が自分にあることを確認して欲しいとの農事調停申立がありました。一方、Aとしては、長年にわたって継続してきたBとの良好な人間関係を壊す意思はないとの意見を述べています。この場合、どのような調停条項となるでしょうか？」

解説

(1) 前問でも触れましたが、農事調停は、農地等の貸借その他の利用関係の紛争に関する事件を対象とします。設例の申立ては、農地の事実上の賃借人が、賃貸人に対し、賃借権の設定を求めて調停の申立てをしたものであって、農事調停になじむものといえます。

ここで、農事調停の申立人は、事実上の賃借人Bであり、相手方は、事実上の賃貸人Aということになります。

申立人B ━━━━━▶ 相手方A
農事調停の申立

現在のA・B間の法律関係を整理しますと、双方の間に、事実上の賃貸借関係が長年にわたって継続していますが、Bには正当な賃借権は認められないということになります（Bは、いわゆる**ヤミ小作**にすぎないということです。）。その理由は、A・B双方の申請による農業委

員会の許可が存在しないためです（法3条7項）。

　他方、Bが、賃借権の時効取得を主張するという方法も考えられないではありませんが、設例では、事実上の賃貸借関係の継続期間が10年間にすぎないことから、この主張には無理があると考えます（→時効取得については、Q22を参照）。

(2)　さて、申立人Bが調停において求めているのは、自分に賃借権があることの確認です。しかし、上記のとおり、Bは農地法の許可を受けていないのですから、そもそも現時点で存在しない賃借権を確認するということは無理であると考えられます。

　しかし、申立人Bの意図は、今までどおり耕作を継続することを望み、また、耕作権についてはこれを正当なものと認めて欲しいというものであることが分かります。そのような観点に立って問題を整理しますと、農事調停において、Bに正当な賃借権があることをAが認める、という内容で話がまとまれば済むことになります。

　ここで、調停条項の書き方が問題となります。調停条項の書き方についての注意点とは、裁判上の和解条項の書き方のそれにほかなりません（田中・21頁）。

　そして、調停条項の体系のうち、その中心をなすべきものは、いわゆる**効力条項**（調停条項のうち、実体上の効力を発生させるものをいいます。）といえます。

　　　確認条項（権利関係について、存在・不存在を確認するもの）
　　　給付条項（一定の給付をすることを内容とするもの）
　　　形成条項（権利関係について、発生、変更または消滅の効果を生むもの）

　効力条項のうち、基本的法律関係に関する基本条項として、一般的

に、上記のようなものがあげられます（田中・145頁）。また、基本事項以外のものとして、例えば、清算条項や調停費用の負担条項などがあります。

(3) 設例の場合、申立人Ｂの意図は、前記のようなものといえますし、また、相手方Ａも、これまでの良好な人間関係を維持したいとの意向を示しています。そこで、調停の内容としては、申立人と相手方との間で、賃借権が設定されることを合意すればよいことになります。そうしますと、ここでは、形成条項である権利発生条項を中心に置けばよいことになります。

より具体的にいえば、調停の場において、申立人Ｂと相手方Ａが、新たに賃借権を設定することを合意することによって、Ｂに賃借権が発生する、とすればよいことになります（効力が発生するのは、農事調停が成立した時点です。）。

(4) 今回の農事調停における形成条項を作成するに当たっては、少なくとも、当事者、発生させる権利の性質、権利の存続期間、権利が設定される目的物および賃料を特定することが必要と考えられます。

以下、調停条項の一例を掲げます（星野・267頁）。

1　相手方は、申立人に対し、別紙物件目録記載の土地を、期間10年、賃料１年10万円、耕作目的で賃貸し、申立人はこれを賃借する。
2　調停費用は、各自の負担とする。　　　　　　　　以上

---

(5) 上記のような内容の農事調停を成立させるに当たっては、前問でも述べたとおり、都道府県の職員である小作主事が調停委員会に出席して、当該農事調停の内容が、農地法の趣旨に反するものではない旨の意見を述べる必要があります。

第2章　許可の要否／第2節　許可を要しない行為

　したがって、小作主事の意見に法的な拘束力を認めることはできないとしても、同人が明白な反対意見を述べているにもかかわらず、調停委員会において、無理に農事調停を成立させるようなことがあれば、それは由々しき問題といわねばなりません。

　設例において、調停委員会が作成した調停案について、小作主事も農事調停の内容に特に問題がない旨の意見を述べ、その後、農事調停が無事成立したときは、相手方Aの所有農地について、申立人Bの賃借権が設定されたことになります。

　この場合、A・Bは、別途農地法3条許可を受ける必要はありません（法3条1項10号。→許可除外の取扱いについては、Q21を参照）。

　　†　**法3条7項**「第1項の許可を受けないでした行為は、その効力を生じない。」

Q22　時効とは

「時効によって、農地に対する所有権などの権利を取得する場合は、農地法3条の許可を受ける必要がないとされています。時効とは何ですか？」

解説

(1) **時効**とは、民法で認められた制度です（民144条以下）。時効という制度が認められる理由については、学者によってこれまでにいろいろな説明がされていますが、一口でいえば、長年にわたって継続した事実状態に対し、法的な効果を与えたものということができます。

(2) 時効には、大きく二つの制度があります。取得時効と消滅時効です。**取得時効**は、所有権または所有権以外の財産権を、一定の要件の下に占有または行使した者について、権利を付与しようとする制度です。

これに対し、**消滅時効**とは、たとえ権利を有していても、長期間にわたってこれを行使しないと、権利が消滅するというものです。「権利の上に眠る者は保護されない」ということです。

(3) 取得時効について、民法162条1項は、20年間、所有の意思をもって、平穏かつ公然と他人の物を占有した者は、その所有権を取得すると定めます（民162条1項）。

また、同条2項は、10年間、所有の意思をもって、平穏かつ公然と他人の物を占有した者は、その占有開始の時に善意かつ無過失のときは、その所有権を取得すると定めます。

なお、時効の効力は起算日に遡って発生します（民144条）。

取得時効の種類	占有期間	占有の態様	占有者の主観
長期取得時効	20年間	平穏かつ公然	悪意または有過失善意
短期取得時効	10年間	同上	無過失善意

(4) 所有権の時効取得が認められるための期間は、上記のとおり、20年または10年と違いがありますが、いずれの場合であっても、占有者には所有の意思があることが必要です。この所有の意思のある占有のことを**自主占有**といいます（他方、所有の意思のない占有を**他主占有**といいます。）。

ところで、占有に所有の意思が認められるか否かは、占有者の内心の意思によって決定されるものではなく、占有取得原因事実すなわち権原の客観的性質によって決定される、と解するのが通説・判例です（判解昭47年・700頁）。

例えば、農地の売主Aと買主Bが農地の売買契約をして、BはAに代金を支払って農地の占有を開始したが、所有権移転の効力要件となる農地法3条許可の申請をしないまま長期間が経過したような場合が、これに該当します。この場合、Bは農地の買主であることから、同人には、占有開始時点で所有の意思があったと解されます。

また、農地法3条許可を受けたが、当該許可処分に無効原因があったため、最初から何らの効力も生じていなかった場合や、いったんは有効に成立した許可処分が、後になって職権で取り消されたため、遡及的に無効とされた場合も同様に考えることができます。

Bによる農地の占有の継続

(5) 占有者に所有の意思が認められて所有権の取得時効が完成した場合、当該権利取得行為について、農地法3条の許可を受ける必要はありません（最判昭50・9・25民集29巻8号1320頁）。＊

その理由は、時効取得は**原始取得**であって、新たに所有権を移転する行為ではないから、農地法の許可を受ける必要はないというものです。仮に転用目的の農地の売買の場合であっても同様に解することができます（最判平13・10・26民集55巻6号1001頁）。＊＊

なお、上記平成13年の判例は、買主は「代金を支払い農地の引渡しを受けた」と判示していますが、代金の支払の有無は、所有の意思の有無の判断要素とはならないとの指摘があります（判解平13年・620頁）。

(6) さらに、最高裁判例は、所有権以外の財産権についても時効取得の成立を認めており、これには農地賃借権も含まれます（最判昭43・10・8民集22巻10号2145頁）。この場合、土地に対する使用収益が、賃借権行使の意思に基づくものであることが、客観的に表現されていることが必要であると解されます（→賃借権の時効取得については、Q15－10を参照）。

　　　† **民144条**「時効の効力は、その起算日にさかのぼる。」
　　　† **民162条1項**「20年間、所有の意思をもって、平穏に、かつ、公然と他人の物を占有した者は、その所有権を取得する。」
　　　† **同条2項**「10年間、所有の意思をもって、平穏に、かつ、公然と他人の物を占有した者は、その占有の開始の時に、善意であり、かつ、過失がなかったときは、その所有権を取得する。」
　　＊**判例**（最判昭50・9・25民集29巻8号1320頁）「時効による所有権の取得は、いわゆる原始取得であって、新たに所有権を移転する行為ではないから、右（注：農地法3条による）許可を受けなければならない行為にあたらないものと解すべきである。時効により所有権を取得した者がいわゆる不在地主である等の理由に

より、後にその農地が国によって買収されることがあるとしても、そのために時効取得が許されないと解すべきいわれはない。」
＊＊**判例**（最判平13・10・26民集55巻6号1001頁）「農地を農地以外のものにするために買い受けた者は、農地法5条所定の許可を得るための手続が執られなかったとしても、特段の事情のない限り、代金を支払い当該農地の引渡しを受けた時に、所有の意思をもって同農地の占有を始めたものと解するのが相当である。」

Q23 共有持分の放棄とは

「共有持分の放棄の場合は、農地法3条の許可を受ける必要がないとされています。共有持分の放棄とは何ですか？」

解説

(1) 共有については、既に述べたとおり、一つの目的物を複数の者が共同で所有することをいいます（→共有については、Q17を参照）。各共有者が、共有物に対して有する権利を持分または持分権といいます。

(2) 共有者の1人が、その持分を放棄したとき、または死亡して相続人がないときは、その持分は他の共有者に帰属します（民255条）。なぜ他の共有者に帰属するかといえば、共有者の1人が持分を放棄することによって、他の共有者の持分が、その分だけ制約を受けない状態に回復するからであると解する立場が一般的です（**所有権の弾力性**。石田・377頁）。

例えば、ある農地について、3人の共有者（A・B・C）がおり、各自の持分は3分の1ずつであったが、Cが持分を放棄した場合、その持分は、他の共有者であるAとBに帰属することになりますから、以後、各自の持分は2分の1ずつということになります。

共有持分の放棄については、農地法3条の許可は不要と解されます（青森地判昭37・6・18下民13巻6号1215頁）。

　　† **民255条**「共有者の1人が、その持分を放棄したとき、又は死亡して相続人がないときは、その持分は、他の共有者に帰属する。」

Q24 債務不履行による契約の解除とは

「買主に対しいったん譲渡された農地の所有権を、元の売主に戻すため債務不履行によって売買契約を解除する場合は、農地法3条の許可を受ける必要がないとされています。債務不履行による契約の解除とは何ですか？」

解説

(1) 契約の解除には、前記したとおり、法律の規定によって当然に発生する法定解除権と、あらかじめ当事者間で解除権を留保しておく約定解除権があります（そのほかに合意解除もあります。→解除の種類については、Q20を参照）。

(2) **債務不履行による解除**とは、民法541条から543条までの規定に従って行われるものです。

債務不履行による解除 ｛ 履行遅滞による解除（民541条）
定期行為の履行遅滞による解除（民542条）
履行不能による解除（民543条）

(3) ここで、そもそも**契約解除**という法的な仕組みがなぜ必要とされるのか、という問題があります。

例えば、農地の売主Aが買主Bに対し、自分の所有する農地を譲渡する契約を結んだが、Bが売買代金を支払ってくれない場合に、契約解除という手法が有用となります。買主Bが約束を履行しようとしない場合、売主Aとしては、そのような不誠実なBを相手に、いつまで

も交渉を継続するよりも、Bとの約束を白紙に戻す方がむしろ好都合といえます。

　そのために、Aとしては、Bとの関係を断ち切る手段として、契約を解除する必要が出てきます。契約を解除することによって、①A自身が負担する債務を白紙撤回し、②仮に既に農地をBに引き渡していたときは、それをAの下に取り戻すことができ、③仮にAに損害が発生したときは、Bに対し賠償請求することができます（→解除の効果については、Q24－2を参照）。

(4)　契約解除の方法については、前記のとおり三つの場合があります。それらのうち、現実に最も問題となることの多いのは、履行遅滞による解除権です。これは、債務者が債務の履行を怠っている場合に発生する解除権です。

　これに対し、履行不能による解除権とは、債務者の行為によって、債務を履行することが不可能となった場合に発生する解除権です。

　履行遅滞による解除と、履行不能による解除には、大きな違いがあります。それは、契約を解除するための前提要件として、前者の場合は催告を要するが、後者の場合は催告を要しない（無催告解除）という点です（→契約解除については、Q20を参照）。

(5)　契約解除と農地法の許可の要否の問題については、最高裁の判例があって、許可を要しないという判断が示されています（最判昭38・9・20民集17巻8号1006頁）。＊

　それは、解除権者が解除権を行使すると、当初の契約が遡及的に効力を失うことになるだけであって、解除によって新たな権利移動が発生するわけではないと考えられるためです（→遡及効については、Q24－2を参照）。

【改正民法による変更点】

(1)　改正民法は、債務不履行による契約解除を行うに当たり、債務者

に帰責事由のあることを要件としていません。これは、契約の解除という制度に対し、契約関係から債権者を解放するためのものという位置付けを与えたためです（逐条解説・253頁）。

(2) 契約解除の手法としては、原則的なものとして改正民法541条による催告解除があり、例外的なものとして改正民法542条による無催告解除があります。無催告解除は、さらに、契約全部の解除が認められる場合（改正民法542条1項）と、契約の一部解除が認められるにとどまる場合（同条2項）に分けられます。

(3) 改正民法は、債務不履行が債権者の帰責事由によって生じた場合に、債権者は、契約を解除することができないと定めました（改正民543条）。

  † **民541条**「当事者の一方がその債務を履行しない場合において、相手方が相当の期間を定めてその履行の催告をし、その期間内に履行がないときは、相手方は、契約の解除をすることができる。」

  †† **改正民541条**「当事者の一方がその債務を履行しない場合において、相手方が相当の期間を定めてその履行の催告をし、その期間内に履行がないときは、相手方は、契約の解除をすることができる。ただし、その期間を経過した時における債務の不履行がその契約及び取引上の社会通念に照らして軽微であるときは、この限りでない。」

  † **民542条**「契約の性質又は当事者の意思表示により、特定の日時又は一定の期間内に履行をしなければ契約をした目的を達することができない場合において、当事者の一方が履行をしないでその時期を経過したときは、相手方は、前条の催告をすることなく、直ちにその契約の解除をすることができる。」

  †† **改正民542条1項**「次に掲げる場合には、債権者は、前条の催告をすることなく、直ちに契約の解除をすることができる。
① 債務の全部の履行が不能であるとき。

② 債務者がその債務の全部の履行を拒絶する意思を明確に表示したとき。
③ 債務の一部の履行が不能である場合又は債務者がその債務の一部の履行を拒絶する意思を明確に表示した場合において、残存する部分のみでは契約をした目的を達することができないとき。
④ 契約の性質又は当事者の意思表示により、特定の日時又は一定の期間内に履行をしなければ契約をした目的を達することができない場合において、債務者が履行をしないでその時期を経過したとき。
⑤ 前各号に掲げる場合のほか、債務者がその債務の履行をせず、債権者が前条の催告をしても契約をした目的を達するのに足りる履行がされる見込みがないことが明らかであるとき。」

†† **同条2項**「次に掲げる場合には、債権者は、前条の催告をすることなく、直ちに契約の一部の解除をすることができる。
① 債務の一部の履行が不能であるとき。
② 債務者がその債務の一部の履行を拒絶する意思を明確に表示したとき。」

† **民543条**「履行の全部又は一部が不能となったときは、債権者は、契約の解除をすることができる。ただし、その債務の不履行が債務者の責めに帰することができない事由によるものであるときは、この限りではない。」

†† **改正民543条**「債務の不履行が債権者の責めに帰すべき事由によるものであるときは、債権者は、前2条の規定による契約の解除をすることができない。」

＊**判例**（最判昭38・9・20民集17巻8号1006頁）「売買契約の解除は、その取消の場合と同様に、初めから売買のなかった状態に戻すだけのことであって、新に所有権を取得せしめるわけのものではないから、農地法3条の関するところではないというべきである。」

Q24-2 契約解除の効果

「売主Ａ、買主Ｂの間で、Ａ所有農地の売買契約が締結され、その後、農業委員会の３条許可を経て、Ｂへの所有権移転登記も済んだが、Ｂが代金300万円を期限までに支払わないため、Ａは売買契約を解除しようと考えています。解除の手順および効果について教えてください。」

解説

(1) 設例の場合、売主Ａは、買主Ｂに対し、代金300万円で自分の所有する農地を売却し、農業委員会の許可を受け、また、所有権移転登記も具備されました。

しかし、Ｂは、期限までに代金300万円を支払わないため、Ａは、売買契約を解除したいと考えています。解除の手順ですが、原則的に次のようなものとなります。

①　ＡがＢに対し、債務を履行するよう催告を行うこと
⇩
②　催告期間内にＢが履行しないこと
⇩
③　ＡがＢに対し、売買契約解除の意思表示をすること
⇩
④　契約解除の効果の発生

(2) まず、**催告**とは、債権者が債務者に対し、履行を行うよう請求す

ることをいいます。催告は、あらかじめ相当の期間を定めて行う必要があります。仮に不相当な期間を定めて催告を行った場合であっても、客観的に相当な期間が経過した後に解除権が発生する、というのが判例・通説の立場です（笠井・92頁）。

設例の場合は、例えば、「催告状が到達した日から、2週間以内に金300万円を支払え」と通知すれば足ります。

(3) 次に、催告期間内にBが履行しないとは、文字どおり、期限までに300万円をAに支払わないことを意味します。

最後に、解除の意思表示ですが、AからBに対し、契約を解除する旨の一方的な意思表示を行えば足ります（Aが契約解除を行うに当たり、Bの同意は不要です。ただし、解除の意思表示はBに到達する必要があります。）。

(4) 契約解除の法的構成については、古くから、直接効果説と間接効果説の対立があり、通説・判例は、直接効果説をとっています（判例契約・110頁）。

直接効果説とは、契約が解除されると、契約は、契約時点に遡及して消滅し、双方の当事者は、自分が受けた給付を不当利得として相手方に返還する義務を負うと考える立場です。契約が取り消されて無効となった場合と同視するものといえます（民121条）。

このように、契約が解除されて遡及的に無効となると考えると、解除の前に取引に入った第三者の立場をどのように保護するのかという問題が生じます。この点については、既に述べました（→契約解除と

所有権移転登記の関係については、Q6－6を参照）。

　ただし、賃貸借契約のような継続的契約関係においては、解除に遡及効はなく、将来に向かって効力が生ずるのみとされています（民620条）。これを賃貸借の**解除告知**といいます。

　なぜ、遡及効がないとされるのかといえば、継続的契約関係について、仮に遡及効のある解除を認めると、既に経過した期間についても原状回復義務が発生することとなり、いたずらに法律関係を複雑化することになるため、契約関係は将来に向かってのみ終了するとしたものです（我妻・1153頁）。

(5)　解除の効果は、次のとおりです（笠井・104頁）。

　第1に、未履行債務が残っている場合、当事者は、その履行義務を免れます。

　第2に、**原状回復義務**が発生します（民545条1項）。給付した物が残っているときは、それを返還する必要があります。設例の場合、売買目的農地について、売主Aから買主Bへの所有権移転登記が既に行われていますから、この移転登記を抹消する必要があります。

　また、仮に売買目的農地の引渡しが行われていたような場合は、BはAに対し、農地を返還する必要があります（ただしこの場合、改正民法545条3項により、Bが農地を使用収益した結果、農産物が収穫されていたときは、その農産物は同項の「果実」に該当するため、Bは当該農産物も返還する必要があります。）。

　第3に、売主Aに損害が発生した場合、AはBに対し、損害賠償請求を行うことができます（民545条3項）。

　　　†　**民121条**「取り消された行為は、初めから無効であったものとみなす。ただし、制限行為能力者は、その行為によって現に利益を受けている限度において、返還の義務を負う。」

　　　†　**民545条1項**「当事者の一方がその解除権を行使したときは、

各当事者は、その相手方を原状に復させる義務を負う。ただし、第三者の権利を害することはできない。」

† **同条2項**「前項本文の場合において、金銭を返還するときは、その受領の時から利息を付さなければならない。」

† **同条3項**「解除権の行使は、損害賠償の請求を妨げない。」

†† **改正民545条3項**「第1項本文の場合において、金銭以外の物を返還するときは、その受領の時以降に生じた果実をも返還しなければならない。」

†† **同条4項**「解除権の行使は、損害賠償の請求を妨げない。」

† **民620条**「賃貸借の解除をした場合には、その解除は、将来に向かってのみその効力を生ずる。この場合において、当事者の一方に過失があったときは、その者に対する損害賠償の請求を妨げない。」

Q24-3 手付の交付と損害賠償請求の可否

「農地の売主Aと買主Bは、A所有の農地を500万円で売買する契約書を作成し、同日、BはAに対し、手付金として50万円を交付しました。この売買契約書には、特約として、『1項 当事者は次のとおり定める。2項 買主の義務不履行の場合、売主は手付金を返還しない。3項 売主の義務不履行の場合、売主は手付金の倍額を支払う。4項 上記以外に特別の損害を被った当事者の一方は、相手方に対し違約金または損害賠償の支払を求めることができる。』と書かれていました。そして、AとBは、農業委員会に対し、3条許可申請書を提出しました。

その後、Aは、目的農地をCに譲渡する契約を結び、A・C双方申請による3条許可を受けた後に、AからCへの所有権移転登記を完了しました。そこで、BはAに対し、特約3項に従って、手付金の倍額（100万円）の支払を求めました。また、農地の時価は、Aの履行不能時つまりCへの所有権移転登記が具備された時には、800万円に値上がりしていました。果たして、Bは、特約4項に従って、増額分の300万円についても損害賠償請求することができるでしょうか？」

解説

(1) 農地の売主Aと、買主Bの間で農地の売買契約が締結され、同時に、BはAに対し、代金の1割に相当する50万円を交付しています。この50万円は、**手付**（手付金）といわれるものです。

民法557条1項は、買主が売主に手付を交付したときは、当事者の

一方が、契約の履行に着手するまで、買主は手付を放棄し、売主は手付の倍額を償還して契約を解除することができると定めています。ただし、本条は強行規定ではありませんから、当事者間で、本条と異なる定めをした場合、それは原則として有効と解されます（我妻・1060頁）。

(2) このことから、手付の機能については、次のように考えることができます。

第1に、手付は、少なくとも、これによって契約が成立したことを証明する作用があります（**証約手付**）。

第2に、民法の上記条文によって、当事者は、任意に契約を解除することができます（**解約手付**）。このように、手付に解除権（約定解除権）を留保する効果を持たせることができます。

なお、解約手付の機能を使うに当たっては、上記のとおり、一定の限界があり、「履行に着手するまで」に解除の意思表示をする必要があります（ただし、改正民法557条は、「相手方が契約の履行に着手」するまでは、仮に自らが履行に着手していたとしても、手付けの放棄または倍返しによる契約の解除ができるとしました。また、売主が倍返しによる契約の解除をするためには、倍額の金銭を、買主に対し、現実に提供することをもって足りるとされました。）。

例えば、農地の売買については、両当事者が、都道府県知事に対し許可申請を行ったときに、履行の着手が認められるとした判例があります（最判昭43・6・21民集22巻6号1311頁）。＊

第3に、当事者が債務を履行しない場合に、損害賠償としての作用を持たせる手付があります（**違約手付**）。違約手付には、損害賠償の金額を手付の額に限定するという趣旨のものと、当事者がさらに立証に成功すれば、手付の額を超える損害賠償を認める趣旨のものがあります。

(3) 設例の場合、Aは、当初Bとの間で農地の売買契約を締結し、その際、50万円を手付金としてBから受け取りました。

ところが、Aは、Bとの約束を自ら破って、目的農地を第三者であるCに譲渡しました。しかも、Cへの所有権移転登記も完了しているということから、もはやAの債務は履行不能に陥ったものと考えることができます（→農地の二重譲渡については、Q6-5を参照。履行不能については、Q24を参照）。

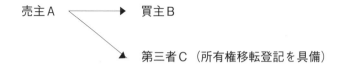

(4) BはAに対し、特約3項に従って、手付金の倍額に相当する100万円の支払を求めることができます。この点には異論は生じないと思われます。

問題は、BがAに対し、売買契約時の農地の時価である500万円と、履行不能時（Cへの所有権移転登記が具備された時点）の時価である800万円の差額である300万円（増額分）を支払うように求めることができるか否かという点です。

おそらく、Aの側からは、特約4項には「特別の損害」と明記してあることから、この文言は、民法416条2項の定める「特別の事情によって発生した損害」を意味するのであり、本件では、当事者Aは、当該特別事情を予見できなかったのであるから、Aに300万円の損害賠償義務はないとの抗弁を出してくることが予想されます。仮にそのような解釈を裁判所が採用すれば、Bの主張が認められる可能性は、極めて低くなります。

この点に関し、最高裁判例は、設例と同様の約定の解釈について、

通常生ずべき損害であろうと、特別の事情によって生じた損害であろうと、現実に生じた損害全額の賠償請求をすることができる旨を定めたものと解するのが相当であるとしました（最判平9・2・25判時1599号66頁）。＊＊

この最高裁判例に従えば、Ｂは、Ａの履行不能によって発生した損害額の全部について賠償請求することが可能と解され、増額分300万円の請求についても、認容される可能性が高いと考えます。

　　† 民416条1項「債務の不履行に対する損害賠償の請求は、これによって通常生ずべき損害の賠償をさせることをその目的とする。」

　　† 同条2項「特別の事情によって生じた損害であっても、当事者がその事情を予見し、又は予見することができたときは、債権者は、その賠償を請求することができる。」

　　†† 改正民416条2項「特別の事情によって生じた損害であっても、当事者がその事情を予見すべきであったときは、債権者は、その賠償を請求することができる。」

　　† 民557条1項「買主が売主に手付を交付したときは、当事者の一方が契約の履行に着手するまでは、買主はその手付を放棄し、売主はその倍額を償還して、契約の解除をすることができる。」

　　†† 改正民557条1項「買主が売主に手付を交付したときは、買主はその手付を放棄し、売主はその倍額を現実に提供して、契約の解除をすることができる。」

　　†† 同条2項「第545条第4項の規定は、前項の場合には、適用しない。」

　　＊判例（最判昭43・6・21民集22巻6号1311頁）「右のような農地の売買契約につき民法557条所定の解約手附が交付された場合において、売主、買主が連署の上農地法5条に基づく許可申請書を知事宛に提出したときは、特約その他特別の事情のないかぎ

り、売主、買主は、夫々、民法557条1項にいわゆる契約の履行に着手したものと解するのが相当であるし、右許可申請書が知事によって返戻されるという原判決認定の事実関係が生じても、右履行の着手によって生じた解約手附に関する民法557条1項所定の効果が、それによって、左右されるものではない。」

＊＊判例（最判平9・2・25判時1599号66頁）「原審の確定した9条2項ないし4項の文言を全体としてみれば、右各条項は、相手方の債務不履行の場合に、特段の事情がない限り、債権者は、現実に生じた損害の証明を要せずに、手付けの額と同額の損害賠償を求めることができる旨を規定するとともに、現実に生じた損害の証明をして、手付けの額を超える損害の賠償を求めることもできる旨を規定することにより、相手の債務不履行により損害を被った債権者に対し、現実に生じた損害全額の賠償を得させる趣旨を定めた規定と解するのが、社会通念に照らして合理的であり、当事者の通常の意思にも沿うものというべきである。すなわち、特段の事情がない限り、9条4項は、債務不履行により手付けの額を超える損害を被った債権者は、通常生ずべき損害であると特別の事情によって生じた損害であるとを問わず、右損害全額の賠償を請求することができる旨を定めたものと解するのが相当である。」

Q25 詐害行為取消しとは

「詐害行為取消しの場合は、農地法3条の許可を受ける必要がないとされています。詐害行為取消しとは何ですか?」

解説

(1) 例えば、A(債権者)がB(債務者)に対し、金300万円の貸金債権を有していたところ、Bにはほかに財産が全くないにもかかわらず、C(受益者)と相談の上、唯一の財産である農地をCに贈与し、農業委員会の許可も受けた後、所有権移転登記も済ませたとします。

この場合、債権者であるAが、債務者であるBと受益者であるCの間で行われた行為に対し、何も異議を出せないとすると、Aは十分に弁済を受けられなくなり、不合理な結果となります。

そこで、Aには、債務者の一般担保としての総財産を維持する目的をもって、**詐害行為取消権**(債権者取消権)が認められています(民424条。ただし、改正民法424条1項においては、詐害行為取消権の対象は、債務者が債権者を害することを知ってした「行為」に改められています。)。

(2) 詐害行為取消権の行使方法ですが、必ず裁判上の請求という形で行う必要があります。すなわち、Aは、Cを相手として、詐害行為の

取消しと農地の返還を請求します。

　訴訟の結果、Aが勝訴すると、B・C間の農地移転登記が抹消され、農地の名義はBに戻ります。この際、農地法3条許可は不要です（仙台地判昭31・2・14下民7巻2号343頁）。

　　　　† 民424条1項「債権者は、債務者が債権者を害することを知ってした法律行為の取消しを裁判所に請求することができる。ただし、その行為によって利益を受けた者又は転得者がその行為又は転得の時において債権者を害すべき事実を知らなかったときは、この限りでない。」

　　　　†† 改正民424条1項「債権者は、債務者が債権者を害することを知ってした行為の取消しを裁判所に請求することができる。ただし、その行為によって利益を受けた者（以下この款において「受益者」という。）がその行為の時において債権者を害することを知らなかったときは、この限りでない。」

　　　　†† 同条2項「前項の規定は、財産権を目的としない行為については、適用しない。」

　　　　†† 同条3項「債権者は、その債権が第1項に規定する行為の前の原因に基づいて生じたものである場合に限り、同項の規定による請求（以下「詐害行為取消請求」という。）をすることができる。」

Q26　真正な登記名義の回復とは

「真正な登記名義の回復の場合は、農地法3条の許可を受ける必要がないとされています。真正な登記名義の回復とは何ですか？」

解説

(1)　例えば、Aが所有する農地についてA名義の所有権保存登記がされていたところ、他人であるBが、勝手にAからBへの売買契約書を偽造した上で、A・B双方申請による3条許可申請書も偽造して、農業委員会から3条許可処分を騙し取り、さらに、AからBへの農地所有権移転登記を勝手に行ったとします。

　　　　　A（真正な権利者）　───▶　B（無権利者）

(2)　この場合、AからBに対する物権変動（所有権移転）は発生していません。それにもかかわらず、あたかも物権変動が生じているかのようなB名義の登記が存在しています。

　この場合、AはBに対し、「所有権移転登記の抹消登記手続をせよ」と請求することができます。

　ところが、判例は、抹消登記手続請求と並んで、無効な登記名義人Bから、真正な権利者Aに対する直接の移転登記をすることによって、A名義の所有権登記を回復させることを認めています。このようなものを、真正な登記名義の回復を登記原因とする、抹消登記に代わる移転登記と呼びます。

(3) 上記の例の場合、農地の所有権は、最初から一貫してＡの下にあったのですから、真正な登記名義の回復を登記原因として、ＢからＡへの所有権移転登記が行われたとしても、実体的な権利の移転行為が存在しない以上、農地法3条許可を受ける必要はないと解されます（東京高判昭48・3・9訟月19巻7号101頁）。

Q27　財産分与に関する裁判または調停とは

「財産分与に関する裁判または調停によって、農地について所有権を移転し、または所有権以外の権利を設定し、または移転する場合は、農地法3条の許可を受ける必要がないとされています。財産分与に関する裁判または調停とは何ですか？」

解説

(1)　農地法3条1項12号は、民法768条2項の定める財産の分与に関する裁判または調停によって、農地法3条1項の掲げる権利が設定または移転される場合は、同条の許可を必要としないと定め、財産分与の場合は、いわゆる許可除外とされることが明記されています。

(2)　ここで**財産分与**とは、協議上の離婚をした者の一方から、相手方に対し、金銭の支払いなどの給付を求めることを指します（民768条1項）。

　財産分与の本質として、①夫婦財産の清算、②離婚後の他方当事者の扶養、③損害賠償の三つをあげるのが通説といえます（二宮・93頁）。

(3)　財産分与は、通常、夫婦の離婚時に、一方から他方に対して請求されることが多いといえますが、無期限に請求することが可能とされているわけではなく、離婚時から2年以内に行使する必要があります（民768条2項）。

　また、夫婦が離婚をするに際しては、離婚協議を行って、財産分与の金額や履行方法を合意することが比較的多いといえますが、協議がまとまらないときは、当事者は、家庭裁判所に対し、協議に代わる処

第2章　許可の要否／第2節　許可を要しない行為

分を請求することができます（民768条2項・3項）。具体的にいえば、家庭裁判所に対し、**財産分与の調停または審判**を申し立てることになります（家事244条）。

(4)　なお、夫婦の一方が家庭裁判所に申し立てた**離婚調停**が不調となったときは（家事257条）、さらに相手方に対し**離婚訴訟**を提起することもできます。その際、離婚の訴えと同時に、財産分与に関する処分を申し立てることもできますが、これを**附帯申立て**といいます（人訴32条）。

† **法3条1項12号**「遺産の分割、民法（明治29年法律第89号）第768条第2項（同法749条及び第771条において準用する場合を含む。）の規定による財産の分与に関する裁判若しくは調停又は同法第958条の3の規定による相続財産の分与に関する裁判によってこれらの権利が設定され、又は移転される場合」

† **民768条1項**「協議上の離婚をした者の一方は、相手方に対して財産の分与を請求することができる。」

† **同条2項**「前項の規定による財産の分与について、当事者間に協議が調わないとき、又は協議をすることができないときは、当事者は、家庭裁判所に対して協議に代わる処分を請求することができる。ただし、離婚の時から2年を経過したときは、この限りでない。」

† **同条3項**「前項の場合には、家庭裁判所は、当事者双方がその協力によって得た財産の額その他一切の事情を考慮して、分与をさせるべきかどうか並びに分与の額及び方法を定める。」

† **家事244条**「家庭裁判所は、人事に関する訴訟事件その他家庭に関する事件（別表第1に掲げる事項についての事件を除く。）について調停を行うほか、この編の定めるところにより審判をする。」

† **家事257条1項**「第244条の規定により調停を行うことができる事件について訴えを提起しようとする者は、まず家庭裁判所に

家事調停の申立てをしなければならない。」

† **同条2項**「前項の事件について家事調停の申立てをすることなく訴えを提起した場合には、裁判所は、職権で、事件を家事調停に付さなければならない。ただし、裁判所が事件を調停に付することが相当でないと認めるときは、この限りでない。」

† **人訴32条1項**「裁判所は、申立てにより、夫婦の一方が他の一方に対して提起した婚姻の取消し又は離婚の訴えに係る請求を認容する判決において、子の監護者の指定その他の子の監護に関する処分、財産の分与に関する処分又は厚生年金保険法（昭和29年法律第115号）第78条の2第2項の規定による処分（以下「附帯処分」と総称する。）についての裁判をしなければならない。」

Q27-2 財産分与の審判

「農業者であるAとその妻のBは、長年にわたって家族経営による農業を協力して営んできました。ところが、夫Aによる不倫が発覚し、このたびAとBは協議離婚をしました。しかし、財産分与に関する協議は難航し、元妻のBは、家庭裁判所に対し、財産分与の審判の申立てを行い、その結果、元夫Aは、元妻Bに対し、現金1000万円および元夫Aの所有する農地のうち、半分に当たる農地について、所有権を元妻Bに移転せよとの審判が下りました。この場合、農業委員会の許可は不要となりますか？仮に家庭裁判所に対する財産分与の申立てをすることなく、双方の協議によって財産分与の話がまとまっていたときはどうでしょうか？」

解説

(1) 前問でも解説しましたが、農地法3条1項12号によれば、農地に関する権利の設定または移転が行われるに当たり、財産分与に関する「裁判または調停」による場合は、いわゆる許可除外となります。

そして、農地法のいう「裁判」には、司法判断の性格を有する家庭裁判所の行う審判も含まれると解されます（→農地法3条1項12号については、Q27を参照）。

したがって、設例の場合、元妻であるBが、元夫であるAから農地の所有権を譲り受けるという審判が下りている場合、当該所有権の譲渡には農地法の規制は及ばず、同法の定める許可がなくても、Bは、Aから農地の所有権を取得することができると考えます。

(2) 仮に家事審判によることなく、A・B間の裁判外における協議によってそのような話合いがまとまった場合には、依然として農地法の規制が及ぶものと考えます。

そのため、Bが有効に農地所有権を取得するためには、あらためて農業委員会に対し、A・B双方から農地法3条許可申請を行い、農業委員会において、Bの耕作適格性が認定される必要があります。仮にBに耕作適格性がないと判断された場合、Bは、目的農地の所有権を取得することはできません。

このような事態が生じた場合、Bとしては、仮にAの協力が得られるのであれば、あらためて家庭裁判所に対し家事調停の申立てを行い、調停の席上において事情を説明した上で、調停調書によって農地の財産分与についての合意を行うという方法が考えられます。

Q28 相続とは

「相続によって、農地に対する所有権などの権利を移転する場合は、農地法3条の許可を受ける必要がないとされています。相続とは何ですか？」

解説

(1) **相続**は、人の死亡を原因として発生します（民882条）。そして、相続の効果として、被相続人の財産に属した一切の権利義務が、相続人によって承継されます（民896条）。

相続は、被相続人の死亡という事実によって当然に発生するものであって、被相続人の意思表示が作用する余地はありません。要するに、相続の場合は、被相続人と相続人との間に、権利移転のための特別の行為があるわけではないため、農地法3条の適用対象とはならないということです（判解昭50年・446頁）。

(2) このように、相続によって農地の権利が承継されるときは、農地法3条の許可を受ける必要がないため、農地法3条の許可権限を持つ農業委員会において、農地の権利移動の状況を正確に把握することが困難となります。

そのため、農地法3条の3は、相続を含む一定の事由によって、3条許可を経ないで農地等の権利を取得した者に対し、農業委員会に対する権利取得の届出を義務付けています（法3条の3）。

(3) 次に、誰が相続人になるのかという点について、民法は、886条から890条までの規定によって、これを定めています。また、**相続分**については、誰が相続人となるのかによって違いが生じます。

(4) 以下、相続権の有無と相続分を簡略化して示します（民900条）。ここでは、死亡した被相続人をA、Aの子をB、Bの子をC、Cの子をD、Aの親をE、Aの兄弟姉妹をF、そして、Fの子をGとします。また、Aには配偶者がいるとします。

順位	配偶者	血族相続人		代襲相続の可否
第1順位	2分の1	子	2分の1	子Bが死亡したときはCが代襲相続できる。Cも死亡したときはDが再代襲相続できる。
第2順位	3分の2	直系尊属	3分の1	×
第3順位	4分の3	兄弟姉妹	4分の1	兄弟姉妹Fが死亡したときはGが代襲相続できる

　まず、被相続人に**配偶者**がいるときは、配偶者は、常に相続人となります（民890条）。

　次に、血族相続人ですが、これには順位があり、第1順位は、被相続人の**子**です（民887条1項）。仮に被相続人の子が相続の開始以前に死亡したとき、または相続欠格事由に該当するか、廃除によって相続権を失ったときは、その子がこれを**代襲**して相続人となります（**代襲相続**）。ただし、被相続人の直系卑属でない者は、代襲相続人にはなれません（民887条2項）。

　なお、代襲者が相続の開始前に死亡し、または相続欠格もしくは廃除によって相続権を喪失したときは、さらに、その子が**再代襲**することが認められます（民887条3項）。

　被相続人に子または直系卑属がいないときは、第2順位として、被

相続人の**直系尊属**が相続人となります（民889条1項1号）。

　直系尊属がいないときは、第3順位として、被相続人の**兄弟姉妹**が相続人となります（同項2号）。仮に兄弟姉妹が死亡して、次に被相続人が死亡したときは、兄弟姉妹の子が兄弟姉妹を代襲して相続人になります（なお、兄弟姉妹の子の子による再代襲は認められません。民889条2項）。

　なお、先順位の相続人がいる場合は、後順位の相続人には相続権が一切ないことに留意する必要があります。

　　† **法3条の3**「農地又は採草放牧地について第3条第1項本文に掲げる権利を取得した者は、同項の許可を受けてこれらの権利を取得した場合、同項各号（第12号及び第16号を除く。）のいずれかに該当する場合その他農林水産省令で定める場合を除き、遅滞なく、農林水産省令で定めるところにより、その農地又は採草放牧地の存する市町村の農業委員会にその旨を届け出なければならない。」

　　† **民882条**「相続は、死亡によって開始する。」

　　† **民887条1項**「被相続人の子は、相続人となる。」

　　† **同条2項**「被相続人の子が、相続の開始以前に死亡したとき、又は第891条の規定に該当し、若しくは廃除によって、その相続権を失ったときは、その者の子がこれを代襲して相続人となる。ただし、被相続人の直系卑属でない者は、この限りでない。」

　　† **同条3項**「前項の規定は、代襲者が、相続の開始以前に死亡し、又は第891条の規定に該当し、若しくは廃除によって、その代襲相続権を失った場合について準用する。」

　　† **民889条1項1号**「被相続人の直系尊属。ただし、親等の異なる者の間では、その近い者を先にする。」

　　† **同条1項2号**「被相続人の兄弟姉妹」

　　† **同条2項**「第887条第2項の規定は、前項第2号の場合について準用する。」

† **民890条**「被相続人の配偶者は、常に相続人となる。この場合において、第887条又は前条の規定により相続人となるべき者があるときは、その者と同順位とする。」

† **民896条**「相続人は、相続開始の時から、被相続人の財産に属した一切の権利義務を承継する。ただし、被相続人の一身に専属したものは、この限りでない。」

† **民900条**「同順位の相続人が数人あるときは、その相続分は、次の各号の定めるところによる。

① 子及び配偶者が相続人であるときは、子の相続分及び配偶者の相続分は、各2分の1とする。

② 配偶者及び直系尊属が相続人であるときは、配偶者の相続分は、3分の2とし、直系尊属の相続分は、3分の1とする。

③ 配偶者及び兄弟姉妹が相続人であるときは、配偶者の相続分は、4分の3とし、兄弟姉妹の相続分は、4分の1とする。

④ 子、直系尊属又は兄弟姉妹が数人あるときは、各自の相続分は、相等しいものとする。ただし、父母の一方のみを同じくする兄弟姉妹の相続分は、父母の双方を同じくする兄弟姉妹の相続分の2分の1とする。」

第2章　許可の要否／第2節　許可を要しない行為

Q28-2　相続の承認と放棄

「①　村で長年にわたって農業を営んできたAが8月1日に死亡しました。Aは生前、経営規模拡大を追求した結果、2000万円の負債を抱えました。しかし、積極的な遺産としては、無価値の古家1棟と農地80アール（評価額800万円）があるだけです。相続人は、妻B、子である長男Cと次男Dの合計3人です。子Dだけは、独身のまま遠く離れた都会で自活していますが、父親Aが残した借金が心配です。Dが借金を負わない方法はありますか？

②　仮に被相続人Aが生前に借金があることを家族に全く告げておらず、また、家族も父親に借金があるなどとは全く知らなかったため、相続人全員が相続放棄などの手続を一切とっていなかったところ、その年の12月になってから、E農協が、突然、Bに対し1000万円、CとDに対し各500万円の弁済を求めてきた場合、B・C・Dは、その時点で相続放棄の手続をとることができるでしょうか？」

解説

小問1

(1)　設例では、A（被相続人）が死亡したことによって、配偶者Bと子C・Dが相続人となりました。

　前問で述べたとおり、被相続人の全ての権利義務は、相続の効果として、相続人に当然に継承されます（民896条）。ただし、民法は、相続人が、相続を全面的に承認するのか（単純承認）、あるいはこれを

拒否するのか（相続放棄）、さらには相続によって得た財産の限度においてのみ承認するのか（限定承認）、三つの選択肢を用意しています。

(2) ここで留意しなければならない点が一つあります。それは、民法は、相続人において、どのような選択をした方が良いかの点について考慮することができる期間を定めていることです。

これを**熟慮期間**といいますが、民法は、「自己のために相続の開始があったことを知った時から 3 箇月以内」という制限を設けています（民915条1項）。

ここでいう「自己のために相続の開始があったことを知った時」とは、①相続開始原因および、②それによって自己が相続人となったことを知った時を指すと解されます（通説）。

設例でいえば、各相続人において、被相続人であるAが死亡し、それによって、自分がAの相続人となったことを知った時ということになります。

Aは 8 月 1 日に死亡しています。仮にA死亡の事実を、相続人全員（B・C・D）がその日のうちに知ったときは、各相続人は、同日、自分がAの相続人となったことを理解したはずであり、その年の 8 月 2 日から 3 か月の間に態度を決定する必要がある、ということになります。

(3) 以上のことから、父親が残した負債を心配するDとしては、上記

3か月間のうちに、家庭裁判所に対し、**相続放棄の申述**をする必要があります（民938条）。相続放棄の申述を家庭裁判所が受理する旨の審判があると（家事74条2項）、その相続人は、初めから相続人とならなかったものとみなされます（民939条）。

このような手続をとることによって、Dとしては、亡父Aの残した負債を相続する危険は一切なくなります。相続放棄の効力は絶対的なものであり、それを何人に対しても主張することができます。ただし、相続放棄は、代襲原因にはなりません（Dに子がいたと仮定して、Dが相続放棄をしても、その子は代襲相続することはない、ということです。→代襲については、Q28を参照）。

(4) 仮にDが相続放棄を行って最初から相続人ではなかったとされれば、相続人は、残るBとCの2人となります。その結果、BとCの法定相続分は、各2分の1となりますから（民900条1号）、各自が、それぞれ1000万円の負債を引き継ぐことになります（→相続分については、Q28を参照）。また、農地についても、各2分の1の権利を取得することになります。

小問2

(1) 前記のとおり、相続人は、自ら単純承認することによって、無限に被相続人の権利義務を承継することになります。

しかし、相続人が家庭裁判所に対し、わざわざ単純承認の申述をすることは現実にはほとんどなく、大半の場合は、民法921条の定める**法定単純承認**によって、民法920条の効果が発生することになると考えられます（大塚・102頁）。

この法定単純承認の効果が生ずる場合として、民法上は、三つの場合が定められています。相続財産の処分（民921条1号）、熟慮期間内に限定承認または相続放棄をしなかったこと（同条2号）および、限

定承認または相続放棄後の相続財産の隠匿など（同条3号）です。

　設例の場合は、上記のうち民法921条2号に該当します。つまり、相続人全員が、民法915条1項の期間（熟慮期間）内に、限定承認または相続放棄をしなかったため、相続人全員が単純承認したものとみなされるということです。

(2)　ところが、被相続人Aが死亡してから3か月以上経過した後に、E農協は、これらの相続人に対し、Aの債務を弁済するように請求してきました。

　Aが残したプラスの財産は、農地（評価額800万円）のみです。他方、負債は2000万円あり、結局、1200万円のマイナス状態となります。仮にそのような結果となることが、より早い時期に正確に分かっていれば、相続人B・C・Dとしても、おそらく相続放棄の手続をとっていたものと思われます。

　しかし、設例において、熟慮期間は既に経過しています。果たして、この時点で相続放棄が可能でしょうか。

　結論を先にいえば、相続放棄をすることは難しいということになります。最高裁の判例も同様の見解をとっています（最判昭59・4・27民集38巻6号698頁）。＊

(3)　最高裁の立場とは、相続人が、熟慮期間内に相続放棄をしなかった理由が、相続財産が全くないと信じたためであり、そのように信じたことに相当な理由がある場合においては、相続人が相続財産の全部もしくは一部を認識した時またはこれを認識することができた時から、熟慮期間を起算するというものです。

　したがって、消極（マイナス）・積極（プラス）を問うことなく、相続人において、相続財産があることを知っていた場合は、熟慮期間の起算点を後にずらすという例外的取扱いは認められない、ということになると解されます（判解昭59年・206頁）。

† **民915条1項**「相続人は、自己のために相続の開始があったことを知った時から3箇月以内に、相続について、単純若しくは限定の承認又は放棄をしなければならない。ただし、この期間は、利害関係人又は検察官の請求によって、家庭裁判所において伸長することができる。」

† **同条2項**「相続人は、相続の承認又は放棄をする前に、相続財産の調査をすることができる。」

† **民920条**「相続人は、単純承認をしたときは、無限に被相続人の権利義務を承継する。」

† **民921条**「次に掲げる場合には、相続人は、単純承認したものとみなす。

① 相続人が相続財産の全部又は一部を処分したとき。ただし、保存行為及び第602条に定める期間を超えない賃貸をすることは、その限りでない。

② 相続人が第915条第1項の期間内に限定承認又は相続の放棄をしなかったとき。

③ 相続人が、限定承認又は相続の放棄をした後であっても、相続財産の全部若しくは一部を隠匿し、私にこれを消費し、又は悪意でこれを相続財産の目録中に記載しなかったとき。ただし、その相続人が相続の放棄をしたことによって相続人となった者が相続の承認をした後は、この限りでない。」

† **民938条**「相続の放棄をしようとする者は、その旨を家庭裁判所に申述しなければならない。」

† **民939条**「相続の放棄をした者は、その相続に関しては、初めから相続人とならなかったものとみなす。」

† **家事74条2項**「審判（申立てを却下する審判を除く。）は、特別の定めがある場合を除き、審判を受ける者（審判を受ける者が数人あるときは、そのうちの1人）に告知することによってその効力を生ずる。ただし、即時抗告をすることができる審判は、確定しなければその効力を生じない。」

＊判例（最判昭59・4・27民集38巻6号698頁）「民法915条1項本文が相続人に対し単純承認若しくは限定承認又は放棄をするについて3か月の期間（以下「熟慮期間」という。）を許与しているのは、相続人が、相続開始の原因たる事実及びこれにより自己が法律上相続人となった事実を知った場合には、通常、右各事実を知った時から3か月以内に、調査すること等によって、相続すべき積極及び消極の財産（以下「相続財産」という。）の有無、その状況等を認識し又は認識することができ、したがって単純承認若しくは限定承認又は放棄のいずれかを選択すべき前提条件が具備されるとの考えに基づいているのであるから、熟慮期間は、原則として、相続人が前記の各事実を知った時から起算すべきものであるが、相続人が、右各事実を知った場合であっても、右各事実を知った時から3か月以内に限定承認又は相続放棄をしなかったのが、被相続人に相続財産が全く存在しないと信じたためであり、かつ、被相続人の生活歴、被相続人と相続人との間の交際状態その他諸般の状況からみて当該相続人に対し相続財産の有無の調査を期待することが著しく困難な事情があって、相続人において右のように信ずるについて相当な理由があると認められるときには、相続人が前記の各事実を知った時から熟慮期間を起算すべきであるとすることは相当でないものというべきであり、熟慮期間は相続人が相続財産の全部又は一部の存在を認識した時又は通常これを認識しうべき時から起算すべきものと解するのが相当である。」

Q29 相続分の譲渡とは

「① 共同相続人間における相続分の譲渡によって、農地に対する所有権などの権利を移転する場合は、農地法3条の許可を受ける必要がないとされています。相続分の譲渡とは何ですか？

② 仮に共同相続人の中の一部の者が、遺産分割手続の前に、特定の農地甲について相続を原因とする共有登記を行った上で、自分の共有持分を第三者に譲渡しようとした場合、農地法3条の許可を受ける必要はありますか？ 仮に許可を受けた第三者から、他の共同相続人に対し農地甲の共有物分割を請求しようとした場合、遺産分割手続によりますか、それとも通常の共有物分割手続になりますか？」

解説

小問1

(1) **相続分の譲渡**とは、積極財産および消極財産を含めた包括的な相続財産全体に対して各共同相続人が有する割合的な持分権を、第三者に対して移転することを指します（判解平13年・577頁）。

そして、民法905条1項は、共同相続人の1人が、その相続分を第三者に譲渡した場合に、他の相続人は、その相続分を取り戻す権利があることを定めます**(取戻権)**。

相続分の譲渡の効果は、譲渡人と譲受人の合意のみで発生すると解され、譲受人は、特に対抗要件を具備することを要しないとする裁判例があります（東京高決昭28・9・4家月5巻11号35頁）。

他方、遺産を構成する個々の財産の共有持分権を、第三者に対して移転する行為は、相続分の譲渡には当たらないと解されます（通説）。
　以上のように、相続分の譲渡を受けた者は、積極財産も消極財産も包括的に承継することになります。
(2)　相続分の譲渡を受けた者は、遺産分割を請求することができます。一方、相続分を全部譲渡した者は、遺産分割請求の当事者適格を失うと解するのが多数説といえます（判例相続・122頁）。
　なお、相続分の譲渡を受ける「第三者」とは、共同相続人以外の第三者であっても、あるいは共同相続人のうちの1人であっても構わないと解されます（潮見・153頁）。
(3)　他の共同相続人が、譲渡された相続分を取り戻すためには、譲渡時から、1か月以内に取戻権を行使する必要があり（民905条2項）、また、譲渡の価額および費用を償還する必要があります（同条1項）。
　他の共同相続人に取戻権が認められている趣旨は、遺産分割協議に第三者が介入することから生じる紛争を防止するためであると考えられます。そのため、相続分を、共同相続人のうちの1人に対して譲渡した場合は、もともと共同相続人であった者の相続分が増えるだけのことであって、第三者の介入という問題は生じないため、取戻権を認める必要はないとする見解があります（判例相続・122頁、二宮・332頁）。
(4)　相続分の譲渡に関し、最高裁の判例は、共同相続人間において行われた相続分の譲渡に伴って生ずる農地の権利移転については、農地法3条の許可を要しないとしています（最判平13・7・10民集55巻5号955頁）。＊
　同判決がこのような結論を導き出した論理には、やや難解な点がみられます。思うに、人為的権利移転と解される遺産分割や特別縁故者への相続財産の分与については、農地法は、明文で、いわゆる許可除

外とする旨の規定を置いています。一方、相続分の譲渡については、農地法上の明文が特に置かれていませんが、上記の人為的権利移転行為と同様、実質的には相続による権利移転と異ならない、という根拠に立っているものと考えられます（判解平13年・583頁以下）。

なお、同判決は、共同相続人相互間で行われた相続分の譲渡について、農地法3条の許可を要しないと判断したものであり、共同相続人以外の者に対する相続分の譲渡について判示したものではなく、その場合については、別途検討する必要があるとの指摘があります（判解平13年・590頁）。

小問2

(1) 共同相続された不動産は、共同相続人の共有に属しますが（**遺産の共有**。民898条）、遺産分割の前に、共同相続人の一部の者は、相続人全員のために、相続を原因とする所有権移転登記の申請を行うことができます（**共同相続登記**）。これは、共有物の**保存行為**として行い得ると解されます（民252条。判例物権・334頁）。

ここで、例えば、共同相続人を、A、BおよびCの3人とします（法定相続分は、各自3分の1）。

(2) 共同相続人の中の1人であるCが、自分の共有持分（3分の1）を第三者Dに対して譲渡しようとした場合、農地法3条の許可を要することはいうまでもありません。

なぜなら、農地法3条1項は、農地について所有権を移転しようとする場合は、農業委員会の許可を受けなければならないと定めているところ（→許可の対象となる権利については、Q1を参照）、共有持分権も、その性格は所有権であると考えられることから（→共有持分については、Q17を参照）、共有持分の譲渡についても、農地法3条の許可を受ける必要があると考えることができるからです。

(3)　仮に農業委員会の許可を受けられた場合、第三者Dは、Cが有していた共有持分（3分の1）を有効に譲り受けることができます。

　ここで、共有持分権者となった第三者Dは、他の共有者AおよびBに対し、共有物分割を請求することができますが、分割手続を、遺産分割として行うのか、あるいは通常の共有物分割として行うべきかという点が問題となります。

　遺産分割であれば、家庭裁判所の審判事件（または調停事件）となります。他方、通常の共有物分割であれば、地方裁判所の通常の訴訟事件となります（→共有物の分割については、Q17を参照）。

　この点について、最高裁は、既に、共同相続人が遺産分割前の遺産を共同所有する法律関係は、基本的に民法249条以下に規定する共有としての性格を有するとの認識に立ち、共有持分権を譲り受けた第三者が、他の共同所有者に対し、共同所有関係の解消を求める方法として裁判上とるべき手続は、民法907条に基づく遺産分割審判ではなく、民法258条に基づく共有物分割訴訟であるとの立場を示しています（最判昭50・11・7民集29巻10号1525頁）。＊＊

　　　†　**民252条**「共有物の管理に関する事項は、前条の場合を除き、各共有者の持分の価格に従い、その過半数で決する。ただし、保存行為は、各共有者がすることができる。」

　　　†　**民898条**「相続人が数人あるときは、相続財産は、その共有に属する。」

† **民905条1項**「共同相続人の1人が遺産の分割前にその相続分を第三者に譲り渡したときは、他の共同相続人は、その価額及び費用を償還して、その相続分を譲り受けることができる。」

† **同条2項**「前項の権利は、1箇月以内に行使しなければならない。」

＊**判例**（最判平13・7・10民集55巻5号955頁）「共同相続人間で相続分の譲渡がされたときは、積極財産と消極財産とを包括した遺産全体に対する譲渡人の割合的な持分が譲受人に移転し、譲受人は従前から有していた相続分と新たに取得した相続分とを合計した相続分を有する者として遺産分割に加わることとなり、分割が実行されれば、その結果に従って相続開始の時にさかのぼって被相続人からの直接的な権利移転が生ずることになる。このように、相続分の譲受人たる共同相続人の遺産分割前における地位は、持分割合の数値が異なるだけで、相続によって取得した地位と本質的に異なるものではない。そして、遺産分割がされるまでの間は、共同相続人がそれぞれの持分割合により相続財産を共有することになるところ、上記相続分の譲渡に伴って個々の相続財産についての共有持分の移転も生ずるものと解される。[中略]農地法3条1項は、農地に係る権利の人為的な移転のうち農地の保全の観点から望ましくないと考えられるものを制限する趣旨の規定であるところ、相続によって生ずる権利移転も相続人が非営農者である場合には農地の保全上は望ましいとはいえないものの、相続がそもそも人為的な移転ではなく、相続による包括的な権利承継は私有財産制の下においては是認せざるを得ないものであることから、規制対象とはしていないものと解される。そして、同項7号、10号、農地法施行規則3条5号は、遺産分割、特別縁故者への相続財産の分与及び包括遺贈について、人為的な権利移転であり農地の保全上は望ましくないものも含まれているにもかかわらず、その実質が相続による権利移転と異ならないかこれに準ずるものであることにかんがみて、その規制を差し控えて

いるものと解される。［中略］以上の点にかんがみれば、共同相続人間においてされた相続分の譲渡に伴って生ずる農地の権利移転については、農地法3条1項の許可を要しないと解するのが相当である。」

＊＊**判例**（最判昭50・11・7民集29巻10号1525頁）「共同相続人の1人が特定不動産について有する共有持分権を第三者に譲渡した場合、当該譲渡部分は遺産分割の対象から逸出するものと解すべきであるから、第三者がその譲り受けた持分権に基づいてする分割手続を遺産分割審判としなければならないものではない。のみならず、遺産分割審判は、遺産全体の価値を総合的に把握し、これを共同相続人の具体的相続分に応じ民法906条所定の基準に従って分割することを目的とするものであるから、本来共同相続人という身分関係にある者または包括受遺者等相続人と同視しうる関係にある者の申立に基づき、これらの者を当事者とし、原則として遺産の全部について進められるべきものであるところ、第三者が共同所有関係の解消を求める手続を遺産分割審判とした場合には、第三者の権利保護のためには第三者にも遺産分割の申立権を与え、かつ、同人を当事者として手続に関与させることが必要となるが、共同相続人に対して全遺産を対象とし前叙の基準に従いつつこれを全体として合目的的に分割すべきであって、その方法も多様であるのに対し、第三者に対しては当該不動産の物理的一部分を分与することを原則とすべきものである等、それぞれ分割の対象、基準及び方法を異にするから、これらはかならずしも同一手続によって処理されることを必要とするものでも、またこれを適当とするものでもなく、さらに、第三者に対し右のような遺産分割審判手続上の地位を与えることは前叙遺産分割の本旨にそわず、同審判手続を複雑にし、共同相続人側に手続上の負担をかけることになるうえ、第三者に対しても、その取得した権利とはなんら関係のない他の遺産を含めた分割手続の全てに関与したうえでなければ分割を受けることができないという著しい負担

をかけることがありうる。これに対して、共有物分割訴訟は対象物を当該不動産に限定するものであるから、第三者の分割目的を達成するために適切であるということができるうえ、当該不動産のうち共同相続人の1人が第三者に譲渡した持分部分を除いた残余持分部分は、なお遺産分割の対象とされるべきものであり、第三者が右持分権に基づいて当該不動産につき提起した共有物分割訴訟は、ひっきょう、当該不動産を第三者に対する分与部分と持分譲渡人を除いた他の共同相続人に対する分与部分とに分割することを目的とするものであって、右分割判決によって共同相続人に分与された部分は、なお共同相続人間の遺産分割の対象になるものと解すべきであるから、右分割判決が共同相続人の有する遺産分割上の権利を害することはないということができる。」

Q30 相続財産の分与に関する裁判とは

「相続財産の分与に関する裁判によって、農地に対する所有権などの権利を移転する場合は、農地法3条の許可を受ける必要がないとされています。相続財産の分与に関する裁判とは何ですか？」

解説

(1) 民法は、951条以下で、相続人が存在しない場合の処理方法を定めています。世の中で発生する相続の大半は、死亡した被相続人に法定相続人が存在しており、**相続人不存在**の場合の法的処理に関する一般的関心は、必ずしも高いとはいえません。

相続人が存在せず、特別縁故者に対する相続財産の分与が行われる場合について、農地法3条1項12号は、「民法958条の3の規定による相続財産の分与に関する裁判」によって、農地法3条1項本文に定める権利の設定または移転が行われた場合は、いわゆる許可除外とする旨を定めています。

したがって、特別縁故者に対する財産分与の裁判によって、農地の権利設定または権利移転が行われる場合、農地法3条の許可を受ける必要はありません。

(2) 相続人の存否が明らかでない場合、相続財産自体が法人となります（**相続財産法人**。民951条）。相続人が不存在の場合に相続財産が相続財産法人とされる理由は、相続財産を管理し、清算させるためであると考えられます。

なお、戸籍上の相続人が存在するが、所在不明の状況となっている

場合は、「相続人のあることが明らかでないとき」には該当しないと考えられています（東京高決昭50・1・30判時778号64頁）。

　相続人が存在しなくなる場合の一例として、戸籍上の相続人が存在していたが、その相続人が相続放棄の手続をとったため、結果として、相続人が誰もいなくなってしまった場合があります（→相続放棄については、Q28-2を参照）。

　では、相続人は存在していないが、被相続人が遺言を作成し、全遺産を第三者に包括遺贈する旨の内容を残していた場合はどうでしょうか（→遺言については、Q33を参照。包括遺贈については、Q32を参照）。

　この場合の取扱いについて、最高裁の判例は、遺言者に相続人は存在しないが、相続財産全部の包括受遺者が存在する場合は、民法951条の「相続人のあることが明らかでないとき」には当たらない、つまり、相続人不存在の場合には該当しないとの判断を示しています（最判平9・9・12民集51巻8号3887頁）。＊

(3)　上記のとおり、相続人の存否が明らかでない場合、相続財産は、相続財産法人となります。その場合、家庭裁判所は、利害関係人または検察官の請求によって、相続財産の管理人を選任しなければなりません（**相続財産管理人**。民952条1項）。また、相続財産管理人を選任したことを公告しなければなりません（同条2項）。

　この公告があった後、2か月以内に、相続人のあることが明らかにならなかったときは、相続財産管理人は、全ての相続債権者および受遺者に対し、一定の期間内に対し、その請求の申出をすべき旨を公告しなければなりません（民957条1項）。そして、申出期間の満了後に、相続財産管理人は、相続債権者および受遺者に対し、弁済を行います（同条2項）。

(4)　さらに、民法958条は、**相続人捜索の公告**を行うべき旨を定めます。公告で定められた期間内に相続人の申出がない場合は、相続人不

存在が確定し、その結果、前記の請求の申出をしなかった相続人の債権者および受遺者は、その権利を失います（民958条の2）。

このように、相続人不存在が確定し、清算手続が終了した後、残った相続財産（被相続人が残した財産）があれば、被相続人と生計を同じくしていた者、被相続人の療養看護に努めた者、その他被相続人と特別の縁故があった者（**特別縁故者**）に対し、相続財産を残す制度があります（**特別縁故者に対する相続財産の分与**。これについては、Q30-2を参照。民958条の3）。

なお、死亡した被相続人が残した農地の権利を、特別縁故者に対して分与する場合は、農地法3条の許可は不要です。

(5) 特別縁故者に対する相続財産の分与の手続ですが、自分は特別縁故者に当たると主張する者が、家庭裁判所に対し、審判の申立を行います（家事39条）。家庭裁判所は、申立の内容を審理して、相当と認めるときに、分与の審判を行います。

　　　† **法3条1項12号**「遺産の分割、民法（明治29年法律第89号）第768条第2項（同法第749条及び第771条において準用する場合を含む。）の規定による財産の分与に関する裁判若しくは調停又は同法第958条の3の規定による相続財産の分与に関する裁判によってこれらの権利が設定され、又は移転される場合」

　　　† **民951条**「相続人のあることが明らかでないときは、相続財産は、法人とする。」

　　　† **民952条1項**「前条の場合には、家庭裁判所は、利害関係人又は検察官の請求によって、相続財産の管理人を選任しなければならない。」

　　　† **同条2項**「前項の規定により相続財産の管理人を選任したときは、家庭裁判所は、遅滞なくこれを公告しなければならない。」

　　　† **民957条1項**「第952条第2項の公告があった後2箇月以内に相続人のあることが明らかにならなかったときは、相続財産の管

理人は、遅滞なく、すべての相続債権者及び受遺者に対し、一定の期間内にその請求の申出をすべき旨を公告しなければならない。この場合において、その期間は、2箇月を下ることができない。」

† **同条2項**「第927条第2項から第4項まで及び第928条から第935条まで（第932条ただし書を除く。）の規定は、前項の場合について準用する。」

† **民958条**「前条第1項の期間の満了後、なお相続人のあることが明らかでないときは、家庭裁判所は、相続財産の管理人又は検察官の請求によって、相続人があるならば一定の期間内にその権利を主張すべき旨を公告しなければならない。この場合において、その期間は、6箇月を下ることができない。」

† **民958条の2**「前条の期間内に相続人としての権利を主張する者がないときは、相続人並びに相続財産の管理人に知れなかった相続債権者及び受遺者は、その権利を行使することができない。」

† **民958条の3第1項**「前条の場合において、相当と認めるときは、家庭裁判所は、被相続人と生計を同じくしていた者、被相続人の療養看護に努めた者その他被相続人と特別の縁故があった者の請求によって、これらの者に、清算後残存すべき相続財産の全部又は一部を与えることができる。」

† **同条第2項**「前項の請求は、第958条の期間の満了後3箇月以内にしなければならない。」

† **家事39条**「家庭裁判所は、この編に定めるところにより、別表第1及び別表第2に掲げる事項並びに同編に定める事項について、審判をする。」

＊**判例**（最判平9・9・12民集51巻8号3887頁）「遺言者に相続人は存在しないが相続財産全部の包括受遺者が存在する場合は、民法951条にいう『相続人のあることが明らかでないとき』には当たらないものと解するのが相当である。けだし、同条から959

条までの同法第5編第6章の規定は、相続財産の帰属すべき者が明らかでない場合におけるその管理、清算等の方法を定めたものであるところ、包括受遺者は、相続人と同一の権利義務を有し（同法990条）、遺言者の死亡の時から原則として同人の財産に属した一切の権利義務を承継するのであって、相続財産全部の包括受遺者が存在する場合には前記各規定による諸手続を行わせる必要はないからである。」

Q30-2 特別縁故者に対する相続財産の分与

「① 村で農業を営んでいたAが死亡しました。Aは、他人Bと持分が平等の農地1ヘクタールを所有（共有）し、Bの同意を得て農地全体を耕作していました。Aには内縁の妻Cがおり、Cは20年近くにわたってAと同居し、Aの農業を手伝ってきました。Aには誰も相続人はいません。Cは、特別縁故者として相続財産の分与を受けることができるでしょうか？

② 家事審判の結果、農地の共有持分は、Cが特別縁故者として取得することが確定しました。ただ、その時点でA名義の宅地1筆が残っています。これは誰が取得することになりますか？」

解説

小問1

(1) 前問でも述べましたが、相続人の不存在が確定し、清算手続を経て、なお相続財産が残った場合、特別縁故者への分与が可能となります（民958条の3）。

特別縁故者となり得る者は、被相続人と生計を同じくしていた者、被相続人の療養看護に努めた者その他被相続人と特別縁故があった者です。

条文に記載された「生計を同じくしていた者」とか「被相続人の療養看護に努めた者」は例示にすぎませんから、どのような者が特別縁故者となるかの判断は、裁判所に委ねられていると解されます（判例相続・271頁）。

(2) 被相続人と生計を同じくしていた者として、内縁の夫婦、事実上の養親子、本人の叔父・叔母などについて認めた裁判例があります（判例相続・272頁）。

```
              ┌ A（死亡）持分2分の1  →  特別縁故者C
共有農地 ─┤
              └ B         持分2分の1
```

　設例のCは、被相続人の内縁の妻であり、また、20年近く同居してAの農業を手伝っていたのですから、家庭裁判所に対し、財産分与の申立てを行えば、家庭裁判所としては、Cは特別縁故者に当たると認め、財産の分与を認める審判が行われる可能性が極めて高いと考えます。

　特別縁故者は、分与の審判が確定すると、相続財産を取得することになりますが、法律的には、被相続人Aから、Cに対する相続による権利の移転ではなく、相続財産法人から、Cに対する無償譲渡となると解されます（判例相続・270頁）。

(3)　ここで一つ問題となるのは、民法255条です。同条によれば、「共有者の1人が、その持分を放棄したとき、又は死亡して相続人がいないときは、その持分は、他の共有者に帰属する。」と定めているためです。

　設例のAには相続人がいないのですから、この条文に従うと、Aの共有持分は、他の共有者であるBに帰属してしまうのではないのか、したがって、Cがその共有持分を受け取る可能性はないのではないのか、との疑問が生じます。

　この点について、最高裁判例は、共有持分は、特別縁故者に対する財産分与の対象となるが、財産分与が認められない場合には、民法

255条によって他の共有者に帰属するとしました（最判平元・11・24民集43巻10号1220頁）。＊

したがって、設例において、生前に農地に対してAが有していた共有持分が、家庭裁判所の審判の結果、内縁の妻であったCに対し財産分与されないときに初めて、当該持分は、他の共有者であるBに帰属することになると解されます。

小問2

今回の設例では、相続財産である共有農地の持分が特別縁故者であるCに分与されました。しかし、なお相続財産（宅地一筆）が残っています。この場合、当該相続財産は、国庫に帰属します（民959条）。

国庫に帰属する時期について、最高裁は、相続財産が、相続財産管理人によって、国庫に引き継がれた時に国庫に帰属するとしています（最判昭50・10・24民集29巻9号1483頁）。＊＊

　　† **民956条2項**「前項の場合には、相続財産の管理人は、遅滞なく相続人に対して管理の計算をしなければならない。」

　　† **民959条**「前条の規定により処分されなかった相続財産は、国庫に帰属する。この場合においては、第956条第2項の規定を準用する。」

＊**判例**（最判平元・11・24民集43巻10号1220頁）「同規定は、本来国庫に帰属すべき相続財産の全部又は一部を被相続人と特別の縁故があった者に分与する途を開き、右特別縁故者を保護するとともに、特別縁故者の存否にかかわらず相続財産を国庫に帰属させることの不条理を避けようとするものであり、そこには、被相続人の合理的意思を推測探求し、いわば遺贈ないし死因贈与制度を補充する趣旨も含まれているものと解される。

そして、右958条の3の規定の新設に伴い、従前の法959条1項の規定が法959条として『前条の規定によって処分されなかった

相続財産は、国庫に帰属する。』と改められ、その結果、相続人なくして死亡した者の相続財産の国庫帰属の時期が特別縁故者に対する財産分与手続の終了後とされ、従前の法959条1項の特別規定である法255条による共有持分の他の共有者への帰属時期も右財産分与手続の終了後とされることとなったのである［中略］。

したがって、共有者の1人が死亡し、相続人の不存在が確定し、相続債権者や受遺者に対する清算手続が終了したときは、その共有持分は、他の相続財産とともに、法958条の3の規定に基づく特別縁故者に対する財産分与の対象となり、右財産分与がされず、当該共有持分が承継すべき者のないまま相続財産として残存することが確定したときにはじめて、法255条により他の共有者に帰属することになると解すべきである。」

＊＊**判例**（最判昭50・10・24民集29巻9号1483頁）「相続人不存在の場合において、民法958条の3により特別縁故者に分与されなかった残余相続財産が国庫に帰属する時期は、特別縁故者から財産分与の申立がないまま同条第2項所定の期間が経過した時又は分与の申立がされその却下ないし一部分与の審判が確定した時ではなく、その後相続財産管理人において残余相続財産を国庫に引き継いだ時であり、したがって、残余相続財産の全部の引継が完了するまでは、相続財産法人は消滅することなく、相続財産管理人の代理権もまた、引継未了の相続財産についてはなお存続するものと解するのが相当である。」

Q31 遺産分割とは

「遺産分割によって、農地に対する所有権などの権利を移転する場合は、農地法3条の許可を受ける必要がないとされています。遺産分割とは何ですか？」

解説

(1) 人が亡くなると、相続が開始します。亡くなった者つまり被相続人に財産があった場合、その相続財産（遺産）は、相続人の共有に属します（民898条）。この状態を**遺産共有**といいます。遺産共有の法的性質について、最高裁は、「民法249条以下に規定する『共有』とその性質を異にするものではないと解すべきである。」との立場を一貫してとっています（**共有説**。最判昭30・5・31民集9巻6号793頁）。

そして、遺産共有の状態を解消して、相続財産を、相続人各自の単独所有とする手続が**遺産分割**ということになります。遺産分割は、遺産に属する物または権利の種類・性質、各相続人の年齢・職業等の状況その他一切の事情を考慮して行います（**遺産分割の基準**。民906条）。

遺産分割の基準（民906条）
⇩
被相続人の死亡 ＝相続の開始→遺産共有→遺産分割→単独所有

　　　　　　　　　・協議分割（民907条1項）
　　　　　　　　　・調停分割（民907条2項）
　　　　　　　　　・審判分割（同上）

民法906条は、遺産分割の基準を定めていますが、相続人間で合意ができれば、どのように遺産を分割するのも自由です。仮に一部の相続人の遺留分を侵害するような遺産分割であっても、相続人全員が合意できれば、問題はありません。

(2) 農地法は、3条1項12号において、「遺産の分割」によって、農地法3条1項本文に定める権利の設定または移転が行われた場合は、いわゆる許可除外とする旨を定めていますので、遺産分割については、農地法3条の許可を受ける必要はありません（→農地法3条1項12号については、Q30を参照）。

(3) さて、遺産分割の手法として、次の三つのものがあります。

最も基本的な手法は、協議分割というものです。**協議分割**は、各相続人が話し合い、お互いの意見を調整しながら、遺産分割に向けて合意形成を図るものです（民907条1項）。

例えば、相続人が3人（A・B・C）いたとします。3人の相続人は、遺産分割協議をするに当たり、その自由な意思で、各自の具体的な相続分を決定することができます。

仮に遺産の内容として、農地、農家住宅、農業用動産、宅地、賃貸用アパート、自動車、現金、銀行預金、有価証券等が残った場合、例えば、これらのうち、農業用資産は、農業後継者であるAが独占的に相続し、残りの財産を他の相続人B・Cで分け合うという内容で協議がまとまれば、その時点で協議分割が成立したことになります。

実務的には、相続人全員で遺産分割協議書を作成し、署名の後、印鑑証明付きの実印を押捺して終了することになります（この場合、遺産分割協議書は、同じものを3通作成し、署名捺印後に、各自が1通ずつ原本を所持します。）。

なお、被相続人が、遺言で、5年を超えない期間について遺産の分割を禁止したとしても（民907条1項・908条）、共同相続人の全員が合

意をすれば、分割は可能であると解されます（大塚・74頁）。

(4)　仮に相続人の協議がまとまらないときは、各共同相続人は、家庭裁判所に対し、**遺産分割の調停または審判の申立て**をすることができます（民907条2項、家事39条・244条）。これが2番目あるいは3番目の手法ということになります。

　家庭裁判所に申し立てられた遺産分割事件は、遺産の分割に関する**審判事件**（家事39条）および家庭に関する事件として、**調停事件**（家事244条）の対象となります（片岡・8頁）。また、家庭裁判所は、家事審判事件が係属したとしても、いつでも職権でこれを家事調停に付することができます（家事274条1項）。

　ここで、遺産分割の調停の申立てについていえば、申立人が、申立書を作成して家庭裁判所に提出して行います（家事255条1項）。そして、遺産分割調停が成立すれば、確定した審判と同様の効力が発生します（家事268条1項）。仮に不成立で終了した場合は、そのまま審判手続に移行します（家事272条4項）。なお、審判分割の場合は、民法906条の基準が厳格に適用されると解されます（潮見・175頁）。

　　†　**民898条**「相続人が数人あるときは、相続財産は、その共有に属する。」

　　†　**民906条**「遺産の分割は、遺産に属する物又は権利の種類及び性質、各相続人の年齢、職業、心身の状態及び生活の状況その他一切の事情を考慮してこれをする。」

　　†　**民907条1項**「共同相続人は、次条の規定により被相続人が遺言で禁じた場合を除き、いつでも、その協議で、遺産の分割をすることができる。」

　　†　**同条2項**「遺産の分割について、共同相続人間に協議が調わないとき、又は協議をすることができないときは、各共同相続人は、その分割を家庭裁判所に請求することができる。」

　　†　**民908条**「被相続人は、遺言で、遺産の分割の方法を定め、

若しくはこれを定めることを第三者に委託し、又は相続開始の時から5年を超えない期間を定めて、遺産の分割を禁ずることができる。」

† **家事39条**「家庭裁判所は、この編に定めるところにより、別表第1及び別表第2に掲げる事項並びに同編に定める事項について、審判をする。」

† **家事244条**「家庭裁判所は、人事に関する訴訟事件その他家庭に関する事件（別表第1に掲げる事項についての事件を除く。）について調停を行うほか、この編の定めるところにより審判をする。」

† **家事255条1項**「家事調停の申立ては、申立書（次項及び次条において「家事調停の申立書」という。）を家庭裁判所に提出してしなければならない。」

† **同条2項**「家事調停の申立書には、次に掲げる事項を記載しなければならない。」
① 当事者及び法定代理人
② 申立ての趣旨及び理由」

† **家事268条1項**「調停において当事者間に合意が成立し、これを調書に記載したときは、調停が成立したものとし、その記載は、確定判決（別表第2に掲げる事項にあっては、確定した第39条の規定による審判）と同一の効力を有する。」

† **家事272条4項**「第1項の規定により別表第2に掲げる事項についての調停事件が終了した場合には、家事調停の申立ての時に、当該事項についての家事審判の申立てがあったものとみなす。」

† **家事274条1項**「第244条の規定により調停を行うことができる事件についての訴訟又は家事審判事件が係属している場合には、裁判所は、当事者（本案について被告又は相手方の陳述がされる前にあっては、原告又は申立人に限る。）の意見を聴いて、いつでも、職権で、事件を家事調停に付することができる。」

第2章 許可の要否／第2節 許可を要しない行為

Q31-2 遺産分割の方法

「① 専業農家であった私の父親Aが亡くなりました。相続人は、私B、母親Cおよび妹Dの3人です。3人とも特別受益や寄与分の問題はありません。遺産の主なものは、農地3筆（各筆200万円の合計600万円）と住宅1棟とそれが建っている宅地1筆（住宅と宅地の時価合計200万円）です。預金は普通預金が400万円あります。ほかに目ぼしい遺産はありません。現在、3人で遺産分割協議を行っていますが、私Bとしては、農地の3筆さえ取得できれば、あとの財産は要りません。しかし、妹Dは、法定相続分どおり公平に分けて欲しいと主張しています。また、母Cは、自分が住んでいる住宅とその宅地さえ確保できればよい、また、事を円満に解決したいと願っています。私の希望は実現可能でしょうか？

② 仮に私Bだけが農地3筆を相続するという遺産分割協議がまとまった場合、私名義への移転登記はどのようにすればよいのでしょうか？ また、この場合、農地法3条許可は必要でしょうか？」

解説

小問1

(1) 被相続人Aが死亡し、相続が開始しました。相続人は、Aの子であるBとDおよびAの配偶者であったCの計3人です。

遺産総額を時価に換算して評価すると、合計で1200万円となります

(農地600万円＋宅地建物200万円＋普通預金400万円＝1200万円)。各自が相続できる遺産の価額を評価すると、被相続人の配偶者であるＣの法定相続分は２分の１ですから600万円となり、同じく子であるＢとＣは、各自300万円となります（→相続分については、Ｑ28を参照）。

仮に法定相続分に従って、忠実に遺産を分割するときは、各自が相続（取得）できる財産の比率は、Ｃ：Ｂ：Ｄ＝２：１：１となります。

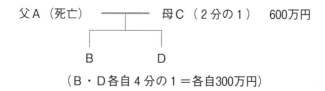

ところが、Ｂは、特に、農地３筆の取得を希望しています。これらの農地を時価に換算した場合、その評価額は600万円となります。これは、本来、自分が受け取ることができる法定相続分を、300万円も超える金額となります。他方、妹Ｄは、法定相続分どおり、公平に分割して欲しいと主張しています。

ここで、前問でも述べましたが、協議分割の場合は、共同相続人の全員が同意すれば、どのように遺産を分割することも自由です。したがって、Ｂが、Ｄを説得して同女を納得させることができれば、Ｂは全部の農地を取得することが可能となります。

(2) ところで、遺産分割の方法には、おおよそ四つのものがあります（田村・39頁）。

具体的には、①現物分割、②代償分割、③換価分割、④共有分割の四つです。また、遺産分割には、第一次的に、民法256条以下の共有物分割に関する規定が適用されます（→共有物の分割については、Ｑ17

を参照)。

　そして、民法258条2項は、共有物の分割方法として、現物分割を原則としていると解されます(現物分割の原則。最判平8・10・31民集50巻9号2563頁→判決文については、Q17－3を参照)。

遺産分割 ┬ ①現物分割
　　　　 ├ ②代償分割
　　　　 ├ ③換価分割
　　　　 └ ④共有分割

　①　**現物分割**とは、遺産をそのまま分割する方法です。したがって、仮に農地を含む土地について現物分割をしようとしたときは、通常の場合、土地家屋調査士などに依頼して土地の測量を行い、その後、分筆登記を済ませてから、複数に区分された各土地を各自が取得することになります。

　また、普通預金については、平成28年12月19日の最高裁大法廷判決が出ました。この判決によれば、預貯金(普通預金、通常貯金、定期預金等)は、相続人に対し、法定相続分に応じて自動的に分割されるのではなく、遺産分割の対象になると判示されました。＊

　なお、その後に出された平成29年4月8日の最高裁判決も、上記の最高裁大法廷判決に倣って、定期預金についても、共同相続人の共有持分に従って自動的に分割されるのではなく、遺産分割の対象となるとの結論を示しました。

　②　**代償分割**とは、一部の相続人が遺産を取得し、その代わりに、遺産の取得者が他の相続人に対し、具体的相続分に応じた金銭(代償金)を支払う方法です。

　③　**換価分割**は、遺産を売却して金銭に換価し、それを共同相続人

間で分配する方法です。

④ **共有分割**は、遺産の全部または一部を共有持分の形で取得する方法です。共有分割を行うと、当該財産は共有物となります。さらに、後日これを分割したいときは、一般の共有物の分割の問題となります。

共有分割は、遺産分割の方法としては不完全なものということができ、この方法をとることができるのは、上記①から③までの分割方法がとれない場合や、当事者が特に遺産の共有を望んでいる場合に限定されると解されます（田村・40頁）。

(3) ここで、設例について、大きく二つの場合に分けて考察します。

第1に、Bが、妹Dの説得に成功した場合です。この場合は、Bは、農地3筆を自分のものとすることができます（評価額600万円）。

ところが、遺産全体の評価額は1200万円のはずであり、法定相続分に従う限り、Bが相続できる遺産は300万円のはずですから、結局、これを300万円も超過することになります。

しかし、母親Cは、住宅と宅地だけの相続でよいと述べているため、Cが納得する限り、Cには住宅と宅地のみを相続させ、残った400万円の普通預金は、妹Dが全部相続することになります。

その結果、相続人各自の相続分は、Cが住宅と宅地（合計評価額200万円）、Bが農地3筆（合計評価額600万円）、Dが普通預金400万円ということになります。

第2に、Bが、妹Dの説得に失敗した場合です。この場合は、前問で述べたとおり、共同相続人の1人が、相手方の住所地を管轄する家庭裁判所または当事者が合意で定める家庭裁判所に対し、家事調停を申し立てます（家事245条1項）。

家事調停は、調停委員会で行われます（家事247条1項、248条1項、249条1項）。この場合、通常、家事調停委員から、関係当事者に対

し、公平で見識ある助言が行われることが期待できます。

　その結果、Dも次第に態度を軟化させ、Bの希望に近い線で調停がまとまる可能性があります。

　しかし、仮にDが、分割調停の場においても、あくまで法定相続分に従った現物分割を主張する場合は、分割調停は不調となり、次に、審判に移行することになります。その場合、審判分割によって、民法906条の基準に従って、結局は、公平な形で解決されることになると考えます。

小問2

(1)　農地3筆について相続人Bが全部相続するという内容の遺産分割協議が成立しますと、その効果は相続開始時に遡って発生します（民909条）。遺産分割の効果として、相続人Bは、被相続人Aから直接に農地の所有権を承継したものと扱われます。

　つまり、相続の開始と同時に、相続人Bは農地の所有権を承継したものであって、分割は、その効力を宣言するものであるという理解になります（**宣言主義**。二宮・371頁）。

(2)　ここで、Bは、単独で所有権移転登記を申請することができると解されます（不登63条2項。山野目・187頁）。また、登記原因は「相続」であり、登記原因日付は、相続開始の日（被相続人Aの死亡日）となります。

　このように、農地の所有権は、被相続人Aから、相続人Bに移転することになります。農地法3条の許可の要否については、前問で述べたとおり、遺産分割によって農地の権利移転が発生する場合は、許可を得る必要はありません（いわゆる許可除外の取扱い）。

　　　†　家事245条1項「家事調停事件は、相手方の住所地を管轄する家庭裁判所又は当事者が合意で定める家庭裁判所の管轄に属す

る。」

† **家事247条1項**「家庭裁判所は、調停委員会で調停を行う。ただし、家庭裁判所が相当と認めるときは、裁判官のみで行うことができる。」

† **家事248条1項**「調停委員会は、裁判官1人及び家事調停委員2人以上で組織する。」

† **家事249条1項**「家事調停委員は、非常勤とし、その任免に関し必要な事項は、最高裁判所規則で定める。」

† **不登63条2項**「相続又は法人の合併による権利の移転の登記は、登記権利者が単独で申請することができる。」

＊**判例**（最判平28・12・19最高裁ホームページ）「そこで、以上のような観点を踏まえて、改めて本件預貯金の内容及び性質を子細にみつつ、相続人全員の合意の有無にかかわらずこれを遺産分割の対象とすることができるか否かにつき検討する。

ア　まず、別紙預貯金目録1から3まで、5及び6の各預貯金債権について検討する。

　普通預金契約及び通常貯金契約は、一旦契約を締結して口座を開設すると、以後預金者がいつでも自由に預入れや払戻しをすることができる継続的取引契約であり、口座に入金が行われるたびにその額についての消費寄託契約が成立するが、その結果発生した預貯金債権は、口座の既存の預貯金債権と合算され、1個の預貯金債権として扱われるものである。また、普通預金契約及び通常貯金契約は預貯金残高が零になっても存続し、その後に入金が行われれば入金額相当の預貯金債権が発生する。このように、普通預金債権及び通常貯金債権は、いずれも、1個の債権として同一性を保持しながら、常にその残高が変動し得るものである。そして、この理は、預金者が死亡した場合においても異ならないというべきである。すなわち、預金者が死亡することにより、普通預金債権及び通常貯金債権は共同相続人全員に帰属するに至るところ、その帰属の態様について検討すると、上記各債権は、口座

において管理されており、預貯金契約上の地位を準共有する共同相続人が全員で預貯金契約を解約しない限り、同一性を保持しながら常にその残高が変動し得るものとして存在し、各共同相続人に確定額の債権として分割されることはないと解される。そして、相続開始時における各共同相続人の法定相続分相当額を算定することはできるが、預貯金契約が終了していない以上、その額は観念的なものにすぎないというべきである。預貯金債権が相続開始時の残高に基づいて当然に相続分に応じて分割され、その後口座に入金が行われるたびに、各共同相続人に分割されて帰属した既存の残高に、入金額を相続分に応じて分割した額を合算した預貯金債権が成立すると解することは、預貯金契約の当事者に煩雑な計算を強いるものであり、その合理的意思にも反するとすらいえよう。

イ　次に、別紙預貯金目録4の定期貯金債権について検討する。

　定期貯金の前身である定期郵便貯金につき、郵便貯金法は、一定の預入期間を定め、その期間内には払戻しをしない条件で一定の金額を一時に預入するものと定め（7条1項4号）、原則として預入期間が経過した後でなければ貯金を払い戻すことができず、例外的に預入期間内に貯金を払い戻すことができる場合には一部払戻しの取扱いをしないものと定めている（59条、45条1項、2項）。同法が定期郵便貯金について上記のようにその分割払戻しを制限する趣旨は、定額郵便貯金や銀行等民間金融機関で取り扱われている定期預金と同様に、多数の預金者を対象とした大量の事務処理を迅速かつ画一的に処理する必要上、貯金の管理を容易にして、定期郵便貯金に係る事務の定型化、簡素化を図ることにあるものと解される。

　郵政民営化法の施行により、日本郵政公社は解散し、その行っていた銀行業務は株式会社ゆうちょ銀行に承継された。ゆうちょ銀行は、通常貯金、定額貯金等のほかに定期貯金を受け入れているところ、その基本的内容が定期郵便貯金と異なるものであるこ

とはうかがわれないから、定期貯金についても、定期郵便貯金と同様の趣旨で、契約上その分割払戻しが制限されているものと解される。そして、定期貯金の利率が通常貯金のそれよりも高いことは公知の事実であるところ、上記の制限は、預入期間内には払戻しをしないという条件と共に定期貯金の利率が高いことの前提となっており、単なる特約ではなく定期貯金契約の要素というべきである。しかるに、定期貯金債権が相続により分割されると解すると、それに応じた利子を含めた債権額の計算が必要になる事態を生じかねず、定期貯金に係る事務の定型化、簡素化を図るという趣旨に反する。他方、仮に同債権が相続により分割されると解したとしても、同債権には上記の制限がある以上、共同相続人は共同して全額の払戻しを求めざるを得ず、単独でこれを行使する余地はないのであるから、そのように解する意義は乏しい。
ウ　前記(1)に示された預貯金一般の性格等を踏まえつつ以上のような各種貯金債権の内容及び性質をみると、共同相続された普通預金債権、通常貯金債権及び定期貯金債権は、いずれも、相続開始と同時に当然に相続分に応じて分割されることはなく、遺産分割の対象となるものと解するのが相当である。」

Q31-3 寄与分と特別受益

「① 農家であった私の父親Aが亡くなりました。相続人は、私B、母親Cおよび妹Dの3人です。遺産総額は、3000万円です。現在、遺産分割の話合いをしています。母親Cは、長年にわたって亡くなった父親Aの農業を手伝ってきた事実があるため、遺産分割に当たってはその点を十分に評価して欲しいと希望しています。また、妹Dは、2年前に結婚した際に、父親から300万円の挙式費用を負担してもらったことがあり、私としてはこの点を考慮すべきと考えます。今後どのように遺産分割をすれば、皆にとって公平な結果となりますか？

② 仮に母親Cについて2割の寄与分を認めることができ、また、妹Dについて300万円の特別受益が認められたとした場合、相続人各自の具体的相続分はいくらになりますか？」

解説

小問1

(1) 設問における遺産総額は3000万円であり、共同相続人の法定相続分は、母親Cが2分の1、子B・Dが各自4分の1となります。法定相続分に従って遺産を分割した場合、各自の相続額は、Cが1500万円、BとDがそれぞれ750万円となります。

しかし、設例のような事情があるときは、法定相続分のとおり遺産を分割することは、共同相続人間の公平を害する結果を生むおそれがあります。そこで、民法は、寄与分と特別受益という仕組みを用意し

て、共同相続人間の公平を図るようにしています。

(2) 最初に**寄与分**です。寄与分は、共同相続人の中に、被相続人の財産の維持または増加について特別の寄与をした者がいる場合に、その寄与を評価し、その者の相続分を増加させるための制度です（民904条の2）。

寄与分については、相続人間の協議によって、その評価が定まれば特に問題はありません（民904条の2第1項）。

設例において、例えば、母親Ｃの寄与分を2割とすることで相続人の意見が一致すれば（3000万円×0.2＝600万円）、その価額を相続財産から控除し（3000万円－600万円＝2400万円）、次に、残額を法定相続分で分け（Ｃ：2400万円×0.5＝1200万円、Ｂ・Ｄ：2400万円×0.25＝600万円）、さらに、寄与分が認められる相続人Ｃについては、寄与分として評価された金額（600万円）を加算するということになります（1200万円＋600万円＝1800万円）。

その結果、共同相続人各自の相続額は、Ｃが1800万円、ＢとＤが各自600万円となります（Ｃ1800万円＋Ｂ600万円＋Ｄ600万円＝合計3000万円）。仮に相続人間の協議が調わないときは、寄与分を主張する者の申立てにより、家庭裁判所が寄与分を定めることになります（民904条の2第2項）。

また、遺産分割審判手続において、相続人の中から、寄与分の主張が出されることもあり得ますが、この場合は、遺産分割審判手続と寄与分審判手続を併合することになります（家事192条。二宮・347頁）。

なお、裁判例で寄与分が認められたものをみると、おおむね1割から3割までの範囲内に収まっている、との指摘があります（判例相続・110頁）。

(3) 次に、特別受益です。**特別受益**とは、被相続人から遺贈を受け、または婚姻もしくは養子縁組のため、もしくは生計の資本として贈与

を受けた者がある場合に、遺贈または贈与の価額を加算したものを相続財産とみなし、法定相続分または指定相続分割合を乗じた価額から、特別受益を控除した残額をもって、その者の相続分とする仕組みです（民903条）。

　例えば、仮に妹Dについて300万円の特別受益が認められるとした場合（ただし、ここではCの寄与分は考慮しないものとします。）Dの具体的相続分は、次のとおり計算されます。

　3000万円＋300万円（特別受益）＝3300万円（みなし相続財産）
　3300万円×0.25（Dの法定相続分）＝825万円（一応の相続分）
　825万円－300万円（特別受益）＝525万円（Dの具体的相続分）

(4)　本条の「婚姻のための贈与」とは、例えば、結婚の際に必要となる持参金、支度金などがこれに当たります。

　しかし、通常の結納金、挙式費用などについては、これに含まれないと解されます（二宮・339頁）。その理由として、結納金については、相続人に対する贈与というよりは、結納の相手方である親に対する贈与とみるべきであり、また、挙式費用については、被相続人である親が自分のために支出した契約費用とみるべきであるとの見解が有力です（潮見・136頁）。

　裁判例をみても、婚姻のための贈与が特別受益と認められた例は少ないとの指摘があります（判例相続・97頁）。

　以上のことから、設例におけるDの挙式費用300万円は、特別受益には当たらないと解します。このように考えた場合、結論としては、小問1で定められた割合に従って遺産分割を行うべきであると考えます（C1800万円＋B600万円＋D600万円＝合計3000万円）。

(5)　ところで、被相続人は、民法903条1項・2項と異なった意思を表示することができます。その結果、相続人が生前に受け取った贈与について、相続財産に加算するという原則が適用されなくなります

(民903条3項)。これを「**持戻しの免除**」といいます。

　設問の場合に、仮に挙式費用300万円が特別受益に該当したとしても、被相続人Aから、持戻しの免除の意思表示が行われた事実があると認定されれば、当該費用を相続財産に加算するべきではなく、上記の結論は変わらないということになります。

小問2

(1)　相続財産が3000万円あり、相続人Cについて寄与分2割を認め、さらに、相続人Dについて特別受益300万円を認めた場合の相続人各自の具体的相続分は、次のとおり算定されます（前田・304頁）。

　① 　被相続人の遺産＋特別受益額－寄与分額＝みなし相続財産
　② 　みなし相続財産×各人の法定（または指定）相続分＝一応の相続分
　③ 　一応の相続分＋寄与分額
　　　一応の相続分－特別受益額

(2)　具体的相続分の計算は、次のとおりです。

　①　3000万円（遺産）＋300万円（Dの特別受益額）＝3300万円
　　　3300万円×0.2＝660万円（Cの寄与分額）
　　　3300万円－660万円（Cの寄与分額）＝2640万円（みなし相続財産）

　②　C：2640万円×0.5（法定相続分）＝1320万円（一応の相続分）
　　　B・D：2640万円×0.25（法定相続分）＝660万円（一応の相続分）

　③　C：1320万円＋660万円（寄与分額）＝1980万円
　　　B：660万円
　　　D：660万円－300万円（特別受益額）＝360万円

　　　† 　**民903条1項**「共同相続人中に、被相続人から、遺贈を受け、

又は婚姻若しくは養子縁組のため若しくは生計の資本として贈与を受けた者があるときは、被相続人が相続開始の時において有した財産の価額にその贈与の価額を加えたものを相続財産とみなし、前3条の規定により算定した相続分の中からその遺贈又は贈与の価額を控除した残額をもってその者の相続分とする。」

† **同条2項**「遺贈又は贈与の価額が、相続分の価額に等しく、又はこれを超えるときは、受遺者又は受贈者は、その相続分を受けることができない。」

† **同条3項**「被相続人が前2項の規定と異なった意思を表示したときは、その意思表示は、遺留分に関する規定に違反しない範囲内で、その効力を有する。」

† **民904条の2第1項**「共同相続人中に、被相続人の事業に関する労務の提供又は財産上の給付、被相続人の療養看護その他の方法により被相続人の財産の維持又は増加について特別の寄与をした者があるときは、被相続人が相続開始の時において有した財産の価額から共同相続人の協議で定めたその者の寄与分を控除したものを相続財産とみなし、第900条から第902条までの規定により算定した相続分に寄与分を加えた額をもってその者の相続分とする。」

† **同条第2項**「前項の協議が調わないとき、又は協議をすることができないときは、家庭裁判所は、同項に規定する寄与をした者の請求により、寄与の時期、方法及び程度、相続財産の額その他一切の事情を考慮して、寄与分を定める。」

† **家事192条**「遺産の分割の審判事件及び寄与分を定める処分の審判事件が係属するときは、これらの審判の手続及び審判は、併合してしなければならない。数人からの寄与分を定める処分の審判事件が係属するときも、同様とする。」

Q32 包括遺贈とは

「包括遺贈によって、農地に対する所有権などの権利を移転する場合は、農地法3条の許可を受ける必要がないとされています。包括遺贈とは何ですか？」

解説

(1) 広く**遺贈**とは、被相続人が、遺言によって他人に対し自己の財産を無償で与える法律行為（相手方のない単独行為）をいいます（民964条）。財産を無償で与えられる者を**受遺者**といいます。

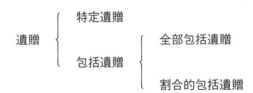

遺贈には、特定遺贈と包括遺贈があります。**特定遺贈**とは、遺産の中から特定の財産を受遺者に対して与えるものをいいます（→特定遺贈については、Q34を参照）。

これに対し、遺産の全部または一定の割合を遺贈する場合を**包括遺贈**といいます。包括遺贈のうち、遺産の全部を目的とする遺贈を**全部包括遺贈**といい、一定の割合で示された遺贈を**割合的包括遺贈**といいます。

例えば、農業者Aが、自分の財産を他人Bに遺贈しようとした場合、「自分の全財産をBに遺贈する」と遺言書に記載すれば全部包括

遺贈となり、「自分の財産の3分の2をBに遺贈する」と記載すれば割合的包括遺贈となります（潮見・263頁）。

(2) 農地法は、3条1項16号において、「その他農林水産省令で定める場合」について、農地法3条許可を要しない旨を定めています。

同号を受けて、農地法施行規則15条5号は、包括遺贈および相続人に対する特定遺贈の場合については、許可を要しない旨を定めていますので、包括遺贈については農地法3条の許可を受ける必要はありません（いわゆる許可除外）。ここで、許可が要らないものと、要るものを示します。

ア	相続	許可不要
イ	相続させる旨の遺言	許可不要
ウ	包括遺贈	許可除外
エ	特定遺贈（受遺者が相続人の場合）	許可除外
オ	特定遺贈（受遺者が非相続人の場合）	許可必要

(3) 包括遺贈を受けた者を**包括受遺者**といいます。包括受遺者の地位は、相続人に類似しますので、民法は、「包括受遺者は、相続人と同一の権利義務を有する。」と定めます（民990条）。

包括遺贈が効力を生じますと、包括受遺者は、遺贈された遺産についてその全てを承継することになります（民896条）。消極財産も承継することになりますから、包括受遺者としては、相続の放棄・承認の規定に従って、自分のために包括遺贈があったことを知ってから3か月以内に、当該遺贈を放棄または限定承認することが可能です（民915条1項）。

仮に放棄をしないと、単純承認したものとみなされます（民915条・921条。→相続放棄については、Q28－2を参照）。

Q32 包括遺贈とは

(4) 包括受遺者について要点をまとめると、次のようになります（判例相続・354頁、大塚・227頁）。

① 包括受遺者は、上記のとおり、相続人と同様の権利義務を有しますが、相続人ではありませんから、包括遺贈について代襲相続は発生しません（民994条）。

② 相続が発生した場合、包括受遺者と他の相続人は、遺産を共有することになります（民898条。→遺産の共有については、Q29を参照）。

③ 遺産の共有状態を解消するためには、遺産分割手続が必要となります（民906条。→遺産分割については、Q31を参照）。

④ 包括遺贈の対象に不動産が含まれ、遺産分割手続の後に、当該不動産の所有権移転登記手続をする場合は、遺贈義務者（相続人または遺言執行者を指します。）と包括受遺者の共同申請で行います。また、当該所有権の取得を第三者に対抗するには、登記が必要です（登記手続については、Q32-2を参照）。

⑤ 遺言者に相続人が存在しない場合において、遺言者から第三者に対する全部の財産の包括遺贈が行われた場合は、相続人不存在には当たりません（最判平9・9・12民集51巻8号3887頁。→同判例については、Q30を参照）。

　　† **法3条1項16号**「その他農林水産省令で定める場合」
　　† **規15条5号**「包括遺贈又は相続人に対する特定遺贈により法第3条第1項の権利が取得される場合」
　　† **民898条**「相続人が数人あるときは、相続財産は、その共有に属する。」
　　† **民899条**「各共同相続人は、その相続分に応じて被相続人の権利義務を承継する。」
　　† **民915条1項**「相続人は、自己のために相続の開始があったことを知った時から3箇月以内に、相続について、単純若しくは限定の承認又は放棄をしなければならない。ただし、この期間

第2章　許可の要否／第2節　許可を要しない行為

は、利害関係人又は検察官の請求によって、家庭裁判所において伸長することができる。」

†　**民964条**「遺言者は、包括又は特定の名義でその財産の全部又は一部を処分することができる。ただし、遺留分に関する規定に違反することができない。」

†　**民990条**「包括受遺者は、相続人と同一の権利義務を有する。」

†　**民994条1項**「遺贈は、遺言者の死亡以前に受遺者が死亡したときは、その効力を生じない。」

Q32-2　包括遺贈による所有権移転登記

「被相続人Aは、遺言書に、『自分の遺産の3分の1を友人Bに遺贈する。』と記載して死亡しました。死亡したAには、妻Cと子Dがいます。Aが亡くなってから半年後に遺産分割協議が行われ、その結果、Bは、遺産のうち農地甲を受け取るという合意がまとまりました。この場合、Bは、単独で移転登記をすることができるでしょうか？」

解説

(1) 最初に結論をいいますと、Bは、単独で所有権移転登記をすることはできないと解されます。なぜなら、遺贈は法律行為であって、それに伴う権利移転（物権変動）は、相続によって生じたものとみることはできないと考えられるためです（山野目・181頁）。

(2) 設例では、Aの遺言によって、Bが包括受遺者となりました。前問でも説明しましたが、包括受遺者となったBは、自分が包括受遺者となったことを知った時から、3か月以内に家庭裁判所に対し、放棄の申述の申立をしていませんから、包括遺贈を承認したものとみなされます（包括遺贈については、Q32-1を参照）。

　包括遺贈を承認したとみなされたBは、その後に行われた遺産分割協議に加わり、Aの遺産のうち、農地甲を受け取るという合意を、相続人C・Dとの間で行いました。遺産分割協議が成立したことによって、上記農地甲の所有者は、B1人ということになります。

(3) しかし、Bとしては、被相続人Aからの所有権移転登記を具備しない限り、第三者に対抗することはできません（民177条。→対抗要件

第2章　許可の要否／第2節　許可を要しない行為

については、Q6-5を参照)。

　対抗要件を具えるために、Bは、自分が登記権利者となり、一方CとDは登記義務者となって、登記所に対し所有権移転登記の共同申請を行う必要があります。なお、登記原因は、「遺贈」となり、原因日付は、遺贈の効力が発生した日、すなわち、原則として被相続人が死亡した日となります。

　なお、この場合、前問で述べたとおり、農地法3条許可を受ける必要はありません。

Q33 「相続させる」旨の遺言の解釈（その１）

「① Aには、３人の子（B・C・D）がいます。妻は既に亡くなっています。Aは遺言書を作成し、子の１人であるDに対し全部の農地を引き継がせたいと考え、「全ての農地をDに相続させる。」と書いた遺言書を作成しました。「相続させる」旨の遺言とは何ですか？ 仮にAが亡くなった場合、Dは自分１人で農地の所有権移転登記をすることができますか？また、所有権の移転に関し農地法３条許可は必要ですか？
② この遺言書に、遺言執行者としてEが指定されている場合はどうですか？」

解説

小問１

(1) 設例で被相続人Aは、全部の農地を子Dに引き継いで欲しいと考え、遺言書を作成し、「全ての農地をDに相続させる。」と記載しました。これは、いわゆる**「相続させる」旨の遺言**と呼ばれるものです。

ここで、このような遺言の記載を法的にどう解釈するかという問題がありますが、この点については、既に最高裁の重要な判例が出ています（最判平３・４・19民集45巻４号477頁）。＊

この判例によれば、特定の遺産を、特定の相続人に「相続させる」旨の遺言は、遺言書の記載から、その趣旨が遺贈であることが明らかであるかまたは遺贈と解すべき特段の事情のない限り、当該遺産を当該相続人に単独で相続させるという遺産分割の方法が指定されたもの

293

と解すべきであるとされます。

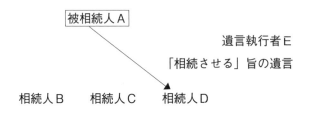

(2) ところで、上記判例のいう**遺産分割方法の指定**については民法に規定があり、遺言を作成する被相続人は、「誰に対し何々を分割して与える」などと記載することによって、遺産の分割方法を具体的に指定することができます（民908条）。

この場合、分割して与えられる物の価額が、その相続人の法定相続分の範囲内に収まるときは、当該物を含めて法定相続分に相当する財産を確保することが認められることになります（これを、**純粋な遺産分割方法の指定**と呼ぶことができます。前田・325頁）。

他方、分割して与えられる物の価額が、当該相続人の法定相続分を超えるときは、当該相続人に対し、法定相続分を超える遺産を与えようとする被相続人の意思がうかがえます。これは、当該相続人の相続分を変更することを意味しますから、この場合は、**相続分の指定を伴う遺産分割方法の指定**があったと解することができます（民902条。前田・325頁）。

(3) 上記のとおり、「相続させる」旨の遺言がされた場合は、当該遺言によって、農地などの遺産を得た相続人（受益相続人）は、被相続人が死亡して相続が発生すると同時に、直ちに当該遺産は自分に承継されたと主張することができます。

したがって、当該遺産については、相続人の間で分割協議をする余

地はなく、また、遺産分割審判を経る必要もないと解されます（判解平3年・216頁）。

設例において、相続人D（受益相続人）は、遺言書を添付の上、登記所に対し、他の相続人（B・C）の意向とは無関係に、単独で、相続を原因とする所有権移転登記申請をすることができると解されます。この場合、AからDへの農地の権利移転は、相続を原因とするものですから、農地法3条の許可は不要と解されます（→相続と農地法の許可の関係については、Q28を参照）。

小問2

(1) 遺言執行者としてEが指定されている場合に、果たしてDは、Eに対し、自分に対する所有権移転登記手続をするよう請求することができるか、という問題があります。

その前に、**遺言執行者**とはどのような地位を有する者かという点を確認しておく必要があります。遺言を作成する者（**遺言者**）は、遺言によって遺言執行者を指定することができます（民1006条1項）。そして、遺言執行者の地位について、民法は、相続財産の管理その他遺言の執行に必要な一切の行為を行う権利と義務があると定めます（民1012条）。

遺言の内容には、例えば、民法903条3項の特別受益に関する意思表示（持戻しの免除）のように、特に遺言の内容を実現するための執行行為を要しないものもあれば（→持戻しの免除については、Q31-3を参照）、特定の不動産の遺贈のように執行行為を要するものがあります。したがって、遺言執行者とは、遺言者に代わって遺言内容を実現する立場にある者ということができます（田村・192頁）。

(2) さて、上記の問題ですが、最高裁の判例は、遺言執行者は、遺言の執行として、所有権の移転登記手続を行う義務を負わないという判

第2章　許可の要否／第2節　許可を要しない行為

断を示しました（最判平7・1・24判時1523号81頁）。＊＊

したがって、この場合においても、Dは単独で、相続を原因とする所有権移転登記手続を行うべきものと解されます。

†　**民902条1項**「被相続人は、前2条の規定にかかわらず、遺言で、共同相続人の相続分を定め、又はこれを定めることを第三者に委託することができる。ただし、被相続人又は第三者は、遺留分に関する規定に違反することができない。」

†　**同条2項**「被相続人が、共同相続人中の1人若しくは数人の相続分のみを定め、又はこれを第三者に定めさせたときは、他の共同相続人の相続分は、前2条の規定により定める。」

†　**民908条**「被相続人は、遺言で、遺産の分割の方法を定め、若しくはこれを定めることを第三者に委託し、又は相続開始の時から5年を超えない期間を定めて、遺産の分割を禁ずることができる。」

†　**民1006条1項**「遺言者は、遺言で、1人又は数人の遺言執行者を指定し、又はその指定を第三者に委託することができる。」

†　**民1012条1項**「遺言執行者は、相続財産の管理その他遺言の執行に必要な一切の行為をする権利義務を有する。」

＊**判例**（最判平3・4・19民集45巻4号477頁）「被相続人の遺産の承継関係に関する遺言については、遺言書において表明されている遺言者の意思を尊重して合理的にその趣旨を解釈すべきものであるところ、遺言者は、各相続人との関係にあっては、その者と各相続人との身分関係及び生活関係、各相続人の現在及び将来の生活状況及び資力その他の経済関係、特定の不動産その他の遺産についての特定の相続人のかかわりあいの関係等各般の事情を配慮して遺言をするのであるから、遺言書において特定の遺産を特定の相続人に「相続させる」趣旨の遺言者の意思が表明されている場合、当該相続人も当該遺産を他の共同相続人と共にではあるが当然相続する地位にあることをかんがみれば、遺言者の意思は、右の各般の事情を配慮して、当該遺産を当該相続人をして、

Q33 「相続させる」旨の遺言の解釈（その1）

他の共同相続人と共にではなくして、単独で相続させようとする趣旨のものと解するのが当然の合理的な意思解釈というべきであり、遺言書の記載から、その趣旨が遺贈であることが明らかであるか又は遺贈と解すべき特段の事情がない限り、遺贈と解すべきではない。そして、右の「相続させる」趣旨の遺言、すなわち、特定の遺産を特定の相続人に単独で相続により承継させようとする遺言は、前記の各般の事情を配慮しての被相続人の意思として当然あり得る合理的な遺産の分割の方法を定めるものであって、民法908条において被相続人が遺言で遺産の分割の方法を定めることができるとしているのも、遺産の分割の方法として、このような特定の遺産を特定の相続人に単独で相続により承継させることをも遺言で定めることを可能にするために外ならない。したがって、右の「相続させる」趣旨の遺言は、正に同条にいう遺産の分割の方法を定めた遺言であり、他の共同相続人も右の遺言に拘束され、これと異なる遺産分割の協議、さらには審判もなし得ないのであるから、このような遺言にあっては、遺言者の意思に合致するものとして、遺産の一部である当該遺産を当該相続人に帰属させる遺産の一部の分割がなされたのと同様の遺産の承継関係を生ぜしめるものであり、当該遺言において相続による承継を当該相続人の受諾の意思表示にかからせたなどの特段の事情のない限り、何らかの行為を要せずして、被相続人の死亡の時（遺言の効力の生じた時）に直ちに当該遺産が当該相続人に相続により承継されるものと解すべきである。」

＊＊**判例**（最判平7・1・24判時1523号81頁）「特定の不動産を特定の相続人甲に相続させる旨の遺言により、甲が被相続人の死亡とともに相続により当該不動産の所有権を取得した場合には、甲が単独でその旨の所有権移転登記手続をすることができ、遺言執行者は、遺言の執行として右の登記手続をする義務を負うものではない。」

Q33-2 「相続させる」旨の遺言の解釈（その2）

「前問の事例で、仮にDに子Fがいた場合に、Dが亡くなってから、次に遺言者Aが亡くなった場合、FはA作成の遺言書に基づいて農地の権利を取得することができますか？」

解説

(1) 特定の遺産を特定の相続人に対し「相続させる」旨の遺言がされた場合、既に前問で述べたとおり、遺贈と解すべき特段の事情がなければ、遺産分割方法の指定が行われたものと解すべきであり、また、この場合、何らの行為を要せずに、当該遺産は、被相続人（遺言者）の死亡と同時に、直ちに相続により、特定の相続人に承継されるという最高裁の考え方が示されました（最判平3・4・19民集45巻4号477頁）。実務は、この考え方で運用されていると考えてよいと思います（判解平23年・94頁）。

(2) 設例の場合、遺言者であるAが死亡する前に、受益相続人であるDが死亡しています。ここで、Dの相続人であるFが、代襲相続の適用を主張することが認められるかどうかが問題となります。

　おそらくFとしては、「相続させる」旨の遺言は、通常の遺贈ではないのであって、むしろ法定相続分または指定相続分の相続と本質を同じくすると解されることから、民法887条の代襲相続の規定を準用することが許されるという主張を出してくるのではないかと思われます（→代襲相続については、Q28を参照）。

(3) この争点について、最高裁は、遺言書作成当時の事情および遺言者が置かれていた状況などから、推定相続人が、遺言者よりも以前に

Q33-2 「相続させる」旨の遺言の解釈（その2）

死亡した場合には、当該推定相続人の代襲者その他の者に遺産を相続させる旨の意思を有していたものとみるべき特段の事情のない限り、その効力を生ずることはないと判示しました（最判平23・2・22民集65巻2号699頁）。＊

したがって、設例の場合、亡くなったDの相続人Fは、Dの権利を承継することはなく、被相続人Aが有していた農地の権利を取得することはできない、という結論になります。

＊**判例**（最判平23・2・22民集65巻2号699頁）「被相続人の遺産の承継に関する遺言をする者は、一般に、各推定相続人との関係においては、その者と各推定相続人との身分関係及び生活関係、各推定相続人の現在及び将来の生活状況及び資産その他の経済力、特定の不動産その他の遺産についての特定の推定相続人の関わりあいの有無、程度等諸般の事情を考慮して遺言をするものである。このことは、遺産を特定の推定相続人に単独で相続させる旨の遺産分割の方法を指定し、当該遺産が遺言者の死亡の時に直ちに相続により当該推定相続人に承継される効力を有する『相続させる』旨の遺言がされる場合であっても異なるものではなく、このような『相続させる』旨の遺言をした遺言者は、通常、遺言時における特定の推定相続人に当該遺産を取得させる意思を有するにとどまるものと解される。

したがって、上記のような『相続させる』旨の遺言は、当該遺言により遺産を相続させるものとされた推定相続人が遺言者の死亡以前に死亡した場合には、当該『相続させる』旨の遺言に係る条項と遺言書の他の記載との関係、遺言書作成当時の事情及び遺言者の置かれていた状況などから、遺言者が、上記の場合には、当該推定相続人の代襲者その他の者に遺産を相続させる旨の意思を有していたとみるべき特段の事情のない限り、その効力を生ずることはないと解するのが相当である。

前記事実関係によれば、BはAの死亡以前に死亡したものであ

り、本件遺言書には、Aの遺産全部をBに相続させる旨を記載した条項及び遺言執行者の指定に係る条項のわずか2か条しかなく、BがAの死亡以前に死亡した場合にBが承継すべきであった遺産をB以外の者に承継させる意思を推知させる条項はない上、本件遺言書作成当時、Aが上記の場合に遺産を承継する者についての考慮をしていなかったことは所論も前提としているところであるから、上記特段の事情があるとはいえず、本件遺言は、その効力を生ずることはないというべきである。」

Q34 特定遺贈とは

「相続人に対する特定遺贈によって、農地に対する所有権などの権利を移転する場合は、農地法3条の許可を受ける必要がないとされています。特定遺贈とは何ですか？非相続人に対する特定遺贈については、農地法3条の許可を受ける必要がありますか？」

解説

(1) 既にQ32でも述べましたが、**遺贈**とは、被相続人が、遺言で、他人に対し無償で自己の財産（遺産）を与える法律行為をいいます。

遺贈は、遺贈者1人の単独の意思表示によって法的効果が発生しますので、単独行為といわれます（内田・342頁）。しかも、相手方がありませんから、**相手方のない単独行為**と呼ばれます（これに対し、契約の解除や取消しは、解除や取消しの相手方に対して行う必要がありますから、相手方のある単独行為といわれます。）。

(2) 受遺者（→受遺者については、Q32を参照）は、遺言者の死亡後、いつでも遺贈を放棄することができます（民986条1項）。

ただし、遺贈であっても、包括遺贈の場合は、包括受遺者は相続人と同一の権利義務を有するとされていますから（民990条）、相続人の場合と同様の取扱いを受け、民法986条の適用はないと解されます（判例相続・349頁。→包括遺贈については、Q32を参照）。

また、特定遺贈の受遺者は、原則的に債務を負担しませんから、限定承認の規定の適用もありません。

特定遺贈の放棄は、相手方（遺贈義務者。ただし、遺言執行者の指定があるときは遺言執行者となります。）のある単独行為と解されますか

ら、その意思表示が遺贈義務者に到達することによって、特定遺贈の承認または放棄の効果が発生すると解されます（二宮・401頁）。

　そして、仮に放棄の意思表示をしたときは、遺言者の死亡時に遡って、遺贈の効力は消滅することになります（民986条2項）。

　なお、遺贈義務者その他の利害関係人は、受遺者に対し、相当の期間を定めて、その期間内に遺贈の承認または放棄をすべき旨の催告をすることができます。仮に受遺者が催告期間内にその意思を表示しないときは、遺贈を承認したものとみなされます（民987条）。

(3)　特定遺贈があった場合に、農地法3条の定める許可を受ける必要があるか否かの点については、既にQ32で述べたとおりです。

　つまり、非相続人に対する特定遺贈については、原則どおり、農地法3条の許可を受ける必要があります。ただし、この場合は、双方申請ではなく**単独申請**となります（規10条1項1号）。すなわち、農地法施行規則によれば、申請にかかる権利の設定または移転が、遺贈その他の単独行為による場合は、許可申請書に双方が連署する必要はなく、単独で許可申請することが認められています。

(4)　この点に関し、国の通知は、単独で許可申請できる場合の申請者として、「遺贈その他の単独行為によって農地等の権利が設定され又は移転される場合には、その単独行為をする者（例えば、遺贈の場合には、遺言者又はその相続人若しくは遺言執行者）」と規定しますが（平成21年12月11日　21経営第4608号・21農振第1599号「農地法関係事務処理要領の制定について」）、内容に疑問があります。それは、単独申請することができる者として「遺言者」が掲げられている点です。

　というのも、民法によれば、遺言の効力が発生するのは、遺言者の死亡時とされています（民985条1項）。その意味は、遺贈を内容とする遺言が作成されたとしても、遺言者の死亡時までは遺贈の効力が発生することはないということです（通説）。

例えば、遺言者Aが、所有農地を、非相続人である受遺者Bに対して特定遺贈するという遺言を作成したとしても、Aの生存時に当該遺言が効力を生ずることはなく、権利の承継も発生しません。よって、A自身が、単独で農業委員会に対し3条許可申請をすることは、認め難いと解するほかありません。

なお、仮に遺言者Aが死亡したときは、上記農地法施行規則のとおり、受遺者Bは、単独で農業委員会に対し許可申請することができると解されます（ただし、この点については、上記通知のようにAの相続人または遺言執行者が単独申請すべきであるとする見解があります。）。

† 規10条1項1号「その申請に係る権利の設定又は移転が強制競売、担保権の実行としての競売（その例による競売を含む。以下単に「競売」という。）若しくは公売又は遺贈その他の単独行為による場合」

† 民985条1項「遺言は、遺言者の死亡の時からその効力を生ずる。」

† 民986条1項「受遺者は、遺言者の死亡後、いつでも、遺贈の放棄をすることができる。」

† 同条2項「遺贈の放棄は、遺言者の死亡の時にさかのぼってその効力を生ずる。」

† 民987条「遺贈義務者（遺贈の履行をする義務を負う者をいう。以下この節において同じ。）その他の利害関係人は、受遺者に対し、相当の期間を定めて、その期間内に遺贈の承認又は放棄をすべき旨の催告をすることができる。この場合において、受遺者がその期間内に遺贈義務者に対してその意思を表示しないときは、遺贈を承認したものとみなす。」

Q34-2 特定遺贈と死因贈与の異同

「特定遺贈と死因贈与は、よく似ているといわれますが、どのような点が異なりますか？また、死因贈与をした場合に、農地法3条の許可を受ける必要がありますか？」

解説

(1) **死因贈与**とは、贈与者の死亡によって効力を生ずる契約です（民554条）。他方、遺贈の場合も、被相続人が死亡すると同時に、遺贈の効果が発生します（民985条1項）。

いずれの場合も、贈与者または被相続人の意思に従って、同人の死後に、その財産が処分される効果が生ずる点が類似しています（笠井・139頁）。そのため、死因贈与には、遺贈に関する規定が準用されます（民554条。なお、条文が準用される範囲の詳細については、山本・359頁を参照）。

ただし、準用されるものは、原則的に、遺贈の効力に関する規定であり、他方、遺言能力に関する規定や遺言の方式に関する規定は、準用されないと解されます（判例契約・136頁）。

(2) 両者の異なる点ですが、第1に、死因贈与は、贈与者と受贈者間の契約ですが、遺贈は、遺贈者による単独行為であるという違いがあります。

第2に、死因贈与は、贈与者の死亡を始期として効力を生じますが（→始期については、Q15-8を参照）、遺贈は、遺贈者の死亡の時から効力が発生します。

(3) ここで、死因贈与について、受遺者の死亡による遺贈の失効に関

する規定が準用されるか、という問題があります。

　通説は、民法994条の規定は、死因贈与にも準用され、贈与者の死亡よりも前に受贈者が死亡した場合は、死因贈与は効力を生じないと解しています。本書も同様の立場をとります。

　なぜなら、贈与者は、死因贈与契約を結ぶに当たって、特定の受贈者に対して財産を無償で譲渡しようとする意思を有しているのが通常であって、特定の受贈者が死亡した場合に、同人の相続人に財産を与える意思は一般的にない、と考えられるためです。

(4)　また、遺言の撤回に関する民法1022条の規定を死因贈与に準用することができるか、という問題もあります。

　最高裁の昭和47年判決は、いったん死因贈与を行っても、贈与者はいつでも任意にこれを撤回することができるとする解釈をとっていましたが（最判昭47・5・25民集26巻4号805頁）、その後に出された昭和57年判決では、この点がやや修正され、特別の事情があれば撤回を許さない、という立場が示されるに至りました（最判昭58・1・24民集37巻1号21頁）。

(5)　死因贈与と農地法3条許可の関係ですが、現在までのところ、この点を取り扱った最高裁の判例は見当たりません。しかし、死因贈与は、贈与契約の一種であって、農地の所有権を、贈与者から受贈者に移転することを目的としていますから、当然、農地法の適用があると解されます。

　例えば、農地甲の所有者Aが、他人Bとの間で、「自分が亡くなったら、農地甲をBに与える。」という死因贈与契約を締結した後に死亡したが、AにはCという相続人がいたとします。その場合、贈与者Aが死亡すると同時に、Aの法的権利義務は、（一身専属権的なものを除き）全てAの相続人であるCが包括的に承継します。

　よって、Cは、Bからの請求があれば、農業委員会に対し、農地甲

の所有権移転に必要な許可を得るための手続に協力する義務があると解されます（3条許可を得るための許可申請手続協力義務）。

　　† **民554条**「贈与者の死亡によって効力を生ずる贈与については、その性質に反しない限り、遺贈に関する規定を準用する。」

　　† **民994条1項**「遺贈は、遺言者の死亡以前に受遺者が死亡したときは、その効力を生じない。」

　　† **民1022条**「遺言者は、いつでも、遺言の方式に従って、その遺言の全部又は一部を撤回することができる。」

事項索引

【あ】
相手方のない単独行為…………………301
悪意………………………………………169

【い】
遺産の共有………………………………256
遺産共有…………………………………270
遺産分割…………………………………270
遺産分割の基準…………………………270
遺産分割の調停または審判の申立て…272
遺産分割方法の指定……………………294
意思表示…………………………………155
意思表示を目的とする債務……………155
遺贈…………………………………287,301
囲繞地通行権……………………………67
委任………………………………………172
違約手付…………………………………231

【う】
請負………………………………………172
受戻権……………………………………197

【え】
永小作権…………………………………87

【か】
買受適格証明書…………………………101
買戻し……………………………………198
解除契約…………………………………200
解除告知…………………………………228
解除条件…………………………………13
解約手付…………………………………231
価格賠償…………………………………181
隠れた瑕疵………………………………30
瑕疵………………………………………30
瑕疵ある処分……………………………134
瑕疵担保責任……………………………28
過失ある善意……………………………170
換価分割…………………………………276
間接強制…………………………………155

【き】
期間の定めのない賃貸借…………162,166
期間入札…………………………………100
寄与分……………………………………283
協議分割…………………………………271
強行規定…………………………………204
行政処分の公定力………………………134
兄弟姉妹…………………………………246
共同相続登記……………………………256
共同抵当…………………………………97
共有………………………………………179
共有説……………………………………270
共有物の管理……………………………185
共有物の分割……………………………180
共有物の変更……………………………191
共有分割…………………………………277
許可書……………………………………101
許可申請手続協力義務……………21,152
許可申請手続協力請求権………………152

【く】
区分地上権……………………………11,85

【け】
刑事罰による規制………………………40
競売………………………………………96
競売開始決定……………………………99
契約解除…………………………………222
契約不適合による責任…………………32
権原………………………………………53
現況主義…………………………………4
原始取得…………………………………219
原状回復義務………………………120,228
原状回復命令……………………………40
現実の引渡し……………………………92
現物分割……………………………181,276

【こ】
子…………………………………………245
合意解除…………………………………200
工作物……………………………………81
合有………………………………………180
効力条項…………………………………214

307

事項索引

効力要件……17
小作官……210
小作主事……210
混同……149

【さ】
最高価買受申出人……100
催告……203, 226
財産分与……239
財産分与の調停または審判……240
採草放牧地……8
再代襲……245
裁判上の和解……210
債務不履行……23
債務不履行による解除……222
詐害行為取消権……235
差押えの登記……100

【し】
死因贈与……304
始期……160
時効……217
自主占有……218
質権……89
執行官……101
執行裁判所……99
受遺者……287
終期……160
熟慮期間……249
取得時効……217
準委任……94
準袋地……68
準法律行為……155
純粋な遺産分割方法の指定……294
使用収益権……90, 105
使用貸借……104
使用貸借による権利……104
使用貸借契約……104
承役地……71
償金……53
条件……13
譲渡担保……196
消滅時効……217

消滅時効の起算点……153
証約手付……231
除斥期間……32
職権取消し……134
初日不算入の原則……160
処分制限効……100
書面によらない贈与……59
書面による贈与……60
所有権……18
所有権の弾力性……221
所有物妨害排除請求権……56
処理基準……4
信義則違反……128
審判事件……272

【せ】
清算義務……196
設置または保存の瑕疵……56
善管注意義務……106
宣言主義……278
全部包括遺贈……287
占有改定……93
占有権……18

【そ】
相続……244
相続財産管理人……262
相続財産法人……261
「相続させる」旨の遺言……293
相続人捜索の公告……262
相続人不存在……261
相続分……244
相続分の指定を伴う遺産分割方法の指定……294
相続分の譲渡……254
相続放棄の申述……250
双務契約……21, 124
総有……180
贈与……58

【た】
代襲……245
代襲相続……245
代金分割……181

対抗要件……………………………46
代償分割……………………………276
代替執行……………………………155
諾成契約……………………………20, 123
他主占有……………………………218
単独申請……………………………155, 302
担保不動産競売……………………99
担保物権……………………………18, 89
【ち】
地役権………………………………71
竹木…………………………………81
地上権………………………………81
調書…………………………………210
調停委員会…………………………210
調停事件……………………………272
直系尊属……………………………246
直接強制……………………………154
直接効果説…………………………227
賃借権………………………………123
賃借権の譲渡………………………124
賃借権の無断譲渡…………………127
賃貸借………………………………123
賃貸借契約…………………………123
【つ】
通行地役権…………………………71, 72, 75
【て】
停止条件……………………………13
抵当権………………………………96
手付…………………………………230
転貸…………………………………124
【と】
特定遺贈……………………………287
特別の必要費や有益費……………107
特別縁故者…………………………263
特別縁故者に対する相続財産の分与……263
特別受益……………………………283
特別法………………………………12
特別法優位の原則…………………12
土地の工作物………………………56
土地所有権…………………………18
届出受理書…………………………101

取戻権………………………………254
【に】
二重譲渡……………………………44
任意規定……………………………203
【の】
農業経営の委託……………………173
農作業の委託………………………171
農事調停……………………………209
農地…………………………………4
農地管理契約………………………173
農用地利用集積計画………………153
【は】
売却決定期日………………………101
配偶者………………………………245
売買契約……………………………20
【ひ】
引渡し………………………………13
必要費………………………………107
表現地役権…………………………73
【ふ】
袋地…………………………………67
付合…………………………………52
附帯申立て…………………………240
負担付贈与…………………………64
物権…………………………………18
物権的請求権………………………55
物権法定主義………………………18
物上保証人…………………………96
物権変動の対抗要件………………12
不動産質……………………………90
不表現地役権………………………73
【へ】
片務契約……………………………105
返還義務……………………………120
【ほ】
忘恩行為……………………………64
包括遺贈……………………………287
包括受遺者…………………………288
法定解除権…………………………200
法定更新……………………………161, 166
法定単純承認………………………250

309

法定担保物権……………………89
法定地上権………………………82
補充行為…………………………17
保存行為…………………………256
【む】
無過失責任………………………56
無催告解除特約…………………205
無償契約…………………………105
【も】
持分………………………………179
持分権……………………………179
持戻しの免除……………………285
【や】
約定解除権………………………200
約定担保物権……………………89
【ゆ】
遺言執行者………………………295
遺言者……………………………295
優先弁済効………………………96
有償契約…………………………124
【よ】
要役地……………………………71
用益物権………………………18, 77
要物契約…………………………104
用法順守義務……………………106
【り】
履行強制…………………………154
履行遅滞による解除……………203
離婚訴訟…………………………240
離婚調停…………………………240
利用権設定等促進事業…………153
【わ】
割合的包括遺贈…………………287

判例年次索引

【大正13年】
- 6・23　大判　民集3巻339頁 …………………………………… 30

【昭和28年】
- 9・4　東京高決　家月5巻11号35頁 ……………………………… 254

【昭和31年】
- 2・14　仙台地判　下民7巻2号343頁 …………………………… 236
- 6・19　最判　民集10巻6号678頁 ………………………………… 54

【昭和33年】
- 2・14　最判　民集12巻2号268頁 ………………………………… 74
- 6・14　最判　民集12巻9号1449頁 ……………………………… 50
- 9・18　最判　民集12巻13号2040頁 …………………………… 144

【昭和34年】
- 12・18　最判　民集13巻13号1647頁 …………………………… 88

【昭和35年】
- 7・8　最判　民集14巻9号1731頁 ………………………………… 167
- 10・11　最判　民集14巻12号2465頁 …………………………… 158
- 11・29　最判　民集14巻13号2869頁 …………………………… 50

【昭和36年】
- 11・21　最判　民集15巻10号2507頁 …………………………… 207

【昭和37年】
- 4・26　最判　民集16巻4号1002頁 ……………………………… 61
- 6・18　青森地判　下民13巻6号1215頁 ………………………… 221

【昭和38年】
- 9・20　最判　民集17巻8号1006頁 ……………………………… 225
- 11・12　最判　民集17巻11号1545頁 …………………………… 17

【昭和41年】
- 5・19　最判　民集20巻5号947頁 ………………………………… 188
- 10・7　最判　民集20巻8号1597頁 ……………………………… 61
- 10・27　最判　民集20巻8号1649頁 …………………………… 109

【昭和42年】
- 8・25　最判　民集21巻7号1729頁 ……………………………… 183
- 10・27　最判　民集21巻8号2171頁 …………………………… 40
- 11・10　最判　判時507号27頁 …………………………………… 137
- 11・24　最判　民集21巻9号2460頁 …………………………… 116
- 11・29　東京高判　東高民報18巻11号185頁 …………………… 206

【昭和43年】
- 4・4　最判　判時521号47頁 ……………………………………… 25

311

6・21	最判	民集22巻6号1311頁		233
【昭和44年】				
2・18	最判	民集23巻2号379頁		137
10・31	最判	民集23巻10号1932頁		41
【昭和45年】				
12・11	最判	民集24巻13号2015頁		137
12・15	最判	民集24巻13号2051頁		170
【昭和46年】				
4・23	最判	民集25巻3号388頁		147
10・14	最判	民集25巻7号933頁		151
【昭和47年】				
2・18	最判	民集26巻1号63頁		207
3・9	最判	民集26巻2号213頁		132
4・14	最判	民集26巻3号483頁		70
【昭和48年】				
3・9	東京高判	訟月19巻7号101頁		238
【昭和49年】				
3・19	最判	民集28巻2号325頁		147
9・26	最判	民集28巻6号1213頁		26
【昭和50年】				
1・30	東京高決	判時778号64頁		262
1・31	最判	民集29巻1号53頁		163
2・20	最判	民集29巻2号99頁		208
4・11	最判	民集29巻4号417頁		158
6・26	東京高判	判時793号51頁		47
9・25	最判	民集29巻8号1320頁		219
10・24	最判	民集29巻9号1483頁		269
11・7	最判	民集29巻10号1525頁		259
【昭和52年】				
2・17	最判	民集31巻1号29頁		42
7・13	東京高判	判タ360号143頁		66
【昭和55年】				
7・10	東京高判	判時975号39頁		197
【昭和56年】				
3・12	東京地判	判時1016号76頁		121
【昭和57年】				
1・22	最判	民集36巻1号92頁		197
【昭和59年】				
4・27	最判	民集38巻6号698頁		253
【昭和62年】				
4・22	最判	民集41巻3号408頁		182

判例年次索引

【平成元年】
11・24　　最判　　民集43巻10号1220頁 …………………………………………… 268

【平成3年】
4・19　　最判　　民集45巻4号477頁 ……………………………………………… 296

【平成4年】
10・20　　最判　　民集46巻7号1129頁 ……………………………………………… 33

【平成6年】
12・16　　最判　　判時1521号37頁 ………………………………………………… 74

【平成7年】
1・24　　最判　　判時1523号81頁 ………………………………………………… 297

【平成8年】
10・31　　最判　　民集50巻9号2563頁 …………………………………………… 195

【平成9年】
2・25　　最判　　判時1599号66頁 ………………………………………………… 234
2・25　　最判　　民集51巻2号398頁 ……………………………………………… 141
9・12　　最判　　民集51巻8号3887頁 …………………………………………… 264

【平成10年】
2・13　　最判　　民集52巻1号65頁 ……………………………………………… 78
3・24　　最判　　判時1641号80頁 ………………………………………………… 194
11・26　　東京地判　判時1682号60頁 ……………………………………………… 35
12・18　　最判　　民集52巻9号1975頁 …………………………………………… 79

【平成11年】
2・25　　最判　　判時1670号18頁 ………………………………………………… 116

【平成12年】
4・7　　最判　　判時1713号50頁 ………………………………………………… 189

【平成13年】
7・10　　最判　　民集55巻5号955頁 ……………………………………………… 258
10・26　　最判　　民集55巻6号1001頁 …………………………………………… 220
11・27　　最判　　民集55巻6号1311頁 …………………………………………… 37

【平成17年】
5・30　　名古屋高判　判タ1232号264頁 …………………………………………… 83
8・26　　名古屋地判　判時1928号98頁 ……………………………………………… 36

【平成18年】
3・16　　最判　　民集60巻3号735頁，判時1966号53頁 ………………………… 70

【平成19年】
7・23　　東京地判　判時1995号91頁 ……………………………………………… 36

【平成23年】
2・22　　最判　　民集65巻2号699頁 ……………………………………………… 299

【平成27年】
5・15　　京都地判　判時2270号81頁 ……………………………………………… 122

313

判例年次索引

【平成28年】
　　12・19　　最判　　　最高裁ホームページ……………………………………279
【平成29年】
　　4月8日の最高裁判決　　最判……………………………………………………276

参考資料　農地法（抄）

農地を農地以外のものにする行為に係る第四条第八項の協議を成立させようとする場合

三　同一の事業の目的に供するため四ヘクタールを超える農地又はその農地と併せて採草放牧地について第三条第一項に掲げる権利を取得する行為（地域整備法の定めるところに従つてこれらの権利を取得する行為で政令で定める要件に該当するものを除く。次号において同じ。）に係る第五条第一項の許可をしようとする場合

四　同一の事業の目的に供するため四ヘクタールを超える農地又はその農地と併せて採草放牧地について第三条第一項本文に掲げる権利を取得する行為で政令で定めるものを取得する行為に係る第五条第四項の協議を成立させようとする場合

附　則〔平成二九年六月二日法律第四八号抄〕

（施行期日）

第一条　この法律は、公布の日から起算して二月を超えない範囲内において政令で定める日から施行する。〔ただし書　略〕

参　考　資　料

巻末（333頁）より始まります。

315

参考資料　農地法(抄)

権が設定されている場合の小作料をいう。以下同じ。)の額が農産物の価格若しくは生産費の上昇若しくは低下その他の経済事情の変動により又は近傍類似の農地の借賃等の額に比較して不相当となつたときは、契約の条件にかかわらず、当事者は、将来に向かつて借賃等の額の増減を請求することができる。ただし、一定の期間借賃等の額を増加しない旨の特約があるときは、その定めに従う。

2　借賃等の増額について当事者間に協議が調わないときは、その請求を受けた者は、増額を正当とする裁判が確定するまでは、相当と認める額の借賃等を支払うことをもつて足りる。ただし、その裁判が確定した場合において、既に支払つた額に不足があるときは、その不足額に年十パーセントの割合による支払期後の利息を付してこれを支払わなければならない。

3　借賃等の減額について当事者間に協議が調わないときは、その請求を受けた者は、減額を正当とする裁判が確定するまでは、相当と認める額の借賃等の支払を請求することができる。ただし、その裁判が確定した場合において、既に支払を受けた額が正当とされた借賃等の額を超えるときは、その超過額に年十パーセントの割合による受領の時からの利息を付してこれを返還しなければならない。

(契約の文書化)

第二十一条　農地又は採草放牧地の賃貸借契約については、当事者は、書面によりその存続期間、借賃等の額及び支払条件その他その契約並びにこれに付随する契約の内容を明らかにしなければならない。

附　則

(施行期日)

1　この法律の施行期日は、公布の日から起算して六箇月を超えない期間内で政令で定める。

(農林水産大臣に対する協議)

2　都道府県知事等は、当分の間、次に掲げる場合には、あらかじめ、農林水産大臣に協議しなければならない。

一　同一の事業の目的に供するため四ヘクタールを超える農地を農地以外のものにする行為(農村地域への産業の導入促進等に関する法律(昭和四十六年法律第百十二号)その他の地域の開発又は整備に関する法律で政令で定めるもの(第三号において「地域整備法」という。)の定めるところに従つて農地を農地以外のものにする行為で政令で定める要件に該当するものを除く。次号において同じ。)に係る第四条第一項の許可をしようとする場合

二　同一の事業の目的に供するため四ヘクタールを超える

参考資料　農地法（抄）

3　都道府県知事は、第一項の規定により許可をしようとするときは、あらかじめ、都道府県機構の意見を聴かなければならない。ただし、農業委員会等に関する法律第四十二条第一項の規定による都道府県知事の指定がされていない場合は、この限りでない。

4　第一項の許可は、条件をつけてすることができる。

5　第一項の許可を受けないでした行為は、その効力を生じない。

6　農地又は採草放牧地の賃貸借につき解約の申入れ、合意による解約又は賃貸借の更新をしない旨の通知が第一項ただし書の規定により同項の許可を要しないで行なわれた場合には、これらの行為をした者は、農林水産省令で定めるところにより、農業委員会にその旨を通知しなければならない。

7　前条又は民法第六百十七条（期間の定めのない賃貸借の解約の申入れ）若しくは第六百十八条（期間の定めのある賃貸借の解約をする権利の留保）の規定と異なる賃貸借の条件でこれらの規定による場合に比して賃借人に不利なものは、定めないものとみなす。

8　農地又は採草放牧地の賃貸借に付けた解除条件（第三条第三項第一号、農業経営基盤強化促進法第十八条第二項第

六号及び農地中間管理事業の推進に関する法律第十八条第二項第五号に規定する条件を除く。）又は不確定期限は、付けないものとみなす。

（農地又は採草放牧地の賃貸借の存続期間）

第十九条　農地又は採草放牧地の賃貸借についての民法第六百四条（賃貸借の存続期間）の規定の適用については、同条中「二十年」とあるのは、「五十年」とする。

> 注　第一九条は、平成二九年六月二日法律第四五号により次のように改正され、民法改正法の施行の日（平成二九年六月二日から起算して三年を超えない範囲内において政令で定める日）から施行
>
> 第十九条を次のように改める。
>
> **第十九条**　削除

（借賃等の増額又は減額の請求権）

第二十条　借賃等（耕作の目的で農地につき賃借権又は地上権が設定されている場合の借賃又は地代（その賃借権又は地上権の設定に付随して、農地以外の土地についての賃借権若しくは地上権又は建物その他の工作物についての賃借権が設定され、その借賃又は地代と農地の借賃又は地代とを分けることができない場合には、その農地以外の土地又は工作物の借賃又は地代を含む。）及び農地につき永小作

参考資料　農地法（抄）

三　賃貸借の更新をしない旨の通知が、十年以上の期間の定めがある賃貸借（解約をする権利を留保しているもの及び期間の満了前にその期間を変更したものでその変更をした時以後の期間が十年未満であるものを除く。）又は水田裏作を目的とする賃貸借につき行われる場合

四　第三条第三項の規定の適用を受けて同条第一項の許可を受けて設定された賃借権に係る賃貸借の解除が、賃借人がその農地又は採草放牧地を適正に利用していないと認められる場合において、農林水産省令で定めるところによりあらかじめ農業委員会に届け出て行われる場合

五　農業経営基盤強化促進法第十九条の規定による公告があった農用地利用集積計画の定めるところによつて同法第十八条第二項第六号に規定する者に設定された賃借権に係る賃貸借の解除が、その者がその農地又は採草放牧地を適正に利用していないと認められる場合において、農林水産省令で定めるところにより行われる場合

六　農地中間管理機構が農地中間管理事業の推進に関する法律第二条第三項第一号に掲げる業務の実施により借り受け、又は同項第二号に掲げる業務の実施により貸し付けた農地又は採草放牧地に係る賃貸借の解除が、同法第

2　前項の許可は、次に掲げる場合でなければ、してはならない。

一　賃借人が信義に反した行為をした場合

二　その農地又は採草放牧地を農地以外のものにすることを相当とする場合

三　賃借人の生計（法人にあつては、経営）、賃貸人の経営能力等を考慮し、賃貸人がその農地又は採草放牧地を耕作又は養畜の事業に供することを相当とする場合

四　その農地について賃借人が第三十六条第一項の規定による勧告を受けた場合

五　賃借人である農地所有適格法人が農地所有適格法人でなくなつた場合並びに賃借人である農地所有適格法人の構成員となつている賃貸人がその法人の構成員でなくなり、その賃貸人又はその世帯員等がその許可を受けた後において耕作又は養畜の事業に供すべき農地及び採草放牧地の全てを効率的に利用して耕作又は養畜の事業を行うことができると認められ、かつ、その事業に必要な農作業に常時従事すると認められる場合

六　その他正当の事由がある場合

参考資料　農地法（抄）

第二項及び第三項を削る。

（農地又は採草放牧地の賃貸借の更新）

第十七条　農地又は採草放牧地の賃貸借について期間の定めがある場合において、その当事者が、その期間の満了の一年前から六月前まで（賃貸人又はその世帯員等の死亡又は第二条第二項に掲げる事由によりその土地について耕作、採草又は家畜の放牧をすることができないため、一時賃貸をしたことが明らかな場合は、その期間の満了の六月前から一月前まで）の間に、相手方に対して更新をしない旨の通知をしないときは、従前の賃貸借と同一の条件で更に賃貸借をしたものとみなす。ただし、水田裏作を目的とする賃貸借でその期間が一年未満であるもの、第三十七条から第四十条までの規定によつて設定された農地中間管理権に係る賃貸借、農業経営基盤強化促進法第十九条の規定による公告があつた農用地利用集積計画の定めるところにより設定され、又は移転された同法第四条第四項第一号に規定する利用権に係る賃貸借及び農地中間管理事業の推進に関する法律第十八条第五項の規定による公告があつた農用地利用配分計画の定めるところによつて設定され、又は移転された賃借権に係る賃貸借については、この限りでない。

（農地又は採草放牧地の賃貸借の解約等の制限）

第十八条　農地又は採草放牧地の賃貸借の当事者は、政令で定めるところにより都道府県知事の許可を受けなければ、賃貸借の解除をし、解約の申入れをし、合意による解約をし、又は賃貸借の更新をしない旨の通知をしてはならない。ただし、次の各号のいずれかに該当する場合は、この限りでない。

一　解約の申入れ、合意による解約又は賃貸借の更新をしない旨の通知が、信託事業に係る信託財産につき行われる場合（その賃貸借がその信託財産の引受け前から既に存していたものである場合及び解約の申入れ又は合意による解約にあつてはこれらの行為によつて賃貸借の終了する日、賃貸借の更新をしない旨の通知にあつてはその賃貸借の期間の満了する日がその信託に係る信託行為によりその信託が終了することとなる日前一年以内にない場合を除く。）

二　合意による解約が、その解約によつて農地若しくは採草放牧地を引き渡すこととなる期限前六月以内に成立した合意でその旨が書面において明らかであるものに基づいて行われる場合又は民事調停法による農事調停によつて行われる場合

319

参考資料　農地法（抄）

3　第三項第五項及び第七項並びに前条第二項から第五項までの規定は、第一項の場合に準用する。この場合において、同条第四項中「申請書が」とあるのは「申請書が、農地を農地以外のものにするため又は採草放牧地を農地以外のものにするためこれらの土地を採草放牧地以外のもの（農地を除く。）にするためこれらの権利を取得する行為であって」と、「農地を農地以外のものにする行為」とあるのは「農地又はその農地と併せて採草放牧地を取得するもの」と読み替えるものとする。

4　国又は都道府県等が、農地を農地以外のものにするため又は採草放牧地を採草放牧地以外のものにするためこれらの土地について第三条第一項本文又は採草放牧地を農地以外のものにするためこれらの権利を取得しようとする場合（第一項各号のいずれかに該当する場合を除く。）においては、国又は都道府県等と都道府県知事等との協議が成立することをもって第一項の許可があったものとみなす。

5　前条第九項及び第十項の規定は、都道府県知事等が前項の協議を成立させようとする場合について準用する。この場合において、同条第十項中「準用する」とあるのは、「準用する。この場合において、第四項中「申請書が」とある

のは「申請書が、農地を農地以外のものにするため又は採草放牧地を採草放牧地以外のもの（農地を除く。）にするためこれらの権利を取得する行為であって」と、第三条第一項本文に掲げる権利を取得する行為であって」と、「農地を農地以外のものにする行為」とあるのは「農地又はその農地と併せて採草放牧地についてこれらの権利を取得するもの」と読み替えるものとする」と読み替えるものとする。

第十六条　**（農地又は採草放牧地の賃貸借の対抗力）**

　農地又は採草放牧地の賃貸借は、その登記がなくても、農地又は採草放牧地の引渡があったときは、これをもってその後その農地又は採草放牧地について物権を取得した第三者に対抗することができる。

2　民法第五百六十六条第一項及び第三項（用益的権利による制限がある場合の売主の担保責任）の規定は、登記をしてない賃貸借の目的である農地又は採草放牧地が売買の目的物である場合に準用する。

3　民法第五百三十三条（同時履行の抗弁）の規定は、前項の場合に準用する。

注　第一六条は、平成二九年六月法律第四五号により次のように改正され、民法改正法の施行の日（平成二九年六月二日から起算して三年を超えない範囲内において政令で定める日）から施行

参考資料　農地法（抄）

二　前号イ及びロに掲げる農地（同号ロ(1)に掲げる農地を含む。）以外の農地を農地以外のものにするため第三条第一項本文に掲げる権利を取得しようとする場合又は同号イ及びロに掲げる採草放牧地（同号ロ(1)に掲げる採草放牧地を含む。）以外の採草放牧地を採草放牧地以外のものにするためこれらの権利を取得しようとする場合において、申請に係る農地又は採草放牧地に代えて周辺の他の土地を供することにより当該申請に係る事業の目的を達成することができると認められるとき。

三　第三条第一項本文に掲げる権利を取得しようとする者に申請に係る農地を農地以外のものにする行為又は申請に係る採草放牧地を採草放牧地以外のものにする行為を行うために必要な資力及び信用があると認められないこと、申請に係る農地を農地以外のものにする行為又は申請に係る採草放牧地を採草放牧地以外のものにする行為の妨げとなる権利を有する者の同意を得ていないことその他農林水産省令で定める事由により、申請に係る農地又は採草放牧地のすべてを住宅の用、事業の用に供する施設の用その他の当該申請に係る用途に供することが確実と認められない場合

四　申請に係る農地を農地以外のものにすること又は申請に係る採草放牧地を採草放牧地以外のものにすることにより、土砂の流出又は崩壊その他の災害を発生させるおそれがあると認められる場合、農業用用排水施設の有する機能に支障を及ぼすおそれがあると認められる場合その他の周辺の農地又は採草放牧地に係る営農条件に支障を生ずるおそれがあると認められる場合

五　仮設工作物の設置その他の一時的な利用に供するため所有権を取得しようとする場合

六　仮設工作物の設置その他の一時的な利用に供するため、農地につき所有権以外の第三条第一項本文に掲げる権利を取得しようとする場合においてその利用に供された後にその土地が耕作の目的に供されることが確実と認められないとき、又は採草放牧地につきこれらの権利を取得しようとする場合においてその利用に供された後にその土地が耕作の目的若しくは主として耕作若しくは養畜の事業のための採草若しくは家畜の放牧の目的に供されることが確実と認められないとき。

七　農地を採草放牧地にするため第三条第一項本文に掲げる権利を取得しようとする場合において、同条第二項の規定により同条第一項の許可をすることができない場合

321

参考資料　農地法（抄）

三　農地又は採草放牧地を特定農山村地域における農林業等の活性化のための基盤整備の促進に関する法律第九条第一項の規定による公告があった所有権移転等促進計画の定めるところによつて同法第二条第三項第三号の権利が設定され、又は移転される場合

四　農地又は採草放牧地を農山漁村の活性化のための定住等及び地域間交流の促進に関する法律第八条第一項の規定による公告があった所有権移転等促進計画の定めるところにより同法第五条第八項の権利が設定され、又は移転される場合

五　土地収用法その他の法律によつて農地若しくは採草放牧地又はこれらに関する権利が収用され、又は使用される場合

六　前条第一項第七号に規定する市街化区域内にある農地又は採草放牧地につき、政令で定めるところによりあらかじめ農業委員会に届け出て、農地及び採草放牧地以外のものにするためこれらの権利を取得する場合

七　その他農林水産省令で定める場合

2　前項の許可は、次の各号のいずれかに該当する場合には、することができない。ただし、第一号及び第二号に掲げる場合において、土地収用法第二十六条第一項の規定による告示に係る事業の用に供するため第三条第一項本文に掲げる権利を取得しようとするとき、第一号ロに掲げる農地又は採草放牧地につき農用地利用計画において指定された用途に供するためこれらの権利を取得しようとするときその他政令で定める相当の事由があるときは、この限りでない。

一　次に掲げる農地又は採草放牧地につき第三条第一項本文に掲げる権利を取得しようとする場合

　イ　農用地区域内にある農地又は採草放牧地

　ロ　イに掲げる農地又は採草放牧地以外の農地又は採草放牧地で、集団的に存在する農地又は採草放牧地その他の良好な営農条件を備えている農地又は採草放牧地として政令で定めるもの（市街化調整区域内にある政令で定める農地又は採草放牧地以外の農地又は採草放牧地にあつては、次に掲げる農地又は採草放牧地を除く。）

　(1)　市街地の区域内又は市街地化の傾向が著しい区域内にある農地又は採草放牧地で政令で定めるもの

　(2)　(1)の区域に近接する区域その他市街地化が見込まれる区域内にある農地又は採草放牧地で政令で定め

参考資料　農地法（抄）

げとなる権利を有する者の同意を得ていないことその他農林水産省令で定める事由により、申請に係る農地の全てを住宅の用、事業の用に供する施設の用その他の当該申請に係る用途に供することが確実と認められない場合

四　申請に係る農地を農地以外のものにすることにより、土砂の流出又は崩壊その他の災害を発生させるおそれがあると認められる場合、農業用用排水施設の有する機能に支障を及ぼすおそれがあると認められる場合その他の周辺の農地に係る営農条件に支障を生ずるおそれがあると認められる場合

五　仮設工作物の設置その他の一時的な利用に供するため農地を農地以外のものにしようとする場合において、その利用に供された後にその土地が耕作の目的に供されることが確実と認められないとき。

７　第一項の許可は、条件を付けてすることができる。

８　国又は都道府県等が農地を農地以外のものにしようとする場合（第一項各号のいずれかに該当する場合を除く。）においては、国又は都道府県等と都道府県知事等との協議が成立することをもつて同項の許可があつたものとみなす。

９　都道府県知事等は、前項の協議を成立させようとするときは、あらかじめ、農業委員会の意見を聴かなければならない。

10　第四項及び第五項の規定は、農業委員会が前項の規定により意見を述べようとする場合について準用する。

11　第一項に規定するもののほか、指定市町村の指定及びその取消しに関し必要な事項は、政令で定める。

（農地又は採草放牧地の転用のための権利移動の制限）

第五条　農地を農地以外のものにするため又は採草放牧地を採草放牧地以外のもの（農地を除く。次項及び第四項において同じ。）にするため、これらの土地について第三条第一項本文に掲げる権利を設定し、又は移転する場合には、当事者が都道府県知事等の許可を受けなければならない。ただし、次の各号のいずれかに該当する場合は、この限りでない。

一　国又は都道府県等が、前条第一項第二号の農林水産省令で定める施設の用に供するため、これらの権利を取得する場合

二　農地又は採草放牧地を農業経営基盤強化促進法第十九条の規定による公告があつた農用地利用集積計画の定めるところによつて同法第四条第四項第一号の権利が設定され、又は移転される場合

323

参考資料　農地法（抄）

する法律（昭和二十六年法律第八十八号）第四十三条第一項に規定する都道府県機構（以下「都道府県機構」という。）の意見を聴かなければならない。ただし、同法第四十二条第一項の規定による都道府県知事の指定がされていない場合は、この限りでない。

5　前項に規定するもののほか、農業委員会は、第三項の規定により意見を述べるため必要があると認めるときは、都道府県機構の意見を聴くことができる。

6　第一項の許可は、次の各号のいずれかに該当する場合には、することができない。ただし、第一号及び第二号に掲げる場合において、土地収用法第二十六条第一項の規定による告示（他の法律の規定による告示又は公告で同項の規定による告示とみなされるものを含む。次条第二項において同じ。）に係る事業の用に供するため農地を農地以外のものにしようとするとき、第一号イに掲げる農地を農業振興地域の整備に関する法律第八条第四項に規定する農用地利用計画（以下単に「農用地利用計画」という。）において指定された用途に供するため農地を農地以外のものにしようとするときその他政令で定める相当の事由があるときは、この限りでない。

一　次に掲げる農地を農地以外のものにしようとする場合

イ　農用地区域（農業振興地域の整備に関する法律第八条第二項第一号に規定する農用地区域をいう。以下同じ。）内にある農地

ロ　イに掲げる農地以外の農地で、集団的に存在する農地その他の良好な営農条件を備えている農地として政令で定めるもの（市街化調整区域（都市計画法第七条第一項の市街化調整区域をいう。以下同じ。）内にある政令で定める農地以外の農地にあつては、次に掲げる農地を除く。）

(1)　市街地の区域内又は市街地化の傾向が著しい区域内にある農地で政令で定めるもの

(2)　(1)の区域に近接する区域その他市街地化が見込まれる区域内にある農地で政令で定めるもの

二　前号イ及びロに掲げる農地（同号ロ(1)に掲げる農地を含む。）以外の農地を農地以外のものにしようとする場合において、申請に係る農地に代えて周辺の他の土地を供することにより当該申請に係る事業の目的を達成することができると認められるとき。

三　申請者に申請に係る農地を農地以外のものにする行為を行うために必要な資力及び信用があると認められないこと、申請に係る農地を農地以外のものにする行為の妨

参考資料　農地法（抄）

二　国又は都道府県等（都道府県又は指定市町村をいう。以下同じ。）が、道路、農業用用排水施設その他の地域振興上又は農業振興上の必要性が高いと認められる施設であつて農林水産省令で定めるものの用に供するため、農地を農地以外のものにする場合

三　農業経営基盤強化促進法第十九条の規定による公告があつた農用地利用集積計画の定めるところによつて設定され、又は移転された同法第四条第四項第一号の権利に係る農地を当該農用地利用集積計画に定める利用目的に供する場合

四　特定農山村地域における農林業等の活性化のための基盤整備の促進に関する法律第九条第一項の規定による公告があつた所有権移転等促進計画の定めるところによつて設定され、又は移転された同法第二条第三項第三号の権利に係る農地を当該所有権移転等促進計画に定める利用目的に供する場合

五　農山漁村の活性化のための定住等及び地域間交流の促進に関する法律第八条第一項の規定による公告があつたときは、農林水産省令で定める期間内に、当該申請書に意見を付して、都道府県知事等に送付しなければならない。

六　土地収用法その他の法律によつて収用し、又は使用した農地をその収用又は使用に係る目的に供する場合

七　市街化区域（都市計画法（昭和四十三年法律第百号）第七条第一項の市街化区域と定められた区域（同法第二十三条第一項の規定による協議を要する場合にあつては、当該協議が調つたものに限る。）をいう。）内にある農地を、政令で定めるところによりあらかじめ農業委員会に届け出て、農地以外のものにする場合

八　その他農林水産省令で定める場合

2　前項の許可を受けようとする者は、農林水産省令で定めるところにより、農林水産省令で定める事項を記載した申請書を、農業委員会を経由して、都道府県知事等に提出しなければならない。

3　農業委員会は、前項の規定により申請書の提出があつたときは、農林水産省令で定める期間内に、当該申請書に意見を付して、都道府県知事等に送付しなければならない。

4　農業委員会は、前項の規定により意見を述べようとするとき（同項の申請書が同一の事業の目的に供するため三十アールを超える農地を農地以外のものにする行為に係るものであるときに限る。）は、あらかじめ、農業委員会等に関する法律第八項の権利に係る農地を当該所有権移転等促進計画に定める利用目的に供する

325

参考資料　農地法（抄）

二　その者が地域の農業における他の農業者との適切な役割分担の下に継続的かつ安定的な農業経営を行つていないと認める場合

三　その者が法人である場合にあつては、その法人の業務執行役員等のいずれもがその法人の行う耕作又は養畜の事業に常時従事していないと認める場合

2　農業委員会は、次の各号のいずれかに該当する場合には、前条第三項の規定によりした同条第一項の許可を取り消さなければならない。

一　農地又は採草放牧地について使用貸借による権利又は賃借権の設定を受けた者がその農地又は採草放牧地を適正に利用していないと認められるにもかかわらず、当該使用貸借による権利又は賃借権を設定した者が使用貸借又は賃貸借の解除をしないとき。

二　前項の規定による勧告を受けた者がその勧告に従わなかつたとき。

3　農業委員会は、前条第三項第一号に規定する条件に基づき使用貸借若しくは賃貸借が解除された場合又は前項の規定による許可の取消しがあつた場合において、その農地又は採草放牧地の適正かつ効率的な利用が図られないおそれがあると認めるときは、当該農地又は採草放牧地の所有者に対し、使用及び収益を目的とする権利の設定のあつせんその他の必要な措置を講ずるものとする。

（農地又は採草放牧地についての権利取得の届出）

第三条の三　農地又は採草放牧地について第三条第一項本文に掲げる権利を取得した者は、同項の許可を受けてこれらの権利を取得した場合、同項各号（第十二号及び第十六号を除く。）のいずれかに該当する場合その他農林水産省令で定める場合を除き、遅滞なく、農地又は採草放牧地の存する市町村の農業委員会にその旨を届け出なければならない。

（農地の転用の制限）

第四条　農地を農地以外のものにする者は、都道府県知事（農地又は採草放牧地の農業上の効率的かつ総合的な利用の確保に関する施策の実施状況を考慮して農林水産大臣が指定する市町村（以下「指定市町村」という。）の区域内にあつては、指定市町村の長。以下「都道府県知事等」という。）の許可を受けなければならない。ただし、次の各号のいずれかに該当する場合は、この限りでない。

一　次条第一項の許可に係る農地をその許可に係る目的に供する場合

参考資料　農地法（抄）

る要件の全てを満たすときは、前項（第二号及び第四号に係る部分に限る。）の規定にかかわらず、第一項の許可をすることができる。

一　これらの権利を取得しようとする者がその取得後においてその農地又は採草放牧地を適正に利用していないと認められる場合に使用貸借又は賃貸借の解除をする旨の条件が書面による契約において付されていること。

二　これらの権利を取得しようとする者が地域の農業における他の農業者との適切な役割分担の下に継続的かつ安定的に農業経営を行うと見込まれること。

三　これらの権利を取得しようとする者が法人である場合にあつては、その法人の業務を執行する役員又は農林水産省令で定める使用人（次条第一項第三号において「業務執行役員等」という。）のうち、一人以上の者がその法人の行う耕作又は養畜の事業に常時従事すると認められること。

4　農業委員会は、前項の規定により第一項の許可をしようとするときは、あらかじめ、その旨を市町村長に通知するものとする。この場合において、当該通知を受けた市町村長は、市町村の区域における農地又は採草放牧地の農業上の適正かつ総合的な利用を確保する見地から必要があると

認めるときは、意見を述べることができる。

5　第一項の許可は、条件をつけてすることができる。

6　農業委員会は、第三項の規定により第一項の許可をする場合には、当該許可を受けて農地又は採草放牧地について使用貸借による権利又は賃借権の設定を受けた者が、農林水産省令で定めるところにより、毎年、その農地又は採草放牧地の利用の状況について、農業委員会に報告しなければならない旨の条件を付けるものとする。

7　第一項の許可を受けないでした行為は、その効力を生じない。

（農地又は採草放牧地の権利移動の許可の取消し等）

第三条の二　農業委員会は、次の各号のいずれかに該当する場合には、農地又は採草放牧地について使用貸借による権利又は賃借権の設定を受けた者（前条第三項の規定による権利又は賃借権の設定を受けた者に限る。次項第一号において同じ。）に対し、相当の期限を定めて、必要な措置を講ずべきことを勧告することができる。

一　その者がその農地又は採草放牧地を養畜の事業により、周辺の地域における農地又は採草放牧地の農業上の効率的かつ総合的な利用の確保に支障が生じている場合

327

参考資料　農地法（抄）

てを効率的に利用して耕作又は養畜の事業を行うと認められない場合

二　農地所有適格法人以外の法人が前号に掲げる権利を取得しようとする場合

三　信託の引受けにより第一号に掲げる権利が取得される場合

四　第一号に掲げる権利を取得しようとする者（農地所有適格法人を除く。）又はその世帯員等がその取得後において行う耕作又は養畜の事業に必要な農作業に常時従事すると認められない場合

五　第一号に掲げる権利を取得しようとする者又はその世帯員等がその取得後において耕作の事業に供すべき農地の面積の合計及びその取得後において耕作又は養畜の事業に供すべき採草放牧地の面積の合計が、いずれも、北海道では二ヘクタール、都府県では五十アール（農業委員会が、農林水産省令で定める基準に従い、市町村の区域の全部又は一部についてこれらの面積の範囲内で別段の面積を定め、農林水産省令で定めるところにより、これを公示したときは、その（面積）に達しない場合

六　農地又は採草放牧地につき所有権以外の権原に基づいて耕作又は養畜の事業を行う者がその土地を貸し付け、又は質入れしようとする場合（当該事業を行う者又はその世帯員等の死亡又は第二条第二項各号に掲げる事由によりその土地について耕作、採草又は家畜の放牧をすることができないため一時貸し付けようとする場合、当該事業を行う者がその土地をその世帯員等に貸し付けようとする場合、農地利用集積円滑化団体がその土地を農地売買等事業の実施により貸し付けようとする場合、その土地を水田裏作（田において稲を通常栽培する期間以外の期間稲以外の作物を栽培することをいう。以下同じ。）の目的に供するため貸し付けようとする場合及び農地所有適格法人の常時従事者たる構成員がその土地をその法人に貸し付けようとする場合を除く。）

七　第一号に掲げる権利を取得しようとする者又はその世帯員等がその取得後において行う耕作又は養畜の事業の内容並びにその農地又は採草放牧地の位置及び規模からみて、農地の集団化、農作業の効率化その他周辺の地域における農地又は採草放牧地の農業上の効率的かつ総合的な利用の確保に支障を生ずるおそれがあると認められる場合

3　農業委員会は、農地又は採草放牧地について使用貸借による権利又は賃借権が設定される場合において、次に掲げて耕作又は養畜の事業を行う者がその土地を貸し付け、

参考資料　農地法（抄）

じ。）又は同法第七条第一号に掲げる事業の実施によりこれらの権利を取得する場合

十四　農業協同組合法第十条第三項の信託の引受けの事業又は農業経営基盤強化促進法第七条第二号に掲げる事業（以下これらを「信託事業」という。）を行う農業協同組合又は農地中間管理機構が信託事業による信託の引受けにより所有権を取得する場合及び当該信託の終了によりその委託者又はその一般承継人が所有権を取得する場合

十四の二　農地中間管理機構が、農林水産省令で定めるところによりあらかじめ農業委員会に届け出て、農地中間管理事業（農地中間管理事業の推進に関する法律第二条第三項に規定する農地中間管理事業をいう。以下同じ。）の実施により農地中間管理権を取得する場合

十四の三　農地中間管理事業の推進に関する法律第二条第五項（第二号に規定する農地貸付信託をいう。）の終了によりその委託者又はその一般承継人が所有権を取得する場合

十五　地方自治法（昭和二十二年法律第六十七号）第二百五十二条の十九第一項の指定都市（以下単に「指定都市」という。）が古都における歴史的風土の保存に関する特別措置法（昭和四十一年法律第一号）第十九条の規定に

基づいてする同法第十一条第一項の規定による買入れによって所有権を取得する場合

十六　その他農林水産省令で定める場合

2　前項の許可は、次の各号のいずれかに該当する場合には、することができない。ただし、民法第二百六十九条の二第一項の地上権又はこれと内容を同じくするその他の権利が設定され、又は移転されるとき、農業協同組合法第十条第二項に規定する事業を行う農業協同組合若しくは農業協同組合連合会が農地又は採草放牧地の所有者から同項の委託を受けることにより第一号に掲げる権利が取得されることとなるとき、同法第十一条の五十第一項第一号に掲げる場合において農業協同組合又は農業協同組合連合会が使用貸借による権利又は賃借権を取得する場合、並びに第一号、第二号、第四号及び第五号に掲げる場合において政令で定める相当の事由があるときは、この限りでない。

一　所有権、地上権、永小作権、質権、使用貸借による権利、賃借権若しくはその他の使用及び収益を目的とする権利を取得しようとする者又はその世帯員等の耕作又は養畜の事業に必要な機械の所有の状況、農作業に従事する者の数等からみて、これらの者がその取得後において耕作又は養畜の事業に供すべき農地及び採草放牧地の全

329

参考資料　農地法（抄）

は市民農園整備促進法（平成二年法律第四十四号）によって交換分合によってこれらの権利が設定され、又は移転される場合

七　農業経営基盤強化促進法第十九条の規定による公告があった農用地利用集積計画の定めるところによって同法第四条第四項第一号の権利が設定され、又は移転される場合

七の二　農地中間管理事業の推進に関する法律第十八条第五項の規定による公告があった農用地利用配分計画の定めるところによって賃借権又は使用貸借による権利が設定され、又は移転される場合

八　特定農山村地域における農林業等の活性化のための基盤整備の促進に関する法律（平成五年法律第七十二号）第九条第一項の規定による公告があった所有権移転等促進計画の定めるところによって同法第二条第三項第三号の権利が設定され、又は移転される場合

九　農山漁村の活性化のための定住等及び地域間交流の促進に関する法律（平成十九年法律第四十八号）第八条第一項の規定による公告があった所有権移転等促進計画の定めるところによって同法第五条第八項の権利が設定され、又は移転される場合

九の二　農林漁業の健全な発展と調和のとれた再生可能エネルギー電気の発電の促進に関する法律（平成二十五年法律第八十一号）第十七条の規定による公告があった所有権移転等促進計画の定めるところによって同法第五条第四項の権利が設定され、又は移転される場合

十　民事調停法（昭和二十六年法律第二百二十二号）による農事調停によってこれらの権利が設定され、又は移転される場合

十一　土地収用法（昭和二十六年法律第二百十九号）その他の法律によって農地若しくは採草放牧地又はこれらに関する権利が収用され、又は使用される場合

十二　遺産の分割、民法（明治二十九年法律第八十九号）第七百六十八条第二項（同法第七百四十九条及び第七百七十一条において準用する場合を含む。）の規定による財産の分与に関する裁判若しくは調停又は同法第九百五十八条の三の規定による相続財産の分与に関する裁判によってこれらの権利が設定され、又は移転される場合

十三　農地利用集積円滑化団体又は農地中間管理機構が、農林水産省令で定めるところによりあらかじめ農業委員会に届け出て、農地売買等事業（農業経営基盤強化促進法第四条第三項第一号ロに掲げる事業をいう。以下同

参考資料　農地法（抄）

チ　地方公共団体、農業協同組合又は農業協同組合連合会

三　その法人の常時従事者たる構成員（農事組合法人にあつては組合員、株式会社にあつては株主、持分会社にあつては社員をいう。以下同じ。）が理事等（農事組合法人にあつては理事、株式会社にあつては取締役、持分会社にあつては業務を執行する社員をいう。次号において同じ。）の数の過半を占めていること。

四　その法人の理事等又は農林水産省令で定める使用人（いずれも常時従事者に限る。）のうち、一人以上の者がその法人の行う農業に必要な農作業に一年間に農林水産省令で定める日数以上従事すると認められるものであること。

4　前項第二号ホに規定する常時従事者であるかどうかを判定すべき基準は、農林水産省令で定める。

（農地について権利を有する者の責務）
第二条の二　農地について所有権又は賃借権その他の使用及び収益を目的とする権利を有する者は、当該農地の農業上の適正かつ効率的な利用を確保するようにしなければならない。

（農地又は採草放牧地の権利移動の制限）
第三条　農地又は採草放牧地について所有権を移転し、又は地上権、永小作権、質権、使用貸借による権利、賃借権若しくはその他の使用及び収益を目的とする権利を設定し、若しくは移転する場合には、政令で定めるところにより、当事者が農業委員会の許可を受けなければならない。ただし、次の各号のいずれかに該当する場合及び第五条第一項本文に規定する場合は、この限りでない。

一　第四十六条第一項又は第四十七条の規定によつて所有権が移転される場合

二　削除

三　第三十七条から第四十条までの規定によつて農地中間管理権（農地中間管理事業の推進に関する法律第二条第五項に規定する農地中間管理権をいう。以下同じ。）が設定される場合

四　第四十三条の規定によつて同条第一項に規定する利用権が設定される場合

五　これらの権利を取得する者が国又は都道府県である場合

六　土地改良法（昭和二十四年法律第百九十五号）、農業振興地域の整備に関する法律（昭和四十四年法律第五十八号）、集落地域整備法（昭和六十二年法律第六十三号）又は

331

参考資料　農地法（抄）

する株主の有する議決権の合計が総株主の議決権の過半を、持分会社にあつては次に掲げる者に該当する社員の数が社員の総数の過半を占めているものであること。

イ　その法人に農地若しくは採草放牧地について所有権若しくは使用収益権（地上権、永小作権、使用貸借による権利又は賃借権をいう。以下同じ。）を移転した個人（その法人の株主又は社員となる前にこれらの権利をその法人に移転した者のうち、その移転後農林水産省令で定める一定期間内に株主又は社員となり、引き続き株主又は社員となつている個人以外のものを除く。）又はその一般承継人（農林水産省令で定めるものに限る。）

ロ　その法人に農地又は採草放牧地について使用収益権に基づく使用及び収益をさせている個人

ハ　その法人に使用及び収益をさせるため農地又は採草放牧地について所有権の移転又は使用収益権の設定若しくは移転に関し第三条第一項の許可を申請している個人（当該申請に対する許可があり、近くその許可に係る農地又は採草放牧地についてその法人に所有権を移転し、又は使用収益権を設定し、若しくは移転することが確実と認められる個人を含む。）

ニ　その法人に農地又は採草放牧地について使用貸借による権利又は賃借権に基づく使用及び収益をさせている農地利用集積円滑化団体（農業経営基盤強化促進法（昭和五十五年法律第六十五号）第十一条の十四に規定する農地利用集積円滑化団体をいう。以下同じ。）又は農地中間管理機構（農地中間管理事業の推進に関する法律（平成二十五年法律第百一号）第二条第四項に規定する農地中間管理機構をいう。以下同じ。）に当該農地又は採草放牧地について使用貸借による権利又は賃借権を設定している個人

ホ　その法人の行う農業に常時従事する者（前項各号に掲げる事由により一時的にその法人の行う農業に常時従事することができない者で当該事由がなくなれば常時従事することとなると農業委員会が認めたもの及び農林水産省令で定める一定期間内にその法人の行う農業に常時従事することとなることが確実と認められる者を含む。以下「常時従事者」という。）

ヘ　その法人に農作業（農林水産省令で定めるものに限る。）の委託を行つている個人

ト　その法人に農業経営基盤強化促進法第七条第三号に掲げる事業に係る現物出資を行つた農地中間管理機構

参考資料　農地法（抄）

○農地法（抄）

〔昭和二七年七月一五日法律第二二九号〕

最終改正　平成二九年六月二日法律第四八号

（目的）

第一条　この法律は、国内の農業生産の基盤である農地が現在及び将来における国民のための限られた資源であり、かつ、地域における貴重な資源であることにかんがみ、耕作者自らによる農地の所有が果たしてきている重要な役割も踏まえつつ、農地を農地以外のものにすることを規制するとともに、農地を効率的に利用する耕作者による地域との調和に配慮した農地についての権利の取得を促進し、及び農地の利用関係を調整し、並びに農地の農業上の利用を確保するための措置を講ずることにより、耕作者の地位を安定と国内の農業生産の増大を図り、もつて国民に対する食料の安定供給の確保に資することを目的とする。

（定義）

第二条　この法律で「農地」とは、耕作の目的に供される土地をいい、「採草放牧地」とは、農地以外の土地で、主として耕作又は養畜の事業のための採草又は家畜の放牧の目的に供されるものをいう。

2　この法律で「世帯員等」とは、住居及び生計を一にする親族（次に掲げる事由により一時的に住居又は生計を異にしている親族を含む。）並びに当該親族の行う耕作又は養畜の事業に従事するその他の二親等内の親族をいう。

一　疾病又は負傷による療養

二　就学

三　公選による公職への就任

四　その他農林水産省令で定める事由

3　この法律で「農地所有適格法人」とは、農事組合法人、株式会社（公開会社（会社法（平成十七年法律第八十六号）第二条第五号に規定する公開会社をいう。）でないものに限る。以下同じ。）又は持分会社（同法第五百七十五条第一項に規定する持分会社をいう。以下同じ。）で、次に掲げる要件の全てを満たしているものをいう。

一　その法人の主たる事業が農業（その行う農業に関連する事業であつて農畜産物を原料又は材料として使用する製造又は加工その他農林水産省令で定めるもの、農業と併せ行う林業及び農事組合法人にあつては農業と併せ行う農業協同組合法（昭和二十二年法律第百三十二号）第七十二条の十第一項第一号の事業を含む。以下この項において同じ。）であること。

二　その法人が、株式会社にあつては次に掲げる者に該当

333

参 考 資 料

巻末より始まります。

―――――――[著者略歴]―――――――

<ruby>宮﨑<rt>みやざきなおき</rt></ruby>直己
1951年　　岐阜県生まれ
1975年　　名古屋大学法学部卒業
同年　　　岐阜県職員
1990年　　愛知県弁護士会において弁護士登録
現在　　　弁護士

［主著］
農業委員の法律知識（新日本法規出版、1999年）
基本行政法テキスト（中央経済社、2001年）
農地法の実務解説［改訂補正二版］（新日本法規出版、2001年）
判例からみた農地法の解説（新日本法規出版、2002年）
交通事故賠償問題の知識と判例（技術書院、2004年）
農地法概説（信山社、2009年）
設例農地法入門［改訂版］（新日本法規出版、2010年）
交通事故損害賠償の実務と判例（大成出版社、2011年）
Ｑ＆Ａ　交通事故損害賠償法入門（大成出版社、2013年）
農地法の設例解説（大成出版社、2016年）
農地法講義［改訂版］（大成出版社、2016年）
判例からみた労働能力喪失率の認定（新日本法規出版、2017年）
農地法読本［四訂版］（大成出版社、2017年）

設例農地民法解説

2017年11月15日　第1版第1刷発行

著　者　　宮　﨑　直　己
発行者　　箕　浦　文　夫
発行所　　株式会社　大成出版社

〒156-0042
東京都世田谷区羽根木1-7-11　TEL 03（3321）4131㈹
http://www.taisei-shuppan.co.jp/

Ⓒ2017　宮﨑直己　　　　　　　　　　印刷　信教印刷
落丁・乱丁はおとりかえいたします。
ISBN978-4-8028-3299-1